普通高等教育应用技能型精品系列规划教材

机械制图与计算机绘图

庄 竞 主编

化学工业出版社

·北京·

本书可与庄竞主编的《机械制图与计算机绘图习题指导》配套使用，也可与其他制图教材配合使用。适用于高等院校机电、机制、数控、模具、汽车等工程技术类相关专业，也可供有关的工程技术人员参考。

为了便于教师指导和学生自主学习，本书的编排顺序与配套习题指导一致，两者相辅相成，每类题都有详尽的习题解答。本书主要内容包括制图基本知识、计算机绘图入门、投影基础、组合体、图样画法、标准件和常用件、零件图、装配图八个单元，注重二维图、三维模型和计算机绘图的有机结合，有利于学生应用技能的培养和训练。

图书在版编目（CIP）数据

机械制图与计算机绘图/庄竞主编. —北京：化学工业出版社，2015.8（2024.10重印）
ISBN 978-7-122-24492-5

Ⅰ.①机…　Ⅱ.①庄…　Ⅲ.①机械制图-高等学校-教材②自动绘图-高等学校-教材　Ⅳ.①TH126

中国版本图书馆 CIP 数据核字（2015）第 146589 号

责任编辑：蔡洪伟　　　　　　　　　文字编辑：吴开亮
责任校对：王　静　　　　　　　　　装帧设计：张　辉

出版发行：化学工业出版社（北京市东城区青年湖南街 13 号　邮政编码 100011）
印　　装：北京七彩京通数码快印有限公司
787mm×1092mm　1/16　印张 17½　字数 433 千字　2024 年 10 月北京第 1 版第 7 次印刷

购书咨询：010-64518888　　　　　售后服务：010-64518899
网　　址：http://www.cip.com.cn
凡购买本书，如有缺损质量问题，本社销售中心负责调换。

定　　价：35.00 元

前　言

　　《机械制图与计算机绘图》是在已出版的 21 世纪高等工程应用型教育教学改革成果教材（获山东省职业院校优秀教材一等奖）、国家级精品课程及国家级精品资源共享课程的基础上，以"简明＋实用＋技能"为目标，广泛吸取机械制图与计算机绘图教学改革成功经验的基础上编写而成。

　　本书可与同时出版的由庄竞主编的《机械制图与计算机绘图习题指导》配套使用，也可与其他制图教材配合使用。适用于高等院校机电、机制、数控、模具、汽车等工程技术类相关专业，也可供有关的工程技术人员参考。

　　为了便于教师指导和学生自主学习，本书的编排顺序与配套习题指导一致，两者相辅相成，每类题都有详尽的习题解答。主要包括制图基本知识、计算机绘图入门、投影基础、组合体、图样画法、标准件和常用件、零件图、装配图八个单元，注重二维图、三维模型和计算机绘图的有机结合，有利于学生应用技能的培养和训练。

　　本书由庄竞担任主编及全书的统稿、审校工作，参加本书资料收集和部分内容编写的有张兴军、仲纪卉、王丽丽、李文。在本书的编写过程中，得到了许多同行的大力支持，在此表示衷心的感谢。

　　与本课程相关的视频、课件、软件操作等资源，有兴趣的读者可以在国家级精品课程网站（http://218.59.147.62:8080/）下载或学习。

　　本书在编写过程中难免有不当之处，敬请使用本书的专家及读者不吝指正，我们将非常感谢。

编　者

2015 年 4 月

目 录

单元一

制图基本知识

【学习目标】

通过本单元的学习，应了解国家制图标准中图幅、比例、字体的有关规定，了解绘图工具及其使用方法；掌握国家制图标准中图线的应用、画法及尺寸注法；掌握机械制图中常见的一些几何作图方法。

【学习导读】

图样是工程界的语言。国家标准和制图的基本理论是绘制工程图样必须遵循的规则。在本单元中主要讲解国家标准有关制图的一些规定、绘图工具的使用方法及机械制图中常见的一些几何作图方法。

1.1 制图基本规定

图样是现代机器制造过程中重要的技术文件之一，是工程界的技术语言，是用来指导生产和技术交流的共同语言。为此，我国国家技术监督局制订了一系列关于技术制图的国家标准（简称国标），代号为"GB"（"GB/T"为推荐性国标），绘图时必须严格遵守标准的有关规定。

本节介绍的国家标准出自最新的《技术制图》，例如 GB/T 14690—1993《技术制图　比例》，其中"GB"为"国标"二字的汉语拼音字头，"T"为"推荐"的"推"字的汉语拼音头，"14690"为标准编号，"1993"为该标准颁布的年号。

相关知识

1.1.1　图纸幅面和格式（GB/T 14689—2008）

1.1.1.1　图纸幅面

绘制图样时，应优先采用表 1.1 所规定的基本幅面，必要时，也允许选用国家标准所规定的加长幅面。

表 1.1　图纸幅面和边框尺寸　　　　　　　　　　单位：mm

幅面代号		A0	A1	A2	A3	A4
宽(B)×长(L)		841×1189	594×841	420×594	297×420	210×297
边框	a	25				
	c	10			5	
	e	20		10		

这些幅面的尺寸由基本幅面的短边成整数倍增加后得出，见图 1.1。其中粗实线部分为基本幅面；细实线部分为第一选择的加长幅面；虚线为第二选择的加长幅面。加长幅面代号记作：基本幅面代号"×"倍数。如 A3×3，表示按 A3 图幅短边加长为 297mm 的 3 倍，即 420mm×891mm。

1.1.1.2　图框格式

每张图样均需有粗实线绘制的图框。要装订的图样，应留装订边，其图框格式如图 1.2 所示。不需要装订的图样其图框格式如图 1.3 所示。但同一产品的图样只能采用同一种格式，图样必须画在图框之内。

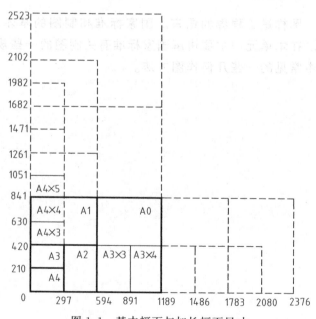

图 1.1　基本幅面与加长幅面尺寸

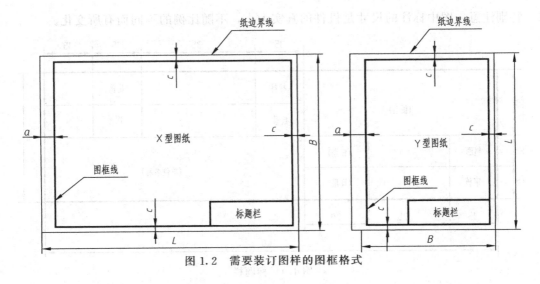

图 1.2　需要装订图样的图框格式

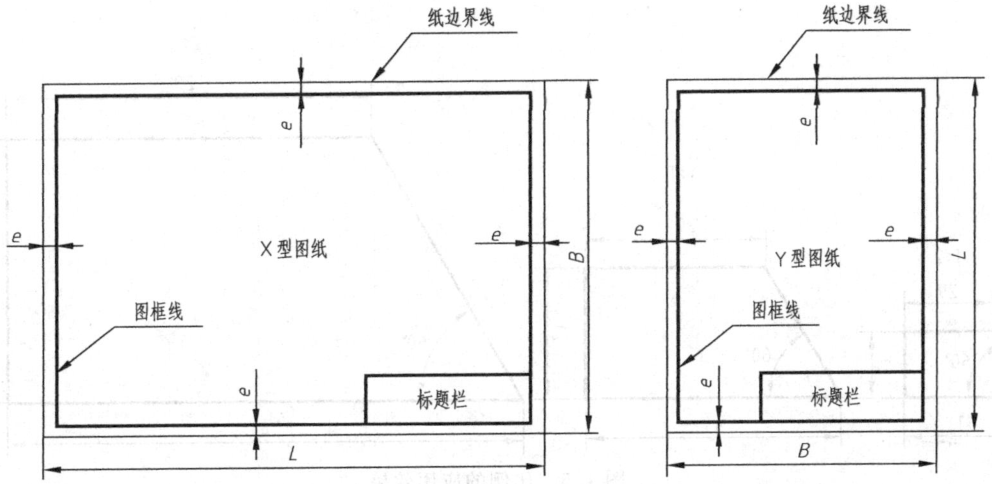

图 1.3　不需要装订图样的图框格式

1.1.1.3　标题栏及其方位

每张技术图样中均应画出标题栏。标题栏的格式和尺寸按《技术制图　标题栏》GB 10609.1—2008 的规定。本教材将标题栏作了简化，如图 1.4 所示，建议在作业中采用。

标题栏一般应位于图纸的右下角。当标题栏的长边置于水平方向并与图纸的长边平行时，则构成 X 型图纸；当标题栏的长边与图纸的长边垂直时，则构成 Y 型图纸，如图 1.2 和图 1.3 所示。在此情况下，看图的方向与看标题栏的方向一致，即标题栏中的文字方向为看图方向。

此外，标题栏的线型、字体（签字除外）和年、月、日的填写格式均应符合相应国家标准的规定。

1.1.2　比例（GB/T 14690—1993）

1.1.2.1　术语

比例是指图纸中图形与其实物相应要素的线性尺寸之比。如图 1.5 所示比例的应用效果。特别注意：图中标注的尺寸是机件的真实大小，不随比例的不同而有所变化。

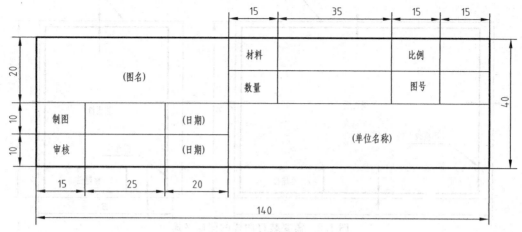

图 1.4　标题栏

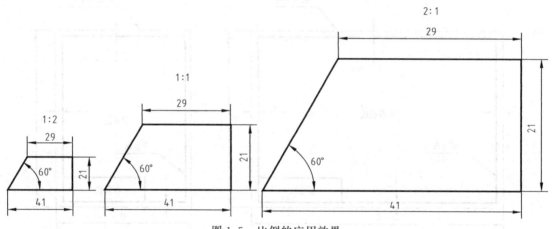

图 1.5　比例的应用效果

1.1.2.2　比例的选用

绘制图样时应尽可能按机件的实际大小采用 1∶1 的比例画出，以方便绘图和看图。但由于机件的大小及结构复杂程度不同，有时需要放大或缩小，比例应优先选用表 1.2 中所规定的"优先选择系列"，必要时也可选取表 1.2 中所规定的"允许选择系列"中的比例。

绘制同一机件的主要视图应采用相同的比例，并在标题栏的比例框内标明。当同一机件的某个视图采用不同比例绘制时，必须另行标明所用比例。但无论采用何种比例画图，标注尺寸都必须按机件原有的尺寸大小标注。

表 1.2　比例

种类	定义	优先选择系列		允许选择系列	
原值比例	比值等于 1 的比例	1∶1			
放大比例	比值大于 1 的比例	$2∶1$　$5∶1$　$1×10^n∶1$ $2×10^n∶1$　$5×10^n∶1$		$4∶1$　　　$2.5∶1$ $4×10^n∶1$　$2.5×10^n∶1$	
缩小比例	比值小于 1 的比例	$1∶2$　$1∶5$　$1∶1×10^n$ $1∶2×10^n$　$1∶5×10^n$		$1∶1.5$　$1∶2.5$　$1∶3$　$1∶4$　$1∶6$ $1∶1.5×10^n$　　$1∶2.5×10^n$ $1∶4×10^n$　$1∶6×10^n$	

注：n 为正整数。

1.1.3　字体（GB/T 14691—1993）

国家标准中规定了汉字、字母和数字的结构形式。书写字体的基本要求是：

① 必须做到：字体端正、笔画清楚、排列整齐、间隔均匀。

② 字体的大小以号数表示，字体的号数就是字体的高度（单位为 mm），字体高度（用 h 表示）的公称尺寸系列为：1.8、2.5、3.5、5、7、10、14、20。如需要书写更大的字，其字体高度应按 $\sqrt{2}$ 的比例递增。

③ 汉字应写成长仿宋体字，并应采用国家正式公布推行的简化字。其书写要领是：横平竖直、注意起落、结构均匀、填满方格。汉字的高度 h 不应小于 3.5mm，其字宽一般为 $h/\sqrt{2}$。

④ 字母和数字分为 A 型和 B 型。字体的笔画宽度用 d 表示。A 型字体的笔画宽度 $d=h/14$，B 型字体的笔画宽度 $d=h/10$。字母和数字可写成斜体和直体。

⑤ 斜体字字头向右倾斜，与水平基准线成 75°。绘图时，一般用 B 型斜体字。

⑥ 在同一图样上，只允许选用一种字体。

如图 1.6、图 1.7 所示的是图样上常见字体的书写示例。

字体端正　笔画清楚
排列整齐　间隔均匀

图 1.6　长仿宋字

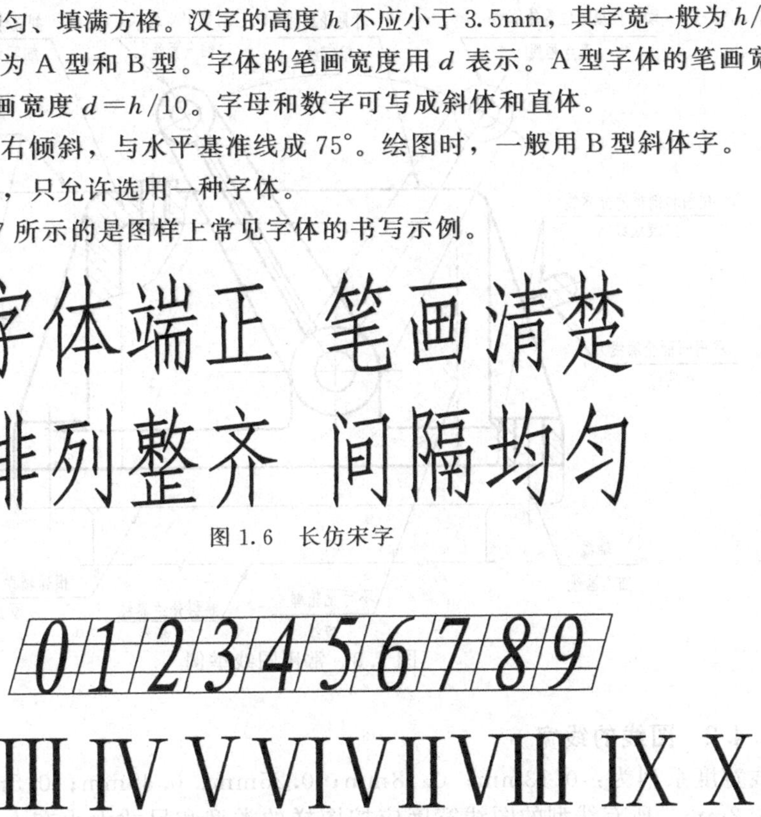

0123456789

I II III IV V VI VII VIII IX X

图 1.7　数字书写示例

1.1.4　图线（GB/T 4457.4—2002）

1.1.4.1　图线的线型及应用

绘制技术图样时，应遵循《技术制图　图线》的规定。常见图线的名称、线型、宽度及其用途示例见表 1.3 和图 1.8。

表 1.3　图线的名称、线型、宽度及其用途

图线名称	图线线型	图线宽度	一般应用
粗实线	——————————————	d	可见轮廓线；可见过渡线
虚线	— — — — — — — —	约 $d/3$	不可见轮廓线；不可见过渡线
细实线	——————————————	约 $d/3$	尺寸线、尺寸界线、剖面线、重合断面的轮廓线及指引线等

图线名称	图线线型	图线宽度	一般应用
波浪线		约 $d/3$	断裂处的边界线、视图和剖视的分界线
双折线		约 $d/3$	断裂处的边界线
细点画线		约 $d/3$	轴线、对称中心线等
粗点画线		d	有特殊要求的线或表面的表示线
双点画线		约 $d/3$	相邻零件的轮廓线、移动件的限位线

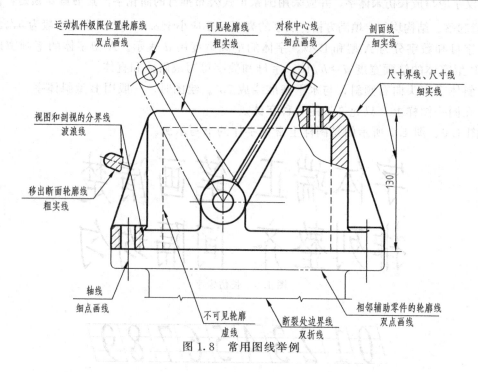

图 1.8 常用图线举例

1.1.4.2 图线的线宽

图线宽度系列为：0.13mm；0.18mm；0.25mm；0.35mm；0.5mm；0.7mm；1mm；1.4mm；2mm。所有线型的图线宽度应按图样的类型和尺寸大小在上述系列中选择。机械图样中粗线和细线的宽度比例为 2∶1。粗实线的宽度通常选用 0.5mm 或 0.7mm。为了保证图样清晰、便于复制，应尽量避免出现线宽小于 0.18mm 的图线。

1.1.4.3 图线画法

① 同一图样中，同类图线的宽度应基本一致。虚线、点画线及双点画线的线段长短间隔应各自大致相等。

② 两条平行线之间的距离应不小于粗实线的两倍宽度，其最小距离不得小于 0.7mm。

③ 虚线及点画线与其他图线相交时，都应以线段相交，不应在空隙或短画处相交；当虚线是粗实线的延长线时，粗实线应画到分界点，而虚线应留有空隙；当虚线圆弧和虚线直线相切时，虚线圆弧的线段应画到切点，而虚线直线需留有空隙，如图 1.9 所示。

④ 绘制圆的对称中心线（细点画线）时，圆心应为线段的交点。点画线和双点画线的首末两端应是线段而不是短画，同时其两端应超出图形的轮廓线 3~5mm。在较小的图形上绘制点画线或双点画线有困难时，可用细实线代替，如图 1.10 所示。

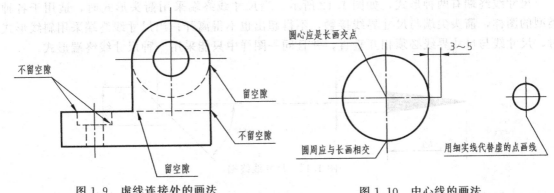

不留空隙

留空隙

不留空隙

留空隙

图 1.9　虚线连接处的画法

圆心应是长画交点

3～5

圆周应与长画相交

用细实线代替虚的点画线

图 1.10　中心线的画法

1.1.5　尺寸注法（GB/T 4458.4—2003）

机械图样中的图形只能表达机件的形状，而机件的大小则由标注的尺寸确定。标注尺寸时应严格遵守国家标准有关尺寸标注的规定，做到正确、完整、清晰、合理。

1.1.5.1　基本规则

① 机件的真实大小应以图样上所注的尺寸数值为依据，与图形的大小及绘图的准确度无关。

② 图样中的尺寸，以"mm"为单位时，不需标注计量单位的代号或名称，如采用其他单位，则必须注明。

③ 图样所注尺寸是该图样所示机件最后完工时的尺寸，否则应另加说明。

④ 机件的每一尺寸，一般只标注一次，并应标注在反映该结构最清晰的图形上。

1.1.5.2　尺寸的组成

一个完整的尺寸应由尺寸界线、尺寸线和尺寸数字等要素组成，见图 1.11。

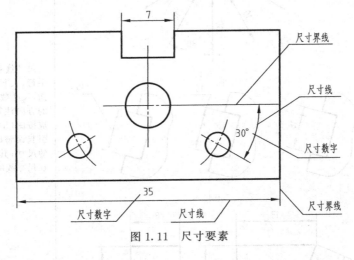

7

尺寸界线

尺寸线

30°

尺寸数字

35

尺寸数字　　　　尺寸线

尺寸界线

图 1.11　尺寸要素

（1）尺寸界线

尺寸界线用细实线绘制，并应由图形的轮廓线、轴线或对称中心线处引出。也可利用轮廓线、轴线或对称中心线作尺寸界线。尺寸界线一般应与尺寸线垂直，并超出尺寸线终端2mm左右。

（2）尺寸线

尺寸线用细实线绘制，必须单独画出，不能与图线重合或在其延长线上。

尺寸线终端有两种形式,如图 1.12 所示。当尺寸线终端采用箭头形式时,适用于各种类型的图样,箭头尖端与尺寸界线接触,不得超出也不得离开;当尺寸线终端采用斜线形式时,尺寸线与尺寸界线必须相互垂直,并且同一图样中只能采用一种尺寸线终端形式。

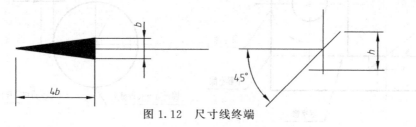

图 1.12　尺寸线终端

（3）尺寸数字

线性尺寸的数字一般应注写在尺寸线的上方,也允许注写在尺寸线的中断处,同一图样内大小一致,位置不够可引出标注。尺寸数字不可被任何图线所通过,否则必须把图线断开。

1.1.5.3　尺寸注法

尺寸注法的基本规则,参见表 1.4。

表 1.4　常用尺寸注法及简化注法示例

标注内容	示例	说明
线性尺寸	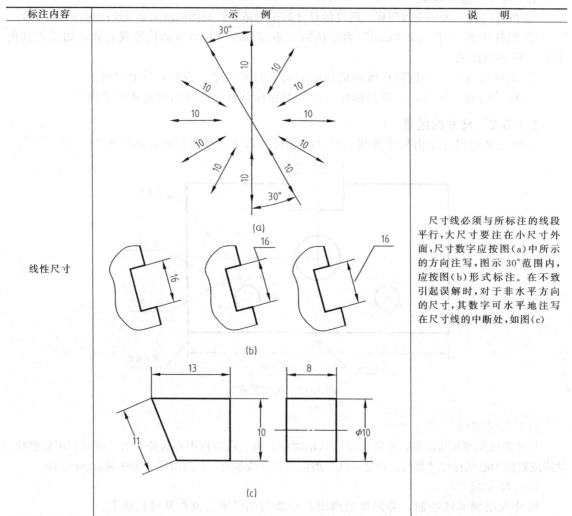	尺寸线必须与所标注的线段平行,大尺寸要注在小尺寸外面,尺寸数字应按图(a)中所示的方向注写,图示 30°范围内,应按图(b)形式标注。在不致引起误解时,对于非水平方向的尺寸,其数字可水平地注写在尺寸线的中断处,如图(c)

标注内容		示　例	说　明
圆弧	直径尺寸	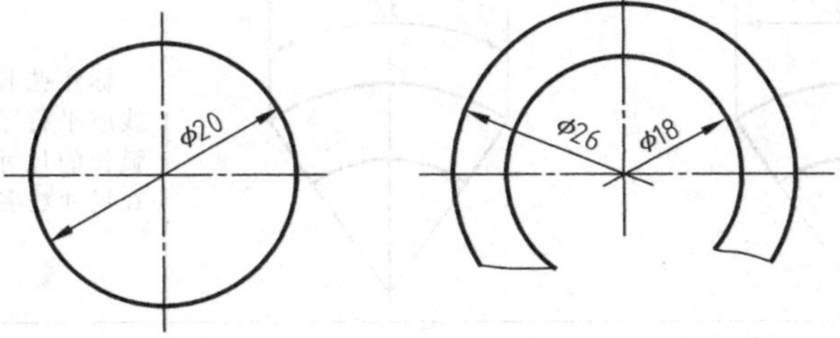	标注圆或大于半圆的圆弧时,尺寸线通过圆心,以圆周为尺寸界线,尺寸数字前加注直径符号"ϕ"
	半径尺寸	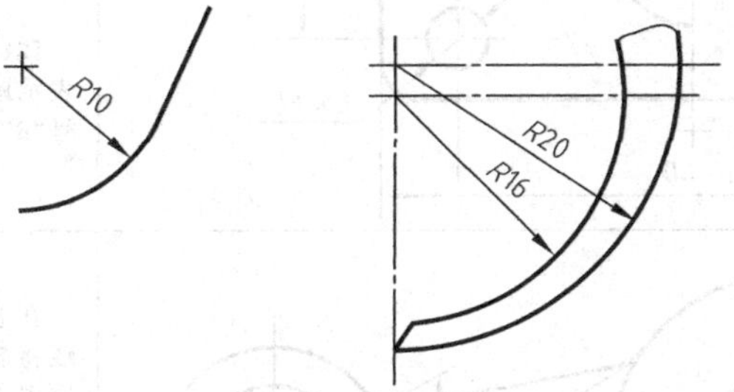	标注小于或等于半圆的圆弧时,尺寸线自圆心引向圆弧,只画一个箭头,尺寸数字前加注半径符号"R"
大圆弧		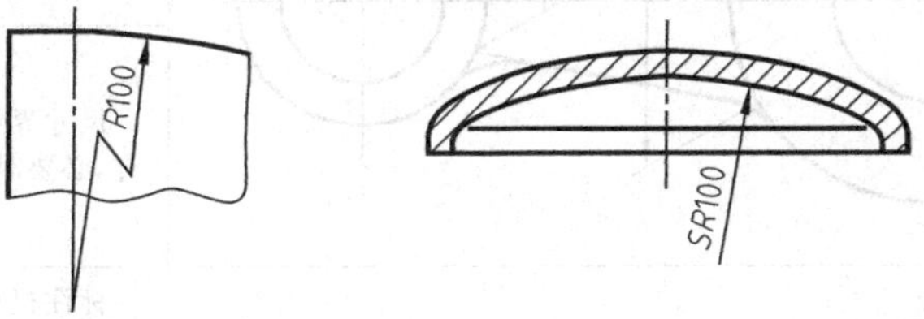	当圆弧的半径过大或在图纸范围内无法标注其圆心位置时,可采用折线形式,若圆心位置不需注明,则尺寸线可只画靠近箭头的一段
小尺寸		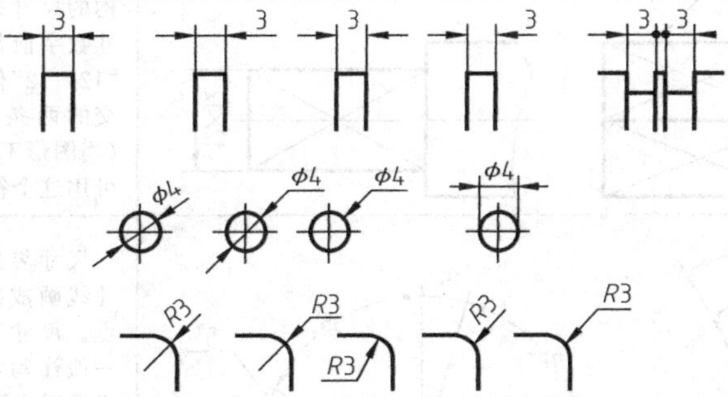	对于小尺寸在没有足够的位置画箭头或注写数字时,箭头可画在外面,或用小圆点代替两个箭头;尺寸数字也可采用旁注或引出标注
球面		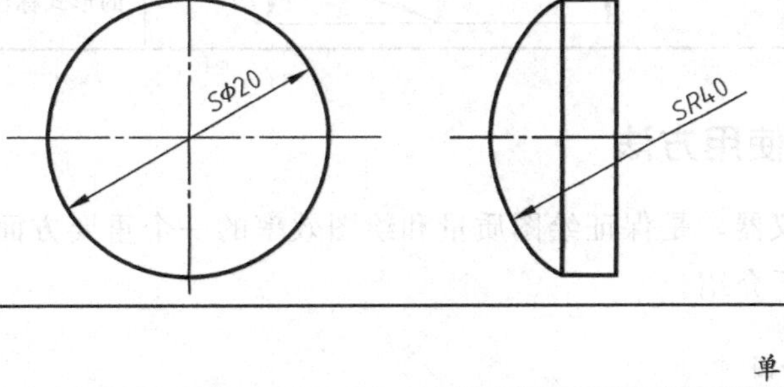	标注球面的直径或半径时,应在尺寸数字前分别加注符号"$S\phi$"或"SR"

标注内容	示　例	说　明
弦长和弧长	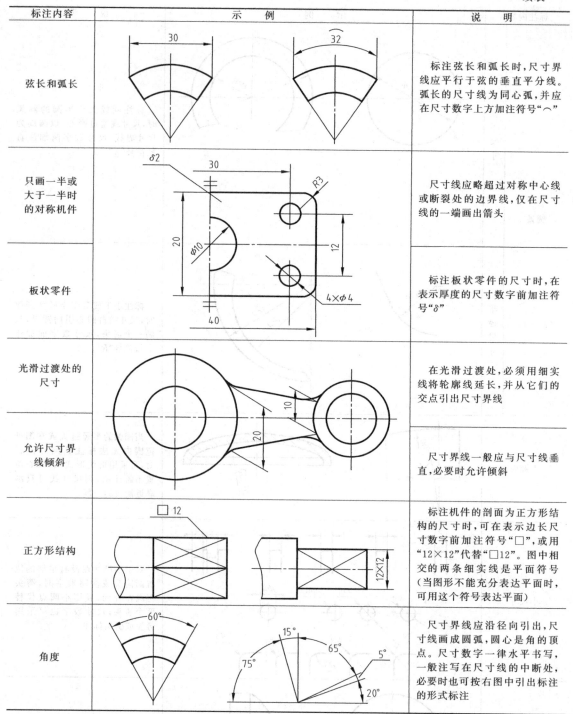	标注弦长和弧长时,尺寸界线应平行于弦的垂直平分线。弧长的尺寸线为同心弧,并应在尺寸数字上方加注符号"⌒"
只画一半或大于一半时的对称机件		尺寸线应略超过对称中心线或断裂处的边界线,仅在尺寸线的一端画出箭头
板状零件		标注板状零件的尺寸时,在表示厚度的尺寸数字前加注符号"δ"
光滑过渡处的尺寸		在光滑过渡处,必须用细实线将轮廓线延长,并从它们的交点引出尺寸界线
允许尺寸界线倾斜		尺寸界线一般应与尺寸线垂直,必要时允许倾斜
正方形结构		标注机件的剖面为正方形结构的尺寸时,可在表示边长尺寸数字前加注符号"□",或用"12×12"代替"□12"。图中相交的两条细实线是平面符号(当图形不能充分表达平面时,可用这个符号表达平面)
角度		尺寸界线应沿径向引出,尺寸线画成圆弧,圆心是角的顶点。尺寸数字一律水平书写,一般注写在尺寸线的中断处,必要时也可按右图中引出标注的形式标注

1.1.6　绘图工具及其使用方法

　　正确使用绘图工具和仪器,是保证绘图质量和绘图效率的一个重要方面。为此将手工绘图工具及其使用方法作如下介绍。

1.1.6.1 图板、丁字尺和三角板

图板是铺贴图纸用的，要求板面平滑光洁；又因它的左侧边为丁字尺的导边，所以必须平直光滑，图纸用胶带纸固定在图板上。当图纸较小时，应将图纸铺贴在图板靠近左上方的位置，如图1.13所示。

丁字尺由尺头和尺身两部分组成。它主要用来画水平线，其头部必须紧靠图板左边，然后用丁字尺的上边画线。移动丁字尺时，用左手推动丁字尺头沿图板上下移动，把丁字尺调整到准确的位置，然后压住丁字尺进行画线。

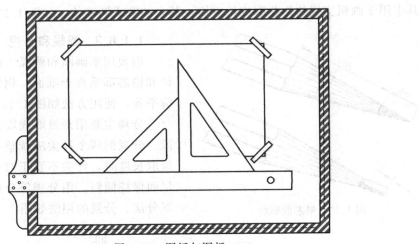

图1.13　图纸与图板

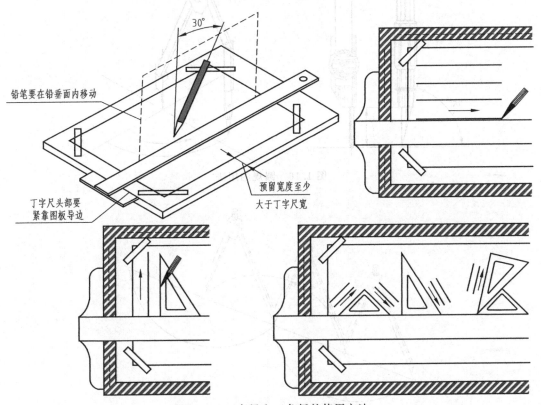

图1.14　丁字尺和三角板的使用方法

画水平线是从左到右画，铅笔前后方向所在铅垂面应与纸面垂直，而在画线前进方向倾斜约30°。三角板分45°和30°、60°两块，可配合丁字尺画铅垂线及15°倍角的斜线；或用两块三角板配合画任意角度的平行线或垂直线，如图1.14所示。

1.1.6.2　绘图铅笔

绘图用铅笔的铅芯分别用B和H表示其软、硬程度，绘图时根据不同使用要求，应准备以下几种硬度不同的铅笔：B或HB——画粗实线用；HB或H——画箭头和写字用；H或2H——画各种细线和画底稿用。

其中用于画粗实线的铅芯磨成长方体，其余的磨成圆锥体，如图1.15所示。

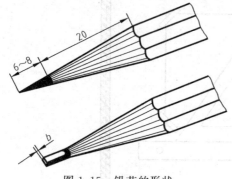

图1.15　铅芯的形状

1.1.6.3　圆规和分规

圆规用来画圆和圆弧。画图时应尽量使钢针和铅芯都垂直于纸面，钢针的台阶与铅芯尖应平齐，使用方法如图1.16所示。

分规主要用来量取线段长度或等分已知线段。分规的两个针尖应调整平齐。从比例尺上量取长度时，针尖不要正对尺面，应使针尖与尺面保持倾斜。用分规等分线段时，通常要用试分法。分规的用法如图1.17所示。

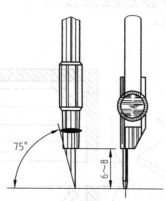

图1.16　圆规的用法

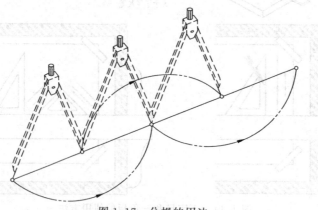

图1.17　分规的用法

▶ 技能训练

1. 动动脑

(1) 图纸幅面的代号有哪几种？各不同幅面代号的图纸的边长之间有何规律？

(2) 在图样中书写的字体，必须做到哪些要求？字体号数说明什么？

(3) 图线的宽度分几种？各种图线的主要用途是什么？

(4) 一个完整的尺寸应包括哪几个部分组成？各类尺寸注法有什么特点？

2. 动动手

(1) 绘制图框和标题栏。

准备绘图工具：三角板、丁字尺、图板、铅笔、圆规、分规、橡皮、胶带纸和图纸等。

绘制图框和标题栏：选择 A3 横装、A4 竖装的图纸图幅，用粗实线绘制图框（A3 留装订边、A4 不留装订边）。根据图 1.4 绘制标题栏，并填写标题栏。

(2) 字体。完成配套《习题指导》1-1 字体练习（一）、（二）。

(3) 图线、比例、尺寸标注。完成配套《习题指导》1-2、1-3。

◀ 1.2 平面图形画法 ▶

任何平面图形总是由若干线段（包括直线段、圆弧、曲线）连接而成的，每条线段又由相应的尺寸来决定其长短（或大小）和位置。一个平面图形能否正确绘制出来，要看图中所给的尺寸是否齐全和正确。

本节主要介绍尺寸绘图和徒手绘图方法和技巧。

相关知识

1.2.1 几何作图

1.2.1.1 正三角形的画法

正三角形的画法如下：

① 用 60° 三角板过 A 画斜线得交点 B；

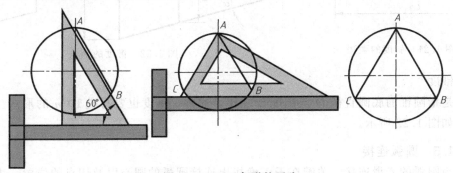

图 1.18　正三角形的画法

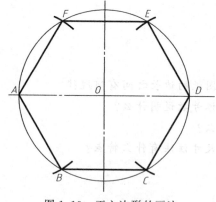

图 1.19　正六边形的画法

② 旋转三角板，同时画 60°斜线，得交点 C；
③ 连 BC 则得正三角形，见图 1.18。

1.2.1.2　正六边形的画法

绘制正六边形，一般利用正六边形的边长等于外接圆半径的原理，绘制步骤如图 1.19 所示。

1.2.1.3　正五边形的画法

正五边形的画法如下：
① 以 A 为中心，OA 半径，圆弧交于 B、C，连 BC 得 OA 中点 M；
② 以 M 为中心，MI 为半径画弧得交点 K；
③ 以 KI 长截圆周得点 I、II、III、IV、V，依次连接得正五边形，见图 1.20。

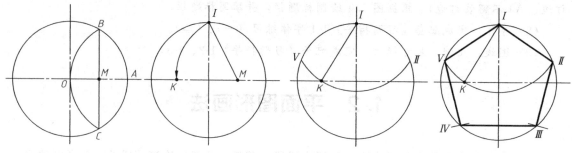

图 1.20　正五边形的画法

1.2.1.4　斜度与锥度

（1）斜度

斜度是指一直线或平面对另一直线或平面的倾斜程度。工程上用直角三角形对边与邻边的比值来表示，并固定把比例前项化为 1 而写成 $1:n$ 的形式。若已知直线段的斜度为 1：4，其作图方法及标注如图 1.21 所示。

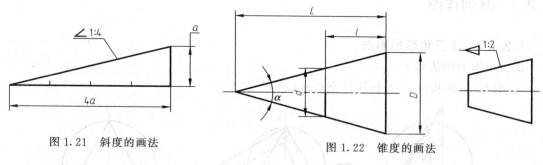

图 1.21　斜度的画法　　　　　　　　图 1.22　锥度的画法

（2）锥度

锥度是指圆锥的底圆直径 D 与高度 L 之比，通常，锥度也要写成 $1:n$ 的形式。锥度的作图方法如图 1.22 所示。

1.2.1.5　圆弧连接

圆弧与圆弧的光滑连接，关键在于正确找出连接圆弧的圆心以及切点的位置。由初等几何知识可知：当两圆弧以内切方式相连接时，连接弧的圆心要用 $R-R_0$ 来确定；当两圆弧以外切方式相连接时，连接弧的圆心要用 $R+R_0$ 来确定。用仪器绘图时，各种圆弧连接的画法如图 1.23 所示。

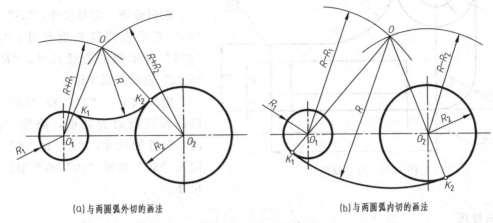

(a) 与两圆弧外切的画法   (b) 与两圆弧内切的画法

图 1.23　圆弧连接

1.2.1.6　椭圆的画法

常用的椭圆近似画法为四圆弧法，即用四段圆弧连接起来的图形近似代替椭圆。如果已知椭圆的长、短轴 AB、CD，则其近似画法的步骤如下。

① 连 AC，以 O 为圆心，OA 为半径画弧交 CD 延长线于 E，再以 C 为圆心，CE 为半径画弧交 AC 于 E_1。

② 作 AE_1 线段的中垂线分别交长、短轴于 O_1、O_2，并作 O_1、O_2 的对称点 O_3、O_4，即求出四段圆弧的圆心，如图 1.24 所示。

1.2.2　平面图形的分析

任何平面图形总是由若干线段（包括直线段、圆弧、曲线）连接而成的，每条线段又由相应的尺寸来决定其长短（或大小）和位置。一个平面图形能否正确绘制出来，要看图中所给的尺寸是否齐全和正确。因此，绘制平面图形时应先进行尺寸分析和线段分析，以明确作图步骤。

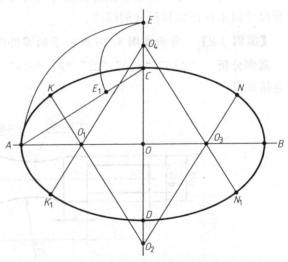

图 1.24　椭圆的近似画法

1.2.2.1　尺寸分析

平面图形中的尺寸可以分为以下两大类。

（1）定形尺寸

定形尺寸是指确定平面图形中几何元素大小的尺寸。例如直线段的长度，圆弧的半径等。

（2）定位尺寸

定位尺寸是指确定几何元素位置的尺寸。例如圆心的位置尺寸，直线与中心线的距离尺

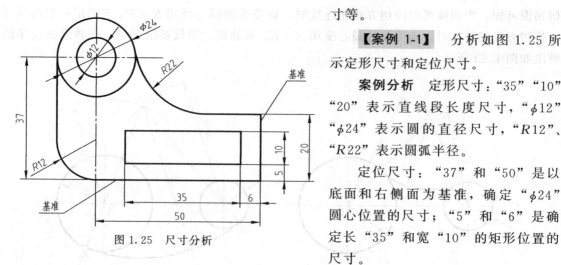

图 1.25 尺寸分析

寸等。

【案例 1-1】 分析如图 1.25 所示定形尺寸和定位尺寸。

案例分析 定形尺寸："35" "10" "20" 表示直线段长度尺寸，"$\phi12$" "$\phi24$" 表示圆的直径尺寸，"$R12$"、"$R22$" 表示圆弧半径。

定位尺寸："37" 和 "50" 是以底面和右侧面为基准，确定 "$\phi24$" 圆心位置的尺寸；"5" 和 "6" 是确定长 "35" 和宽 "10" 的矩形位置的尺寸。

提示与技巧

✓ 在标注定位尺寸时需要注意，定位尺寸应以尺寸基准作为标注尺寸的起点，并且一个平面图形应有两个方向的尺寸基准（水平方向和竖直方向），通常是以图形的对称轴线、大直径圆的中心线和主要轮廓线作为尺寸基准。

1.2.2.2　线段分析

平面图形的线段（直线、圆和圆弧）按线段尺寸是否齐全，可分为已知线段、中间线段和连接线段。已知线段是定形尺寸和定位尺寸全部给出的线段；中间线段是已知定形尺寸和一个方向的定位尺寸，需要根据边界条件用连接关系才能画出的线段；连接线段是只给出了定形尺寸而未标注定位尺寸的线段。

【案例 1-2】 分析如图 1.26 所示手柄零件图中的线段。

案例分析 "$\phi16$" "$\phi10$" "22" "8" "$R8$" 为已知线段；"$R48$" 为中间线段；"$R40$" 为连接线段。

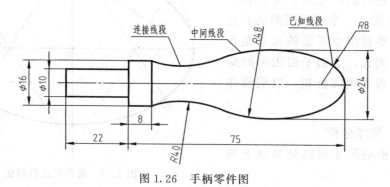

图 1.26　手柄零件图

1.2.3　平面图形的画法

在画图时，首先应根据图形的尺寸分析、线段分析来确定基准，依次画出已知线段、中间线段和连接线段，然后校核底稿并标注尺寸，最后整理图形，加深图线，即可完成图形的绘制。

【案例 1-3】 绘制图 1.26 的手柄零件图。

作图步骤 （1）画已知线段

作出基准线，根据齐全的定形尺寸和定位尺寸先行画出已知，如图 1.27 所示。

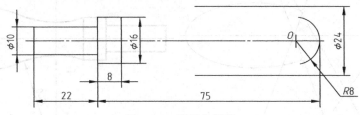

图 1.27 画已知线段

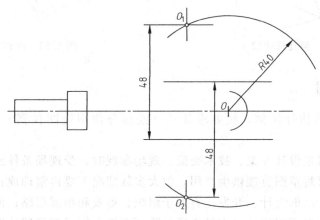

图 1.28 画中间线段 1

（2）画中间线段

只给出定形尺寸和一个定位尺寸，需待与其一端相邻的已知线段作出后，才能由作图确定其位置。大圆弧 $R48$ 是中间圆弧，圆心位置尺寸只有一个垂直方向是已知的，水平方向位置需根据 $R48$ 圆弧与 $R8$ 圆弧内切的关系画出（图 1.28、图 1.29）。

（3）画连接线段

只给出定形尺寸，没有定位尺寸，需待与其两端相邻的线段作出后，才能确定它的位置。$R40$ 的圆弧只给出半径，但它通过中间矩形右端的一个顶点，同时又要与 $R48$ 圆弧外切，所以它是连接线段，应最后画出（图 1.30、图 1.31）；可见在两条已知线段之间可以有任意条中间线段，但必须有而且只能有一条连接线段。

（4）校核作图过程

擦去多余的作图线，描深图形。

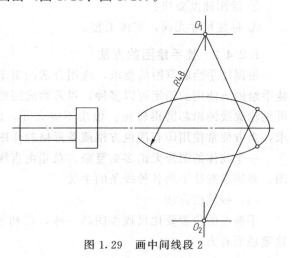

图 1.29 画中间线段 2

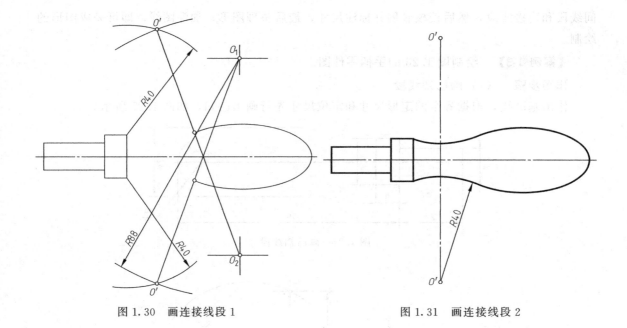

图 1.30　画连接线段 1　　　　　　　　　　图 1.31　画连接线段 2

1.2.4　徒手绘图

草图是指以目测估计比例，按要求徒手（或部分使用绘图仪器）方便快捷地绘制的图形。

在机器测绘、讨论设计方案、技术交流、现场参观时，受现场条件或时间的限制，经常绘制草图。有时也可将草图直接供生产用，但大多数情况下要再整理成正规图。所以徒手绘制草图可以加速新产品的设计、开发；有助于组织、形成和拓展思路；便于现场测绘；节约作图时间等。因此，对于工程技术人员来说，除了要学会用尺规仪器绘图和使用计算机绘图之外，还必须具备徒手绘制草图的能力。

1.2.4.1　徒手绘制草图的要求
① 画线要稳，图线要清晰。
② 目测尺寸尽量准确，各部分比例均匀。
③ 绘图速度要快。
④ 标注尺寸无误，字体工整。

1.2.4.2　徒手绘图的方法
根据徒手绘制草图的要求，选用合适的铅笔，按照正确的方法可以绘制出满意的草图。徒手绘图所使用的铅笔可以多种，铅芯磨成圆锥体，画中心线和尺寸线的铅芯磨得较尖，画可见轮廓线的铅芯磨得较钝。橡皮不应太硬，以免擦伤作图纸。所使用的作图纸无特别要求，为方便常使用印有浅色方格或菱形格的作图纸。

一个物体的图形无论多么复杂，总是由直线、圆、圆弧和曲线所组成的。因此要画好草图，必须掌握徒手画各种线条的手法。

（1）握笔的方法
手握笔的位置要比尺规作图高一些，以利于运笔和观察目标。笔杆与纸面成 $45°\sim60°$，执笔稳而有力。

（2）直线的画法

徒手绘图时，手指应握在铅笔上离笔尖约 35mm 处，手腕和小手指对纸面的压力不要太大。在画直线时，手腕不要转动，使铅笔与所画的线始终保持约 90°，眼睛看着画线的终点，轻轻移动手腕和手臂，使笔尖向着要画的方向作直线运动，画水平线时，如图 1.32（a）所示的画线方向最为顺手，这时图纸可以斜放。画竖直线时自上而下运笔，如图 1.32（b）所示。画长斜线时，为了运笔方便，可以将图纸旋转一适当角度，以利于运笔画线，如图 1.32（c）所示。

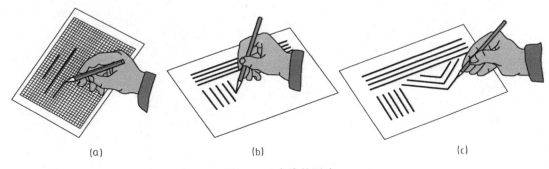

（a）　　　　　　　　（b）　　　　　　　　（c）

图 1.32　直线的画法

（3）圆的画法

徒手画圆时，应先定圆心及画中心线，再根据目测半径大小在中心线上定出四点，然后过这四点画圆，如图 1.33（a）所示。当圆的直径较大时，可过圆心增画两条 45°的斜线，在线上再定四个点，然后过这八点画圆，如图 1.33（b）所示。当圆的直径很大时，可取一纸片标出半径长度，利用它从圆心出发定出许多圆周上的点，然后通过这些点画圆。或用手作圆规，小手指的指尖或关节作圆心，使铅笔与它的距离等于所需的半径，用另一只手小心地慢慢转图纸，即可得到所需的圆。

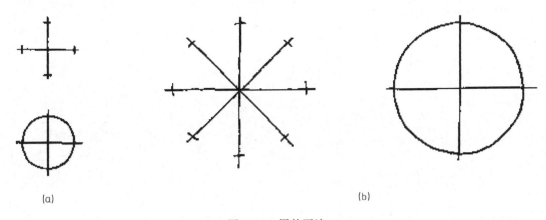

（a）　　　　　　　　　　　　　　　　　（b）

图 1.33　圆的画法

■ 技能训练

1. 动动脑

（1）什么是平面图形的尺寸基准、定形尺寸和定位尺寸？

（2）试述平面图形的作图步骤。

（3）为什么要具备徒手绘制草图的能力？

2. 动动手

（1）斜度、锥度、徒手画图。完成配套《习题指导》1-4斜度、锥度、徒手画图。

（2）平面图形。完成配套《习题指导》1-5平面图形的绘制。

（3）综合练习。完成配套《习题指导》1-6大作业。

单元二

计算机绘图入门

【学习目标】

通过本单元的学习，对 AutoCAD 有整体上的初步认识，了解如何启动和设置初始绘图环境，熟悉"AutoCAD 经典"工作界面组成，掌握图形文件管理方法及简单平面图形的绘制方法等。

【学习导读】

本单元以计算机绘图软件 AutoCAD 为例介绍其在机械制图中的应用。主要介绍 AutoCAD 的启动、新建、打开、保存等图形文件管理方法，绘图环境设置、基本图形的绘制方法和技巧。

2.1 计算机绘图简介

    计算机绘图是把数字化的图形信息输入计算机，进行存储和处理后控制图形输出设备，实现显示或绘制各种图形。计算机绘图是计算机辅助设计的重要组成部分。计算机绘图从 20 世纪 70 年代开始发展起来，现在已经进入普及化与实用化的阶段。

    由于计算机绘图具有绘图速度快，精度高；便于产品信息的保存和修改；设计过程直观，便于人机对话；缩短设计周期，减轻劳动强度等优点，目前计算机绘图已作为主要的绘图手段广泛应用于各个领域。因此，工科大学生掌握计算机绘图知识是非常必要的。

2.1.1 计算机绘图概念

    机械制图讲解绘制工程图样的原理与规定，这是绘制工程图样的基础，它解决了"应该怎样画"的问题；而计算机辅助绘图则是解决如何用目前最先进的手段来画工程图样。计算机辅助设计及制造（CAD/CAM）与数控机床加工结合，则是现在数控、模具等技术应用的主流，能够达到非常理想的加工效果。

2.1.1.1 CAG

    CAG（Computer Aided Graphics），即计算机辅助绘图。它是利用计算机硬件系统和绘图软件生成、显示、储存及输出图形的一种方法和技术。具有绘图效率高，精度高，图面美观清晰，便于修改、管理等优点，正逐步取代手工绘图。

2.1.1.2 CAD

    CAD（Computer Aided Design），即计算机辅助设计。它将计算机高速而精确的运算功能，大容量存储和处理数据的能力，丰富而灵活的图形、文字处理功能与设计者的创造性思维能力、综合分析及逻辑判断能力结合起来，形成一个设计者思想与计算机处理能力紧密配合的系统，大大加快了设计进程。CAD 技术包括下列功能：几何建模、计算分析、仿真与实验、绘图及技术文档生存、工程数据库的管理和共享。

2.1.1.3 CAM

    CAM（Computer Aided Manufacturing），即计算机辅助制造。CAM 内容广泛，从狭义上讲指的是数控程度的编制，包括刀具路径的规划、刀位文件的生成、刀具轨迹仿真以及 NC 代码的生成等。

2.1.2 计算机绘图软件

    计算机辅助绘图软件包括二维、三维、图形、图像等各类软件。目前零件设计绘图软件有 AutoCAD、UG、Pro/E、Solidworks 等；艺术设计软件有 3DMax、Photoshop 等；制造软件有 CAXA 制造工程师、MasterCAM、ArtCAM、Cimatron 等。其中 AutoCAD 自 1982 年问世以来，已经进行了二十多次的版本升级，其功能强大、使用方便，得到了广泛的应用。本单元主要介绍 AutoCAD 的基本功能及用法。

2.1.2.1 AutoCAD 的概念

什么是 AutoCAD？

$$\text{AutoCAD}\begin{cases}\text{Auto}\begin{cases}\text{Autodesk 公司开发的(美国)}\\\text{自动——自动化程度很高}\end{cases}\\\text{CAD}\begin{cases}\text{Computer Aided Design}\\\text{Computer Aided Drawing}\end{cases}\end{cases}$$

AutoCAD 即：自动化的计算机辅助设计与绘图。

2.1.2.2 AutoCAD 的发展

AutoCAD 自 1982 年推出第一个版本 V1.0，在二十多年的发展历程中，AutoCAD 产品功能也日益增强且趋于完善，连续推出各个新版本，从而使 AutoCAD 由一个功能非常有限的绘图软件发展到了如今功能强大、性能稳定、市场占有率位居世界前列的 CAD 系统。

2.1.2.3 AutoCAD 的应用

AutoCAD 在工业领域和科学研究及人们社会生活中，成为计算机辅助设计、可视化计算机仿真、虚拟现实等现代化信息技术的重要组成部分，而 DWG 格式文件已是工程设计人员交流思想的公共语言。AutoCAD 的主要应用见表 2.1。

表 2.1 AutoCAD 的主要应用

应用领域	用 途
机械设计	设计机械产品，开发某些产品的 CAD
土木建筑	设计房屋，绘制各种单元设计图、施工图，设计建筑等
航空航天	飞机的改进设计、宇宙飞船、火箭、卫星的设计等
造船	各种用途轮船的设计
仪表电器	各种仪器的设计、设计集成电路、印制电路板
服装	服装设计、服装裁剪、花布设计、鞋面设计等

◄ 2.2 AutoCAD 基础 ►

相关知识

2.2.1 启动 AutoCAD

本书以 AutoCAD 2012 为例进行相关知识讲解。用户安装好软件后，可以通过以下三种方法启动 AutoCAD。

2.2.1.1 使用桌面快捷方式启动

双击桌面上 AutoCAD 2012 快捷图标（图 2.1）。

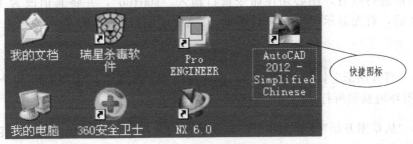

图 2.1 使用桌面快捷方式启动

2.2.1.2 使用"开始"菜单启动

执行"开始"→"程序"→"Autodesk"→"AutoCAD 2012-Simplified Chinese"→"AutoCAD 2012-Simplified Chinese"（图2.2）。

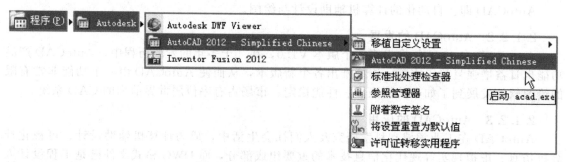

图2.2 从程序中打开 AutoCAD

2.2.1.3 通过".dwg"格式文件启动

AutoCAD 的标准文件格式为".dwg"，双击文件夹中的".dwg"格式文件，如图2.3所示，即可启动 AutoCAD 2012 应用程序并打开该图形文件。

图2.3 启动".dwg"格式文件

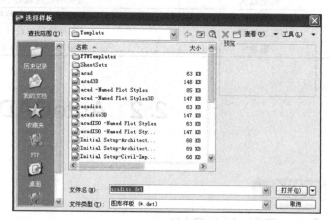

图2.4 "选择样板"对话框

2.2.2 初始绘图环境

默认情况下，启动 AutoCAD 2012 后，会直接进入 AutoCAD "初始设置工作空间"。如果单击"新建"按钮，则会弹出"选择样板"对话框（图2.4）。但很多用户习惯使用"启动"对话框进行设置，则必须在命令窗口输入"startup"，并将其值改为1。启动 AutoCAD 2012 后，首先显示"启动"对话框，"AutoCAD 经典"提供4种进入绘图环境的方式。

① 选择"打开图形" （图2.5），系统可以按"浏览"搜索并打开某个已保存的图形，这样绘图环境就和所打开的图形绘图环境相同。

② 选择"从草图开始" （图2.6），系统会提示用户选择绘图单位（"英制"或"公制"），建议初学者选择"公制"，单击"确定"，即可进入默认设置绘图状态。

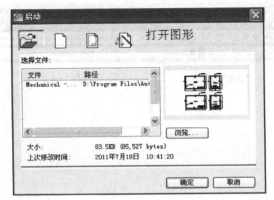

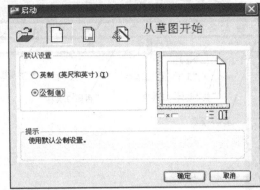

图 2.5　打开图形　　　　　　　　　　　　　　图 2.6　从草图开始

　　③ 选择"使用样板" （图 2.7），可以用预定义的样板文件完成特定绘图环境设置。用户在列表框下或按"浏览"选择样板图作为新图的初始图样。

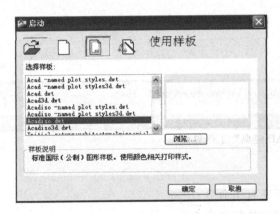

图 2.7　使用样板　　　　　　　　　　　　　　图 2.8　使用向导

　　④ 选择"使用向导" （图 2.8），可使用系统提供的向导来设置绘图环境。该设置方式有"高级设置"和"快速设置"两个选项。

2.2.3　AutoCAD 经典工作界面

　　"AutoCAD 经典"工作界面如图 2.9 所示，是显示和编辑图形的区域，主要由标题栏、菜单栏、绘图窗口、工具栏、命令提示窗口、状态栏、滚动条、十字光标、坐标系图标、模型与布局选项卡等几部分组成。

2.2.3.1　标题栏

　　标题栏位于工作界面的最上方，用来显示 AutoCAD 的程序图标以及当前所操作图形文件的名称。右侧有三个按钮，分别为：窗口最小化按钮 、还原 或最大化按钮 和关闭应用程序按钮 。

2.2.3.2　菜单栏

　　菜单栏在标题栏下面，以级联的层次结构来组织各个菜单项，并以下拉的形式逐级显

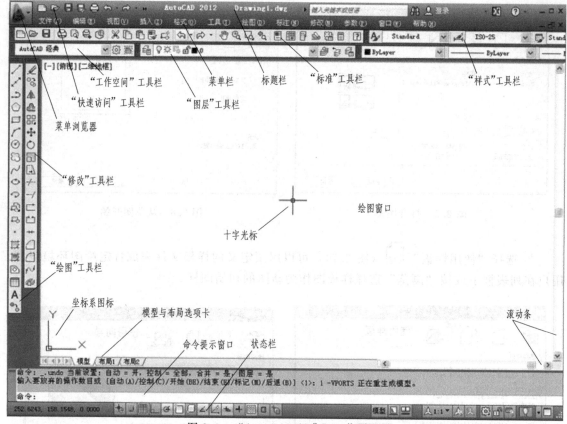

图 2.9　"AutoCAD 经典"工作界面

示，又被称为下拉菜单。它有以下几种形式：

① 命令后跟有 "▶" 符号，表示该命令下还有子命令；

② 命令后跟有快捷键，表示按下快捷键即可执行该命令；

③ 命令后跟有组合键，表示直接按组合键即可执行该命令；

④ 命令后跟有 "…" 符号，表示选择该命令可打开一个对话框；

⑤ 命令呈现灰色，表示该命令在当前状态下不可使用。

2.2.3.3　快捷菜单

快捷菜单又称为右键菜单，在绘图区域、工具栏、状态栏、模型与布局选项卡以及一些对话框上单击鼠标右键将弹出快捷菜单。使用它们则可以在不必启动菜单栏的情况下快速、高效地完成某些操作。

2.2.3.4　工具栏

工具栏是一组图标型工具的几何。把光标移到某个图标上，稍停片刻即会在该图标一侧显示相应的工具提示，同时在状态栏中会显示对应的说明和命令名，此时单击图标也可启动相应的命令。

（1）显示工具栏

AutoCAD 2012 的工具栏有 53 种，可以通过右键单击任何工具栏，然后单击快捷菜单上的某个工具栏。在相应的 "工具栏" 名称前面单击一下，出现 "√" 符号即打开此工具栏。

（2）调整工具栏

将光标定位在浮动工具栏的边上，直到光标变成水平或垂直的双箭头。或按住按钮并移动光标，直到工具栏变成需要的形状为止。

2.2.3.5　绘图窗口

AutoCAD 的工作界面上最大的空白窗口便是绘图窗口，它是用户用来绘图的地方。

在绘图窗口中有十字光标、坐标系图标。在绘图窗口右边和下面分别有两个滚动条，用户可利用它进行视图的上下或左右的移动，便于观察图纸的任意部位。在绘图窗口左下角有一个模型选项卡和多个布局选项卡，分别用于显示图形的模型空间和图纸空间。

绘图窗口默认的背景颜色是黑色，用户可以根据需要设定它的颜色，方法如下：

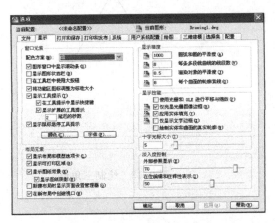

图 2.10　"选项"对话框

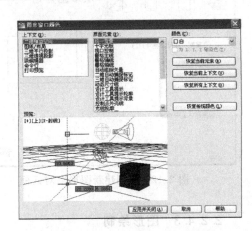

图 2.11　"图形窗口颜色"对话框

① 单击下拉菜单【工具】→【选项】，弹出如图 2.10 所示"选项"对话框。

② 单击"显示"选项卡，单击按钮"颜色"，弹出如图 2.11 所示"图形窗口颜色"对话框，选择"二维模型空间"→"统一背景"→"白色"，单击"应用并关闭"，返回"选项"对话框，单击"确定"，绘图窗口的背景颜色变成白色。

2.2.3.6　命令行与文本窗口

在绘图区的下面是命令提示窗口，它由命令行和命令历史窗口共同组成。

2.2.3.7　应用程序状态栏

应用程序状态栏位于绘图屏幕的底部，显示了光标的坐标值、绘图工具，以及用于快速查看和注释缩放的工具。

提示与技巧

√应用程序状态栏关闭后，屏幕上将不显示"全屏显示"按钮。

√应用程序状态栏中的工具都是以直接单击这些功能按钮后，"状态操作"按钮图标出现"浮"或"陷"的表观现象来表示开启或关闭的。

√在 AutoCAD 主窗口中，除了标题栏、菜单栏和状态栏之外，其他各个组成部分都可以根据用户的喜好来任意改变其位置和形状。

2.2.4 文件管理操作

2.2.4.1 启动 AutoCAD

双击桌面上的 AutoCAD 2012 图标，启动 AutoCAD 程序。

2.2.4.2 创建新图形

单击【标准】工具栏 ，出现如图 2.12 所示的"创建新图形"对话框，选择"从草图开始"，默认设置"公制"，单击"确定"，进入 AutoCAD 经典的工作界面。

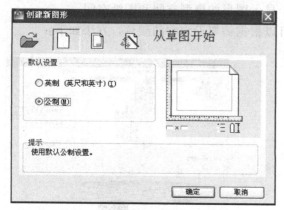

图 2.12 "创建新图形"对话框

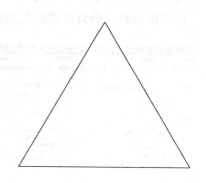

图 2.13 绘制三角形

2.2.4.3 图形绘制

以画三角形为例，如图 2.13 所示。

选择【绘图】工具栏中 图标，并根据提示在命令行中输入以下内容。

命令:_line 指定第一点:45,125 Enter　　　　//指定第一点坐标为(45,125)

指定下一点或[放弃(U)]:95,210 Enter　　　　//指定下一点坐标为(95,210)

指定下一点或[放弃(U)]:145,125 Enter　　　　//指定下一点坐标为(145,125)

指定下一点或[闭合(C)/放弃(U)]:C　　　　//闭合

2.2.4.4 保存图形

单击菜单【文件】→【保存】，系统将弹出"图形另存为"对话框，如图 2.14 所示。指定保存的文件名称（案例 1.dwg）、类型和路径（E:\AutoCAD 例图），单击"保存"，即可将图形文件"案例 1"保存到指定文件夹中。

2.2.4.5 打开图形

单击菜单【文件】→【打开】，AutoCAD 将弹出"选择文件"对话框，如图 2.15 所示，点击"搜索"图标指定文件搜索路径"E:\AutoCAD 例图"，选择"案例 1.dwg"，在"预览"栏显示指定文件的预览图像，双击要打开的文件名，即可打开该图形。

图 2.14 "图形另存为"对话框

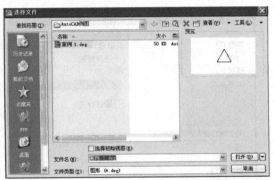

图 2.15 "选择文件"对话框

2.2.4.6 退出 AutoCAD

通过如下任意一种方式退出 AutoCAD。

命令行：quit（或 exit）。

菜单：【文件】→【退出】。

快捷键：直接单击 AutoCAD 主窗口右上角的 按钮。

技能训练

1. 动动脑

（1）简述启动和关闭 AutoCAD 的方法。

（2）"AutoCAD 经典"工作界面主要由哪些部分组成，各有什么功能？

（3）以打开一个图形文件为例，说明在 AutoCAD 中有哪些调用命令的方法。

2. 动动手

（1）新建一文件，练习三种创建方法：用使用向导、用样板、用缺省设置。

（2）创建一个 AutoCAD 文件，使用"直线"命令绘制如图 2.13 所示的三角形，将其保存在"E 盘"的"AutoCAD 文件"文件夹中，文件名为"练习 1"。文件夹中再保存一个备份，文件名为"练习 1 备份"，保存完成后，退出 AutoCAD 系统。

（3）用"新建"命令新建一张图（图幅为 A2）；用"保存"命令指定路径，用"零件图"为名保存；用"另存为"命令将图形另存到硬盘上的另一处；关闭当前图形，用"打开"命令打开图形文件"零件图"；关闭当前图形，正确退出 AutoCAD。

◀ 2.3 基本图形绘制 ▶

相关知识

2.3.1 绘图环境设置

本节通过创建一个 A3 图幅的机械样板图来详细说明 AutoCAD 的绘图环境设置。此样

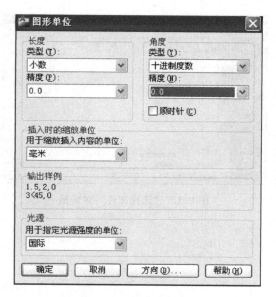

图 2.16 "图形单位"对话框

板图包括幅面、单位、图层、文本样式及标注样式的设置。

2.3.1.1　设置图形单位

（1）命令功能

确定绘图时的长度单位、角度单位及其精度和角度方向。

（2）命令调用

▦命令行：units（或 un）。

◈菜单：【格式】→ 0.0 【单位】。

长度单位类型为"小数"，精度为"0.0"；角度单位类型为"十进制度数"，精度为"0.0"（图 2.16）。

2.3.1.2　设置绘图界限

（1）命令功能

确定绘图范围，相当于选图幅。

（2）命令调用

▦命令行：limits。

◈菜单：【格式】→【图形界限】。

根据提示在命令行中输入以下内容。

命令：'_limits Enter

重新设置模型空间界限：

指定左下角点或[开(ON)/关(OFF)]<0.0,0.0>：Enter　　　　　　　　　//指定左下角点

指定右上角点 <420.0,297.0>：Enter　　　　　　　　　　　　　　　//指定右上角点

命令：z Enter　　　　　　　　　　　　　　　　　　　　　　　　//输入命令 ZOOM

指定窗口的角点，输入比例因子(nX 或 nXP)，或者

[全部(A)/中心(C)/动态(D)/范围(E)/上一个(P)/比例(S)/窗

口(W)/对象(O)]<实时>：A Enter　　　　　　　　　　　　　　　//将所设置的图形界限全部显示

2.3.1.3　设置线型比例

根据提示在命令行中输入以下内容。

命令：lts Enter　　　　　　　　　　　　　　　　　　　　　　　//输入线型比例

LTSCALE 输入新线型比例因子<1.0000>：Enter　　　　　　　　　　//回车默认

2.3.1.4　设置图层

（1）图层的概念

图层的概念类似投影片，将不同属性的对象分别画在不同的投影片（图层）上。例如，将图形的主要线段、中心线、尺寸标注等分别画在不同的图层上，每个图层设定不同的线型、线条颜色，然后把不同的图层叠加在一起成为一张完整的视图，这样方便图形的编辑与管理。

（2）图层的启动方法

▦命令行：layer（或'layer）。

◈菜单：【格式】→【图层】。

工具栏：【图层】→ 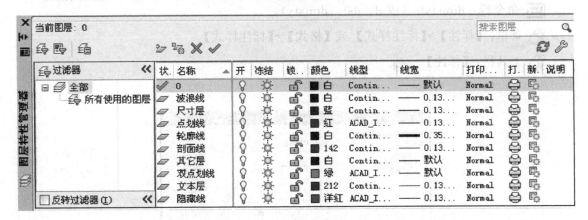 【图层特性管理器】。

设置如图 2.17 所示的图层的颜色、线型和线宽。

图 2.17　"图层特性管理器"对话框

2.3.1.5　设置文字样式

设置文字样式见图 2.18、图 2.19。

（1）命令功能

创建新的文字样式，修改已存在的文字样式，并设置当前文字样式。

（2）命令调用

命令行：ddstyle 或 style。

菜单：【格式】→【文字样式】。

工具栏：文字→ A。

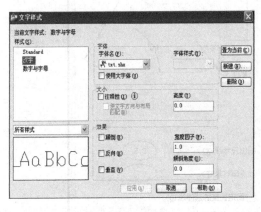

图 2.18　汉字

图 2.19　数字与字母

2.3.1.6　设置标注样式

设置标注样式见图 2.20～图 2.28。

（1）命令功能

创建新的标注样式或对标注样式进行修改和管理。

（2）命令调用

命令行：dimstyle（或 d、dst、dimsty）。

菜单：【标注】→【标注样式】或【格式】→【标注样式】。

工具栏：【标注】→。

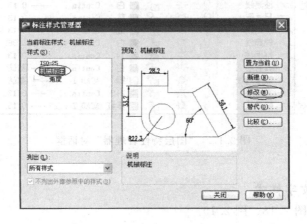

图 2.20 "标注样式管理器"对话框

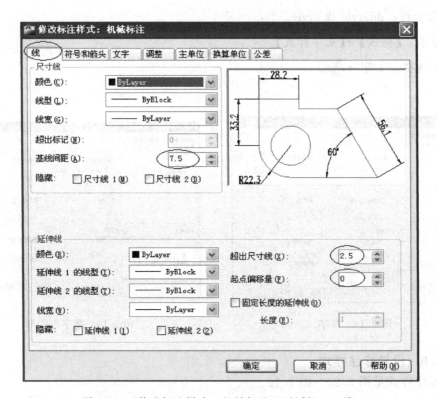

图 2.21 "修改标注样式：机械标注"对话框——线

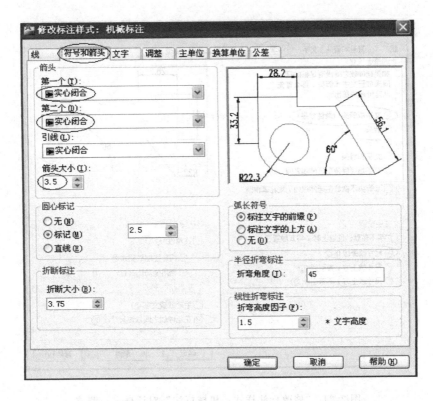

图 2.22 "修改标注样式：机械标注"对话框——符号和箭头

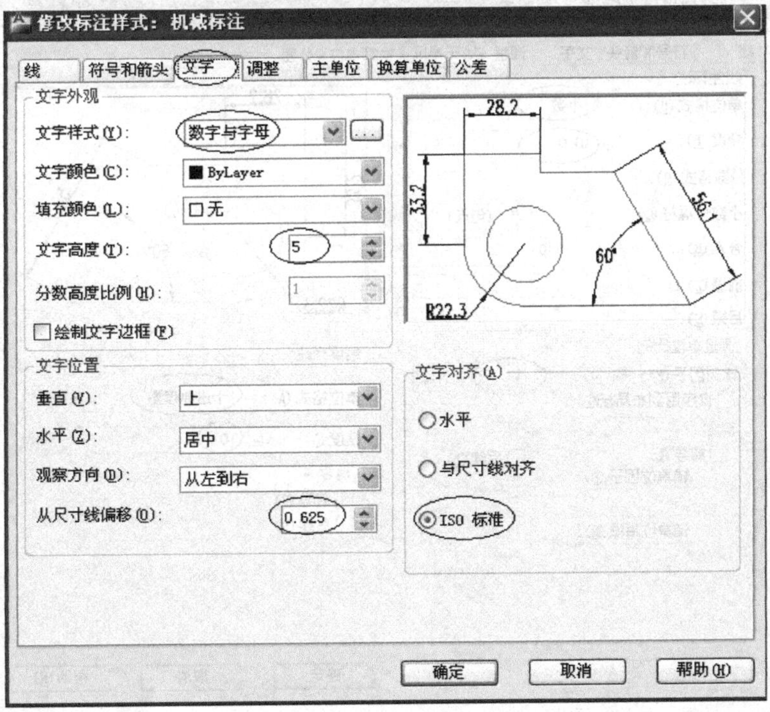

图 2.23 "修改标注样式：机械标注"对话框——文字

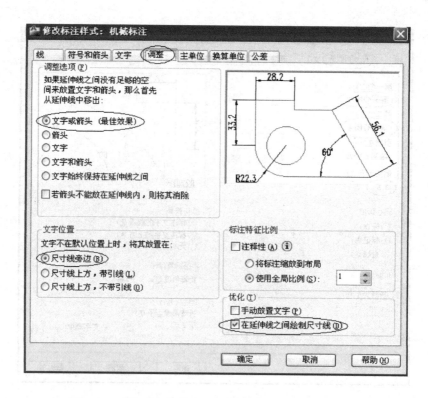

图 2.24 "修改标注样式：机械标注"对话框——调整

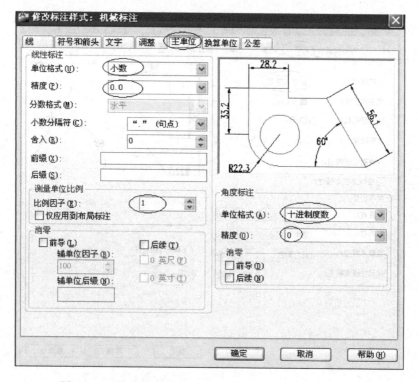

图 2.25 "修改标注样式：机械标注"对话框——主单位

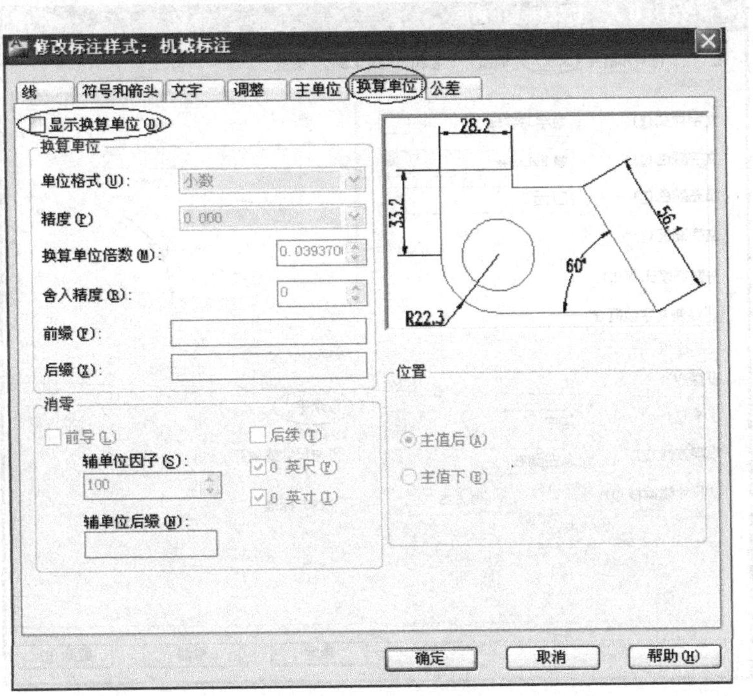

图 2.26 “修改标注样式：机械标注”对话框——换算单位

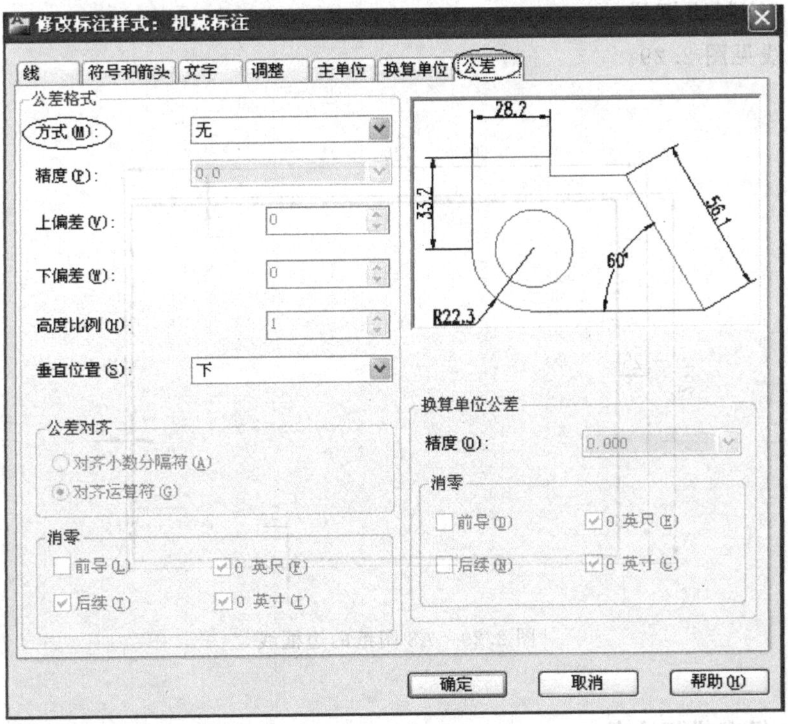

图 2.27 “修改标注样式：机械标注”对话框——公差

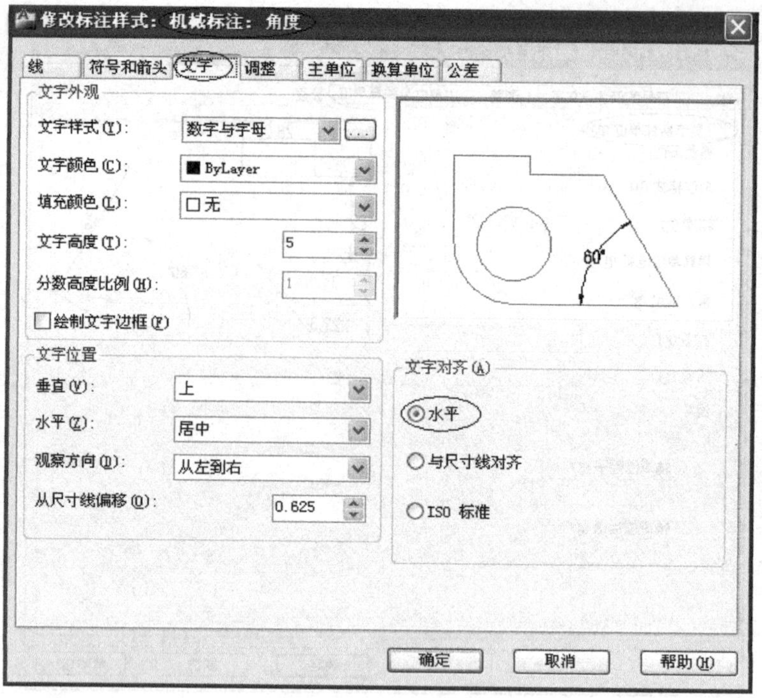

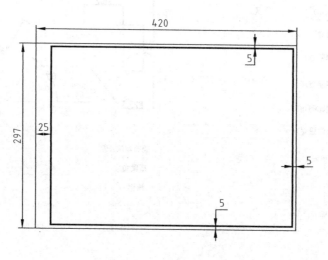

图 2.28 "修改标注样式：机械标注：角度"对话框——文字

2.3.1.7 绘制边框线

绘制边框线见图 2.29。

图 2.29 A3 图纸的边框线

2.3.1.8 保存样板文件

保存样板文件见图 2.30、图 2.31。

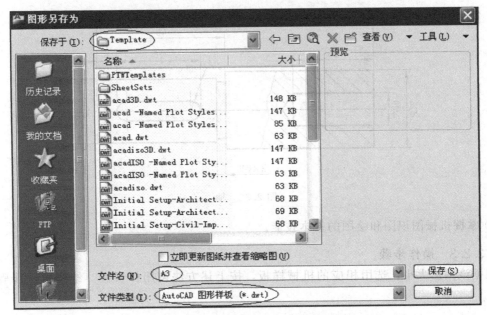

图 2.30 "图形另存为"对话框

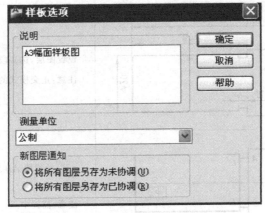

图 2.31 "样板选项"对话框

2.3.1.9 样板图的调用

使用"新建"命令,选择"使用样板",在"选择样板"一栏选择样板图,这样所画的图形便以所选择的样板图为样板。

2.3.2 用 AutoCAD 绘制平面图形

本节通过绘制如图 2.32 所示的图形为例来说明用 AutoCAD 绘制平面图形的方法。

2.3.2.1 操作目的

通过绘制图 2.32 的图形,灵活掌握设置图层,绘制多段线、直线、样条曲线、图案填充及圆弧的方法。

2.3.2.2 操作要点

① 注意精确绘图工具的灵活运用。

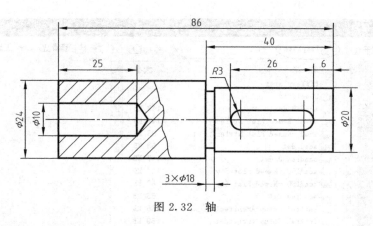

图 2.32 轴

② 掌握机械图识图和绘图的基本技能。

2.3.2.3 操作步骤

根据该图形大小，选用相应的机械样板，按上述方法调用样板图。绘图方法步骤参见表 2.2。

表 2.2 绘图方法步骤

图 例	绘图说明
	设置图层，选多段线 绘图 注意：正交模式的灵活运用
	绘线段 *AB*、*CD*；切换中心线， 绘中心线 注意：捕捉中点
	绘中心线 注意：极轴捕捉追踪点 *E*、*F*
	切换粗实线， 绘线段 注意：设置极轴角度捕捉点 *G*

图　　例	绘图说明
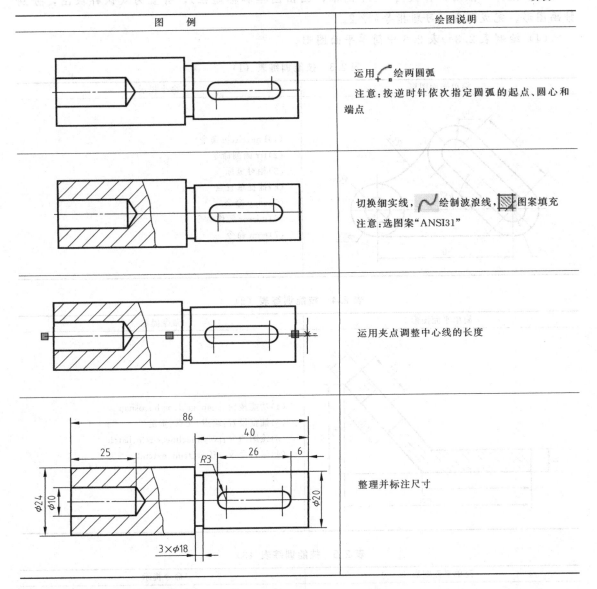	运用 ⌒ 绘两圆弧 注意:按逆时针依次指定圆弧的起点、圆心和端点
	切换细实线,〜绘制波浪线,▨图案填充 注意:选图案"ANSI31"
	运用夹点调整中心线的长度
	整理并标注尺寸

▌ 技能训练 ▬▬▬▬

1. 动动脑

（1）简述启动和关闭 AutoCAD 的方法。

（2）"AutoCAD 经典"工作界面主要由哪些部分组成？各有什么功能？

（3）以打开一个图形文件为例，说明在 AutoCAD 中有哪些调用命令的方法。

2. 动动手

（1）用创建 A3 图幅同样的方法，建立 A0、A1、A2（也可在样板图中不画图框，则可用于任何图纸）。

（2）抄画平面图形。完成配套《习题指导》2-1。

（3）设计一张用户样板图（A4 图幅，画出图框和标题栏），并置为默认样板图，分别抄画图形。完成配套《习题指导》2-2。

（4）绘制表 2.3～表 2.6 中简单平面图形。

表 2.3　技能训练表（1）

简单平面图形	命令提示
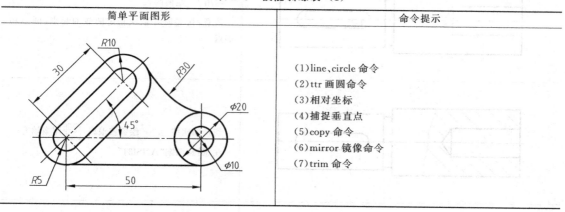	（1）line、circle 命令 （2）ttr 画圆命令 （3）相对坐标 （4）捕捉垂直点 （5）copy 命令 （6）mirror 镜像命令 （7）trim 命令

表 2.4　技能训练表（2）

简单平面图形	命令提示
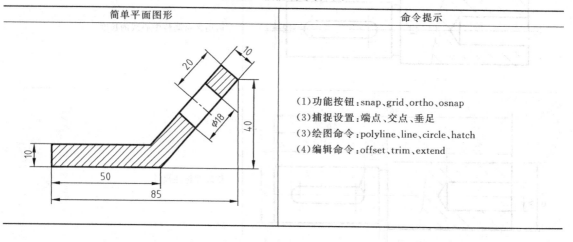	（1）功能按钮：snap、grid、ortho、osnap （3）捕捉设置：端点、交点、垂足 （3）绘图命令：polyline、line、circle、hatch （4）编辑命令：offset、trim、extend

表 2.5　技能训练表（3）

简单平面图形	命令提示
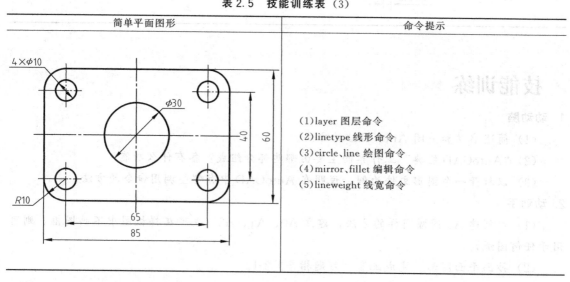	（1）layer 图层命令 （2）linetype 线形命令 （3）circle、line 绘图命令 （4）mirror、fillet 编辑命令 （5）lineweight 线宽命令

表 2.6 技能训练表（4）

简单平面图形	命令提示
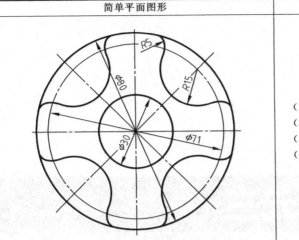	(1)功能按钮：snap、grid、ortho、osnap (3)捕捉设置：端点、交点、垂足 (3)绘图命令：polyline、line、circle、hatch (4)编辑命令：offset、trim、extend

单元三

投 影 基 础

【学习目标】

通过本单元的学习，应了解正投影的性质，要掌握三视图的形成、画法；点、线、面和基本体的三视图画法及特点；正等轴测图的画法等内容。

【学习导读】

三视图是工程图样的核心内容，应先了解正投影基本知识。组成物体的基本元素是点、线、面，任何零件都可视为由若干基本体通过叠加、切割或穿孔等方式而形成的，为了顺利表达各种产品的结构，必须掌握它们的三视图画法及特点。作为辅助图样，轴测图直观性强，必不可少。

3.1 正投影和三视图

3.1.1 正投影

3.1.1.1 投影的形成

光线照射物体时，可在预设的面上产生影子。利用这个原理在平面上绘制出物体的图像，以表示物体的形状和大小，这种方法称为投影法。工程上应用投影法获得工程图样的方法，是从日常生活中自然界的一种光照投影现象演变来的。

3.1.1.2 投影的分类

(1) 中心投影法

如图 3.1 所示，将空间形体三角板 ABC 放置在点光源 S（又称投影中心）和投影面 P 之间。从点光源发出的经过三角板 ABC 上点 A 的光线（投射线）与 P 平面相交于点 a，则点 a 便是点 A 在 P 平面上的投影。用同样的方法，可在 P 面上得出点 B、C 的投影点 b、c。依次连接 ab、bc、ca，即可得到三角板 ABC 在 P 面上的投影 $\triangle abc$。像这样所有的投射线都汇交于一点的投影方法称为中心投影法。中心

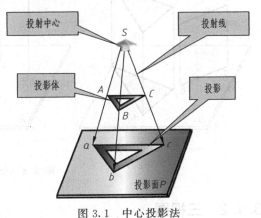

图 3.1 中心投影法

投影法主要用于绘制产品或建筑物的富有真实感的立体图，也称透视图。

(2) 平行投影法

所有的投射线都相互平行的投影方法称为平行投影法。平行投影法中以投影线是否垂直于投影面分为正投影法和斜投影法。

若投射线垂直于投影面，称为正投影法，所得投影称为正投影，如图 3.2（a）所示，

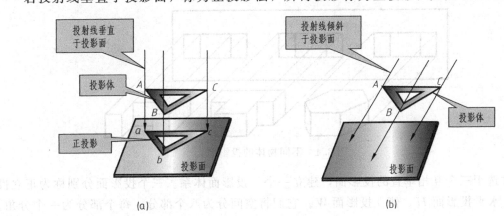

(a)　　　　　　　　　　　　　　　　(b)

图 3.2 平行投影法

正投影法主要用于绘制工程图样。若投射线倾斜于投影面，称为斜投影法，所得投影称为斜投影，如图 3.2（b）所示，斜投影法主要用于绘制有立体感的图形，如斜轴测图。

3.1.1.3 正投影的基本性质

① 当空间直线或平面平行于投影面时，其在所平行的投影面上的投影反映直线的实长或平面的实形，正投影的这种性质称为全等性，如图 3.3（a）所示。

② 当直线或平面垂直于投影面时，它在所垂直的投影面上的投影为一点或一条直线。正投影的这种性质称为积聚性，如图 3.3（b）所示。

③ 当空间直线或平面倾斜于投影面时，它在该投影面上的正投影仍为直线或与之类似的平面图形。其投影的长度变短或面积变小，这一性质称为类似性，如图 3.3（c）所示。

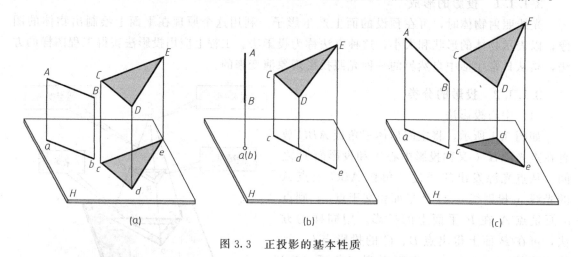

图 3.3 正投影的基本性质

3.1.2 三视图

3.1.2.1 三视图的形成

将立面体向投影面投影所得到的图形称为视图。在正投影中，一般一个视图不能完整地表达物体的形状和大小，也不能区分不同的物体，如图 3.4 所示，三个不同的物体在同一投影面上的视图完全相同。因此，要反映物体的完整形状和大小，必须要有几个从不同投影方向得到的视图。

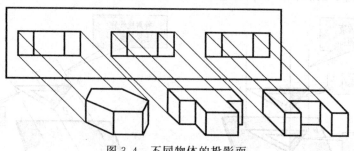

图 3.4 不同物体的投影面

通常选用三个互相垂直的投影面，建立一个三投影面体系。三个投影面分别称为正立投影面 V、水平投影面 H、侧立投影面 W。它们将空间分为八个部分，每个部分为一个分角，如图 3.5（a）所示。我国国家标准中规定采用第一分角画法，本教材重点讨论第一分角画法。三投影面体系的立体图在后文中出现时，都画成图 3.5（b）的形式。

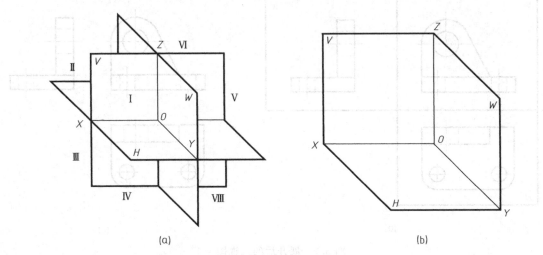

(a)　　　　　　　　　　　　　　　(b)

图 3.5　三投影面体系

三个投影面两两垂直相交，得三个投影轴分别为 OX、OY、OZ，其交点 O 为原点。画投影图时需要将三个投影面展开到同一个平面上，展开的方法是 V 面不动，H 面和 W 面分别绕 OX 轴或 OZ 轴向下或向右旋转 $90°$ 与 V 面重合。展开后，画图时去掉投影面边框。

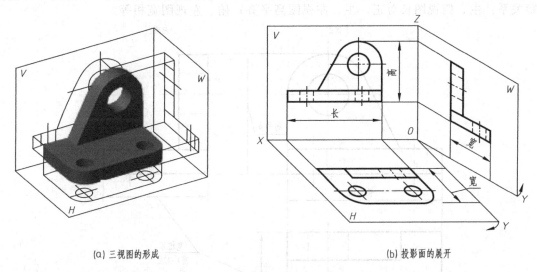

(a) 三视图的形成　　　　　　　　　　(b) 投影面的展开

图 3.6　三视图的形成及其投影特性

如图 3.6（a）所示，把支架放在三个互相垂直的投影面体系中进行投影时，可得到支架的三个投影。由前向后投影，在正面上所得视图称为主视图；由上向下投影，在水平面上所得视图称为俯视图；由左向右投影，在侧面上所得视图称为左视图。

为了在图纸上（一个平面上）画出三视图，如图 3.6（b）所示，三个投影面必须使正面不动，水平面和侧面分别绕各投影轴旋转 $90°$，从而把三个投影面展开在同一平面上，如图 3.7（a）所示。在图样上通常只画出零件的视图，而投影面的边框和投影轴都省略不画。如图 3.7（b）所示即为支架的三视图。在同一张图纸内按图 3.7（b）配置视图时，一律不注明视图的名称。

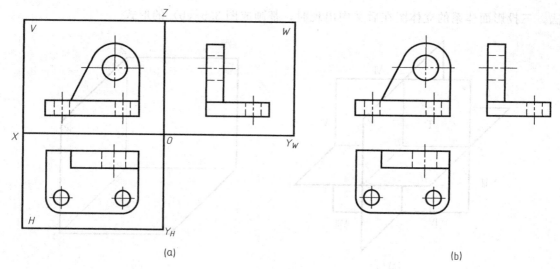

(a)   (b)

图 3.7　展开后的三视图

3.1.2.2　三视图的投影关系

　　如图 3.8 所示，主视图反映了支架的长度和高度，俯视图反映了长度和宽度，左视图反映了宽度和高度，且每两个视图之间有一定的对应关系。由此，可得到三个视图之间的如下投影关系：主、俯视图长对正；主、左视图高平齐；俯、左视图宽相等。

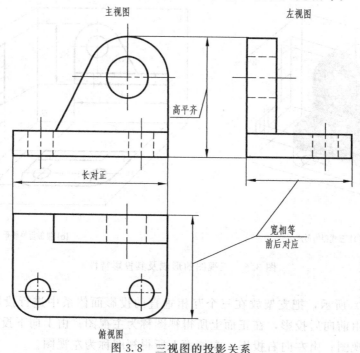

图 3.8　三视图的投影关系

3.1.2.3　三视图的位置关系

　　如图 3.9 所示，分析支架各部分的相对位置关系。由图 3.9（b）的主视图上，可见带斜面的竖板位于底板的上方；从俯视图上可见竖板位于底板的后边；从左视图上还可看出竖板位于底板的上方后边。由上可见，一旦零件对投影面的相对位置确实后，零件各部分的上、下、前、后及左、右位置关系在三面视图上也就确定了。这些关系是：

主视图反映上、下、左、右的位置关系；

俯视图反映左、右、前、后的位置关系；

左视图反映上、下、前、后的位置关系。

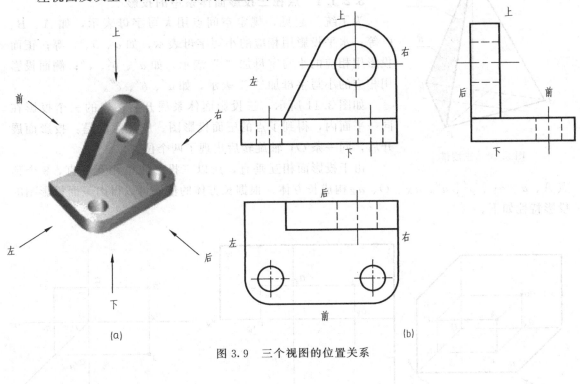

图 3.9　三个视图的位置关系

■ 技能训练

1. 动动脑

（1）投影法的分类原则是什么？分哪几类？

（2）为什么仅有一个投影不能确定该点的空间位置？

（3）三视图的投影关系和位置关系分别指什么？

2. 动动手

（1）对照立体图看懂三视图。完成配套《习题指导》3-1 中的 1、2 题。

（2）根据立体图和已知两视图补画第三视图。完成配套《习题指导》3-2 中的 1～6 题。

（3）根据物体的轴测图画出其三视图。完成配套《习题指导》3-3 中的 1～6 题。

◀ 3.2　点、直线和平面的投影 ▶

相关知识

　　研究如图 3.10 所示三棱锥可知：点、直线、平面是构成形体的基本几何元素。为了顺

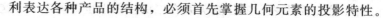

利表达各种产品的结构，必须首先掌握几何元素的投影特性。

3.2.1 点的投影

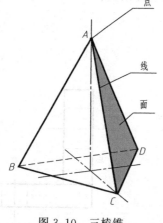

图 3.10 三棱锥

3.2.1.1 点在三投影面体系中的投影

为了统一起见，规定空间点用大写字母表示，如 A、B、C 等；水平投影用相应的小写字母表示，如 a、b、c 等；正面投影用相应的小写字母加"$'$"表示，如 a'、b'、c'；侧面投影用相应的小写字母加"$''$"表示，如 a''、b''、c''。

如图 3.11 所示，三投影面体系展开后，点的三个投影在同一平面内，得到了点的三面投影图。应注意的是：投影面展开后，同一条 OY 轴旋转后出现了两个位置。

由于投影面相互垂直，所以三投影线也相互垂直，8 个顶点 A、a、a_Y、a'、a''、a_X、O、a_Z 构成长方体，根据长方体的性质可以得出三面投影图的投影特性如下。

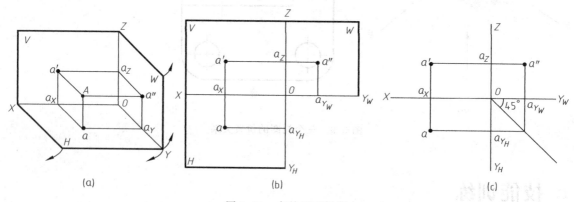

图 3.11 点的三面投影

① 点的正面投影和水平投影的连线垂直于 OX 轴，即 $aa' \perp OX$；点的正面投影和侧面投影的连线垂直于 OZ 轴，即 $a'a'' \perp OZ$；同时 $aa_{Y_H} \perp OY_H$，$a''a_{Y_W} \perp OY_W$。

② 点的投影到投影轴的距离，反映空间点到以投影轴为界的另一投影面的距离，即：$a'a_Z = Aa'' = aa_{Y_H} = X$ 坐标；$aa_X = Aa' = a''a_Z = Y$ 坐标；$a'a_X = Aa = a''a_{Y_W} = Z$ 坐标。

为了表示点的水平投影到 OX 轴的距离等于侧面投影到 OZ 轴的距离，即：$aa_X = a''a_Z$，点的水平投影和侧面投影的连线相交于自点 O 所作的 45°角平分线，如图 3.11（c）所示。

【案例 3-1】 已知点 A 和 B 的两面投影 [图 3.12（a）]，分别求其第三投影，并求出点 A 的坐标。

案例解析 如图 3.12（b）所示，根据点的投影特性，可分别作出 a 和 b''；如图 3.12（c）所示，分别量取 $a'a_Z$、aa_X、$a'a_X$ 的长度为 10、4、12，可得出点 A 的坐标（10，4，12）。

3.2.1.2 两点之间的相对位置关系

观察分析两点的各个同面投影之间的坐标关系，可以判断空间两点的相对位置。根据 X 坐标值的大小可以判断两点的左右位置；根据 Z 坐标值的大小可以判断两点的上下位置；根据 Y 坐标值的大小可以判断两点的前后位置。如图 3.12（c）所示，点 B 的 X 和 Z 坐标

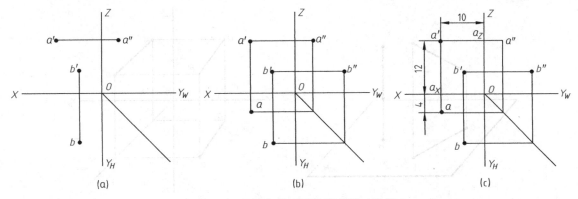

图 3.12　已知点的两面投影求第三投影

均小于点 A 的相应坐标，而点 B 的 Y 坐标大于点 A 的 Y 坐标，因而，点 B 在点 A 的右方、下方、前方。

　　若 A、B 两点无左右、前后距离差，点 A 在点 B 正上方或正下方时，两点的 H 面投影重合（图 3.13），点 A 和点 B 称为对 H 面投影的重影点。同理，若一点在另一点的正前方或正后方时，则两点是对 V 面投影的重影点；若一点在另一点的正左方或正右方时，则两点是对 W 面投影的重影点。

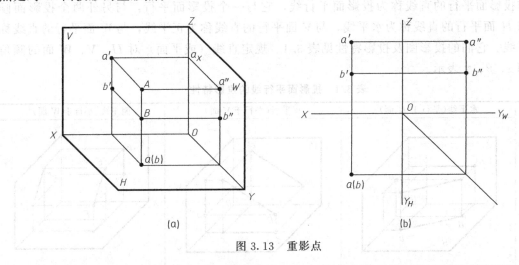

图 3.13　重影点

　　重影点需判别可见性。根据正投影特性，可见性的区分应是前遮后、上遮下、左遮右。图 3.13 中的重影点应是点 A 遮挡点 B，点 B 的 H 面投影不可见。规定不可见点的投影加括号表示。

3.2.2　直线的投影

3.2.2.1　直线的投影

　　一般情况下，直线的投影仍是直线，如图 3.14（a）所示的直线 AB。在特殊情况下，若直线垂直于投影面，直线的投影可积聚为一点，如图 3.14（a）所示的直线 CD。

　　直线的投影可由直线上两点的同面投影连接得到。如图 3.14（b）所示，分别作出直线上两点 A、B 的三面投影，将其同面投影相连，即得到直线 AB 的三面投影图。

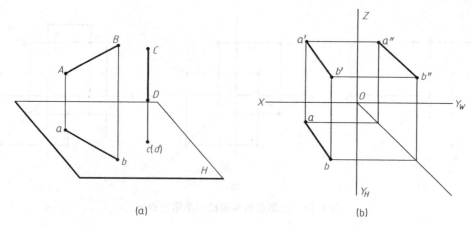

(a)   (b)

图 3.14　直线的投影

3.2.2.2　各种位置直线的投影特性

在三投影面体系中，直线对投影面的相对位置可以分为三种：投影面平行线、投影面垂直线、投影面倾斜线。前两种为投影面特殊位置直线，后一种为投影面一般位置直线。

（1）投影面平行线

与投影面平行的直线称为投影面平行线，它与一个投影面平行，与另外两个投影面倾斜。与 H 面平行的直线称为水平线，与 V 面平行的直线称为正平线，与 W 面平行的直线称为侧平线。它们的投影图及投影特性见表 3.1。规定直线（或平面）对 H、V、W 面的倾角分别用 α、β、γ 表示。

表 3.1　投影面平行线的投影特性

名　称	水平线（平行于 H 面）	正平线（平行于 V 面）	侧平线（平行于 W 面）
立体图			
投影图			
投影特性	1. 水平投影反映实长，与 X 轴夹角为 β，与 Y 轴夹角为 γ 2. 正面投影平行 X 轴 3. 侧面投影平行 Y 轴	1. 正面投影反映实长，与 X 轴夹角为 α，与 Z 轴夹角为 γ 2. 水平投影平行 X 轴 3. 侧面投影平行 Z 轴	1. 侧面投影反映实长，与 Y 轴夹角为 α，与 Z 轴夹角为 β 2. 正面投影平行 Z 轴 3. 水平投影平行 Y 轴
		一条斜线实长现，另两投影均变短	

（2）投影面垂直线

与投影面垂直的直线称为投影面垂直线，它与一个投影面垂直，必与另外两个投影面平行。与 H 面垂直的直线称为铅垂线，与 V 面垂直的直线称为正垂线，与 W 面垂直的直线称为侧垂线。它们的投影图及投影特性见表 3.2。

（3）一般位置直线

一般位置直线与三个投影面都倾斜，因此在三个投影面上的投影都不反映实长，投影与投影轴之间的夹角也不反映直线与投影面之间的倾角，见图 3.15。

表 3.2　投影面垂直线的投影特性

名　称	铅垂线（垂直于 H 面）	正垂线（垂直于 V 面）	侧垂线（垂直于 W 面）
立体图			
投影图			
投影特性	1. 水平投影积聚为一点 2. 正面投影和侧面投影都平行于 Z 轴，并反映实长	1. 正面投影积聚为一点 2. 水平投影和侧面投影都平行于 Y 轴，并反映实长	1. 侧面投影积聚为一点 2. 正面投影和水平投影都平行于 X 轴，并反映实长
	一个投影成一点，另两投影实长现		

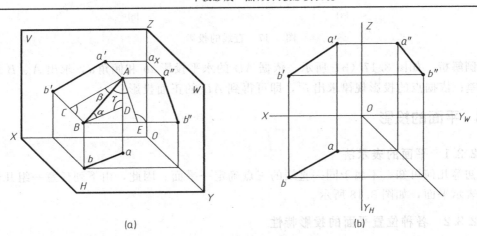

(a)　　　　　　　　　　　　　(b)

图 3.15　一般位置直线的投影

3.2.2.3 一般位置直线的实长及对投影面的倾角

求一般位置直线的实长和对投影面的倾角常采用直角三角形法。

将图 3.15 (a) 中△ABC、△ABD、△ABE 分别取出，可得到三个直角三角形。只考虑直角三角形的组成关系，如图 3.16 所示，经分析可以得出：直角三角形的斜边为直线的实长，一直角边为 Z（或 Y、X）方向的坐标差，另一直角边为直线水平（或正面、侧面）投影；实长与某一投影面上的投影的夹角即直线与该投影面的倾角，一个直角三角形只能求出直线对一个投影面的倾角。

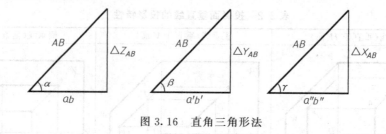

图 3.16 直角三角形法

利用直角三角形法，只要知道四个要素中的两个要素，即可求出其他两个未知要素。

【**案例 3-2**】 如图 3.17 (a) 所示，已知直线 AB 对 H 面的倾角 $\alpha = 30°$，求 AB 的正面投影。

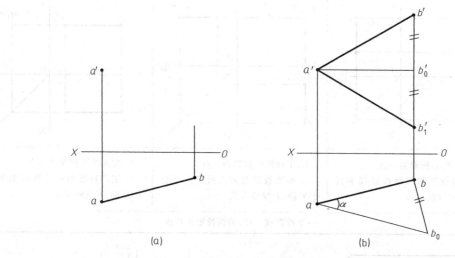

图 3.17 直线的投影

案例解析 如图 3.17 (b) 所示，依据 AB 的水平投影 ab 和倾角 α，求出 A、B 两点的 Z 坐标差；依据点的投影规律求出 b'，即可得到 AB 的正面投影。

3.2.3 平面的投影

3.2.3.1 平面的表示法

由初等几何可知，不属于同一直线的三点确定一平面。因此，由下列任意一组几何元素的投影表示平面，如图 3.18 所示。

3.2.3.2 各种位置平面的投影特性

在三投影面体系中，平面和投影面的相对位置关系与直线和投影面的相对位置关系相

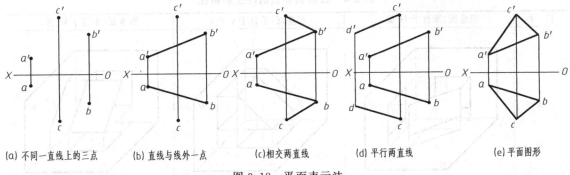

| (a) 不同一直线上的三点 | (b) 直线与线外一点 | (c)相交两直线 | (d) 平行两直线 | (e) 平面图形 |

图 3.18 平面表示法

同，可以分为三种：投影面平行面、投影面垂直面、投影面倾斜面。前两种为投影面特殊位置平面，后一种为投影面一般位置平面。

（1）投影面平行面

投影面平行面是平行于一个投影面，并必与另外两个投影面垂直的平面。与 H 面平行的平面称为水平面，与 V 面平行的平面称为正平面，与 W 面平行的平面称为侧平面。它们的投影图及投影特性见表 3.3。

（2）投影面垂直面

投影面垂直面是垂直于一个投影面，并与另外两个投影面倾斜的平面。与 H 面垂直的平面称为铅垂面，与 V 面垂直的平面称为正垂面，与 W 面垂直的平面称为侧垂面。它们的投影图及投影特性见表 3.4。

表 3.3 投影面平行面的投影特性

名　称	水平面（平行于 H 面）	正平面（平行于 V 面）	侧平面（平行于 W 面）
立体图			
投影图			
投影特性	一个线框实形现，另两投影成直线		

表 3.4　投影面垂直面的投影特性

名　称	铅垂面（垂直于 H 面）	正垂面（垂直于 V 面）	侧垂面（垂直于 W 面）
立体图			
投影图			
投影特性	一个投影呈斜线，另两线框往小变		

（3）一般位置平面

　　一般位置平面与三个投影面都倾斜，因此在三个投影面上的投影都不反映实形，而是缩小了的类似形，如图 3.19 所示。

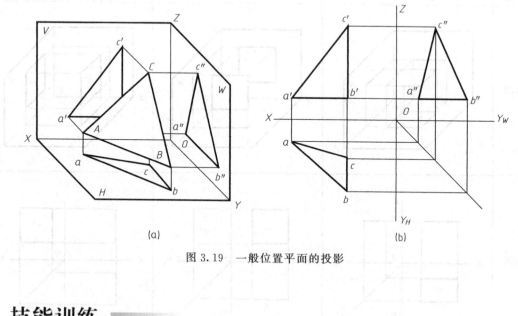

图 3.19　一般位置平面的投影

技能训练

1. 动动脑

　　（1）什么叫做重影点？怎样判别重影点的可见性？

(2) 直线对投影面的相对位置可以分为哪几种？各有什么特性？

(3) 平面对投影面的相对位置可以分为哪几种？各有什么特性？

2. 动动手

(1) 点的投影。完成配套《习题指导》3-4 中的 1~4 题。

(2) 直线的投影。完成配套《习题指导》3-5 中的 1~4 题。

(3) 平面的投影。完成配套《习题指导》3-6 中的 1~5 题。

▶ 3.3 基 本 体 ◀

相关知识

　　基本体是构成复杂物体的基本单元，按立体表面的性质不同，将立体分为平面立体和曲面立体。平面立体的表面是由平面围成的立体，如棱柱、棱锥；曲面立体的表面是由曲面或曲面和平面围成的立体，如圆柱、圆锥、球体、圆环。

　　绘制基本体投影时，对于处在不可见位置的表面或轮廓线，图中须用虚线表示；可见位置的表面或轮廓线，用粗实线表示。见表3.5。

表 3.5　基本体的投影与立体

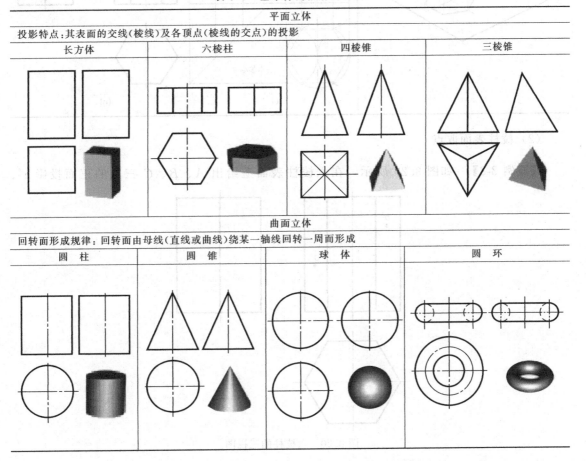

3.3.1 平面立体

3.3.1.1 棱柱

（1）棱柱的投影

以正六棱柱为例，其三视图的绘制方法，见表 3.6。

表 3.6　六棱柱的三视图

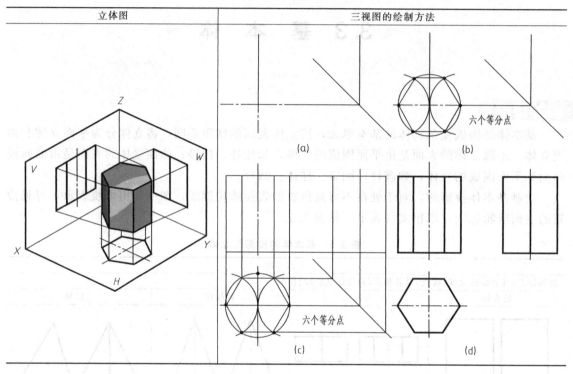

立体图	三视图的绘制方法
	(a) (b) 六个等分点
	(c) 六个等分点 (d)

（2）棱柱表面取点

【案例 3-3】　如图 3.20 所示，在六棱柱表面上给出 A、B、C 三点的正面投影 a'、

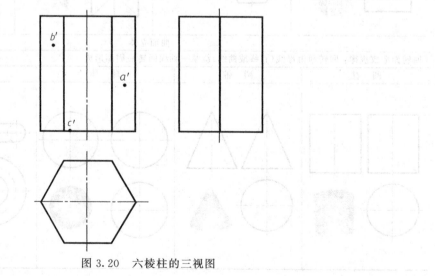

图 3.20　六棱柱的三视图

b'、c'，如何求得 A、B、C 点的另两投影？

案例解析　利用点的投影规律，借助于六棱柱表面的积聚性投影，应根据点的投影正确判断点的可见性，见图 3.21。

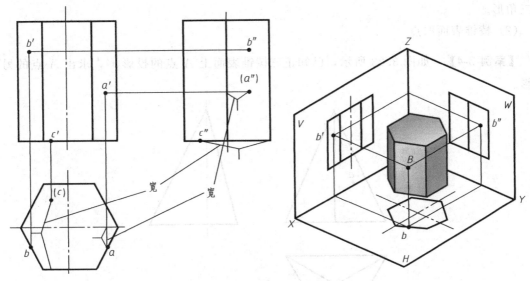

图 3.21　六棱柱表面取点

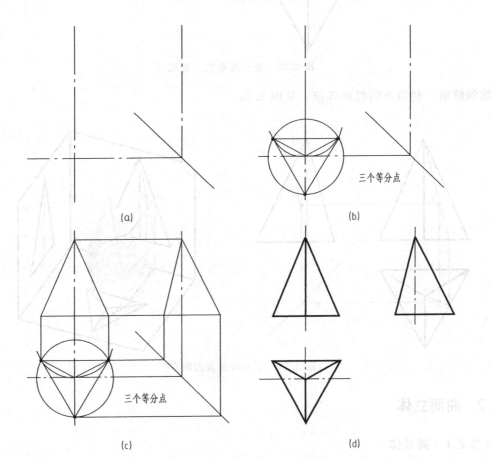

三个等分点

(a)

(b)

三个等分点

(c)

(d)

图 3.22　正三棱锥的绘制方法

3.3.1.2 棱锥

（1）棱锥的投影

以正三棱锥为例，其三视图的绘制方法，见图 3.22。注意：三棱锥左视图不是一个等腰三角形。

（2）棱锥表面取点

【**案例 3-4**】 如图 3.23 所示，已知正三棱锥表面上 A 点的投影 a'，求出 A 点的另两投影。

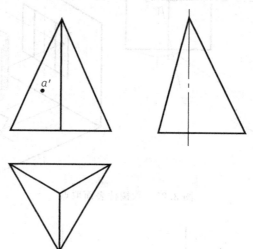

图 3.23　正三棱锥的三视图

案例解析　利用点的投影规律，见图 3.24。

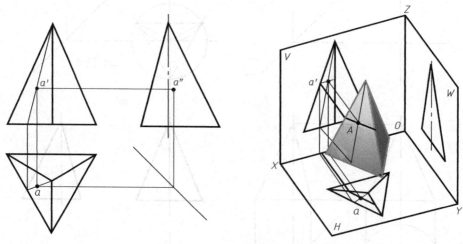

图 3.24　正三棱锥表面取点

3.3.2　曲面立体

3.3.2.1　圆柱体

（1）圆柱体的投影

圆柱体三视图的绘制方法，见图 3.25。

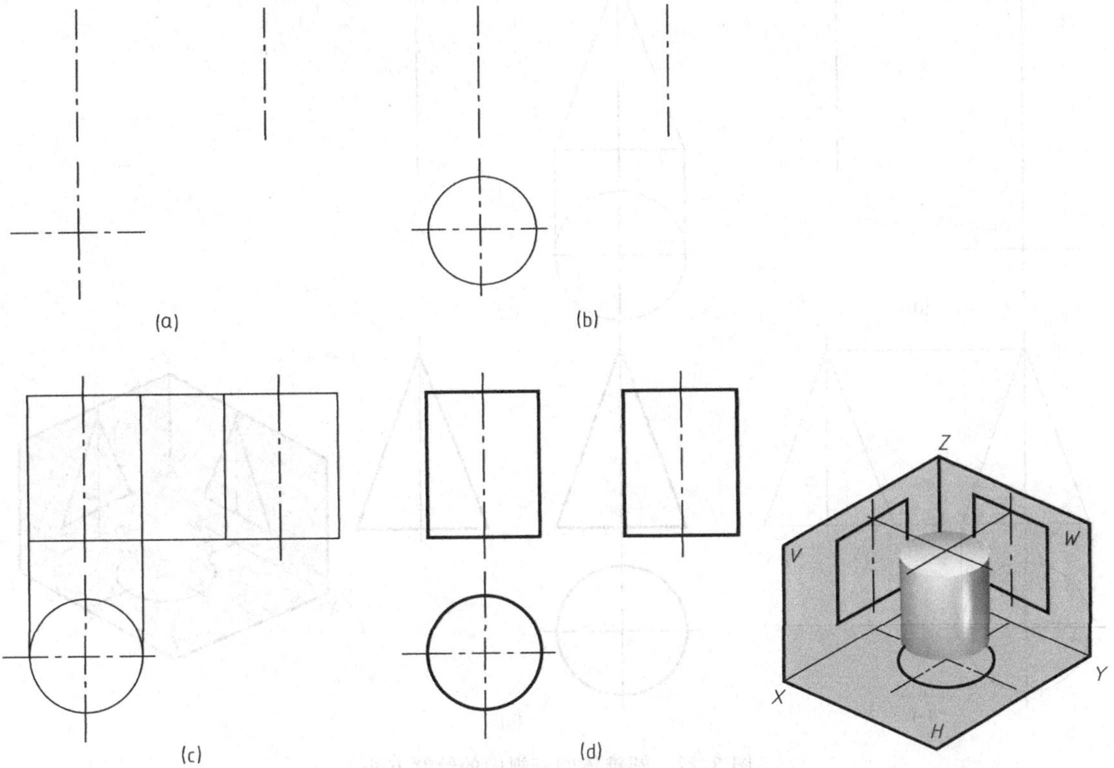

(a)

(b)

(c)

(d)

图 3.25 圆柱体的三视图的绘制方法

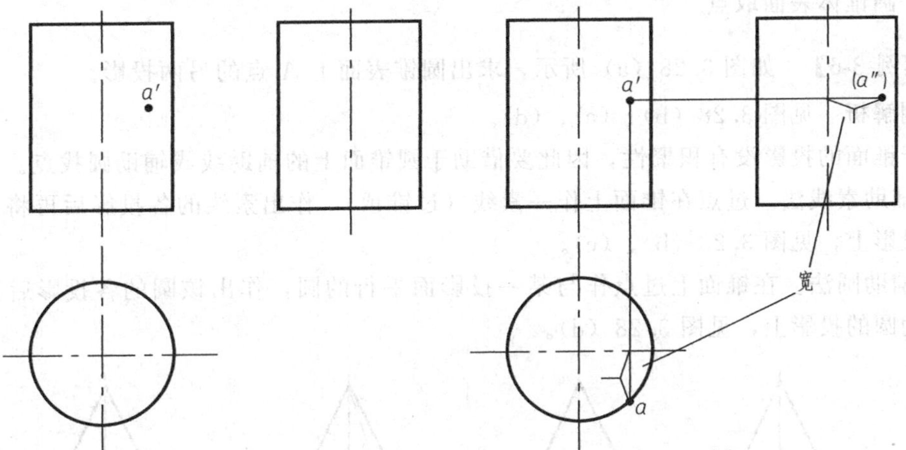

(a)

(b)

图 3.26 圆柱体表面取点

(2) 圆柱体表面取点

【案例 3-5】 如图 3.26（a）所示，求出圆柱体表面上 A 点的另两投影。

案例解析 借助于圆柱体表面的积聚性投影求解，见图 3.26（b）。

3.3.2.2 圆锥体

（1）圆锥体的投影

圆锥体三视图的绘制方法，见图 3.27。

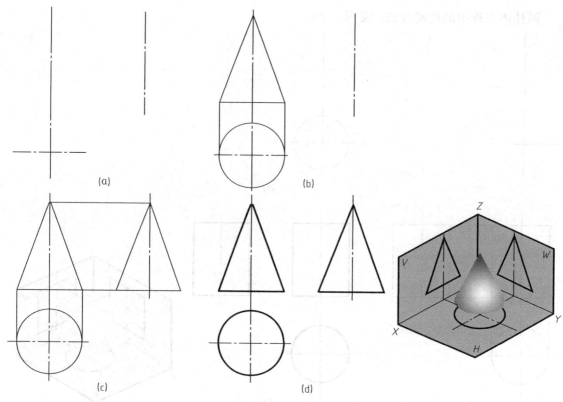

图 3.27　圆锥体的三视图的绘制方法

（2）圆锥体表面取点

【案例 3-6】　如图 3.28（a）所示，求出圆锥表面上 A 点的另两投影。

案例解析　见图 3.28（b）、（c）、（d）。

由于锥面的投影没有积聚性，因此要借助于圆锥面上的辅助线或辅助圆找点。

① 辅助素线法。过点在锥面上作一素线（过锥顶），作出素线的各投影后再将点对应到素线的投影上，见图 3.28（b）、（c）。

② 辅助圆法。在锥面上过点作与某一投影面平行的圆，作出该圆的各投影后再将点对应到辅助圆的投影上，见图 3.28（d）。

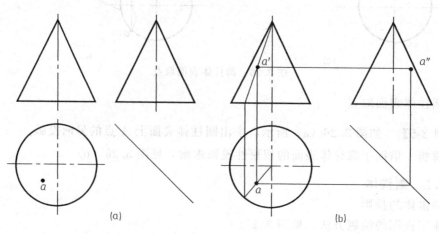

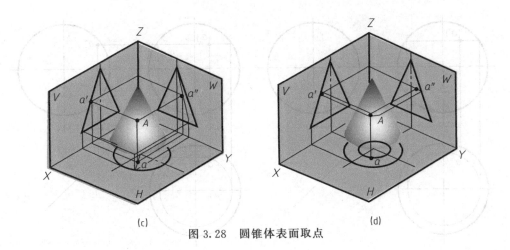

(c)   (d)

图 3.28   圆锥体表面取点

3.3.2.3　球体

（1）球体的投影

球体三视图的绘制方法，见图 3.29。球体的三个视图为等直径的三个圆。要注意这三个圆在球体表面上的位置。

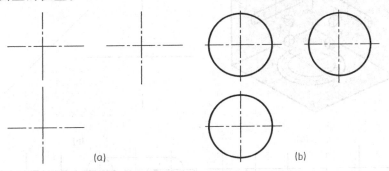

(a)   (b)

图 3.29　球体的三视图的绘制方法

（2）球体表面取点

【案例 3-7】　　如图 3.30（a）所示，求出圆锥表面上 A 点的另两投影。

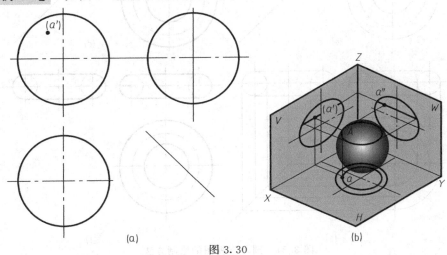

(a)   (b)

图 3.30

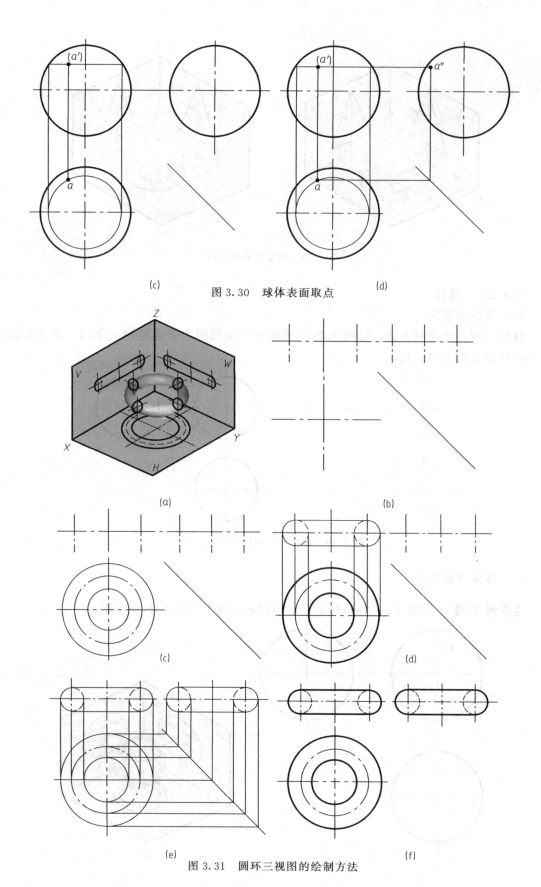

(c)   图 3.30   球体表面取点   (d)

(a)

(b)

(c)

(d)

(e)   图 3.31   圆环三视图的绘制方法   (f)

案例解析 见图 3.30（b）、（c）、（d）。

3.3.2.4 圆环

（1）圆环的投影

圆环三视图的绘制方法，见图 3.31。

（2）圆环表面取点

【案例 3-8】 如图 3.32（a）所示，求出圆环表面上 M 点的另两投影。

案例解析 见图 3.32（b）、（c）、（d）。

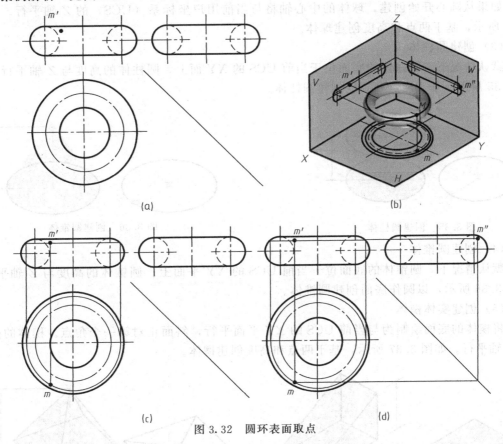

图 3.32　圆环表面取点

3.3.3 AutoCAD 三维绘图

3.3.3.1 基本概念

AutoCAD 支持 3 种类型的三维建模：线框模型、曲面模型和实体模型。在三维绘图时，要在世界坐标系（WCS）或用户坐标系（UCS）中指定 X、Y 和 Z 的坐标值。在三维中创建对象时，可以使用笛卡尔坐标、柱坐标或球坐标定位点。

3.3.3.2 绘图操作

（1）创建长方体

始终将长方体的底面绘制为与当前 UCS 的 XY 平面（工作平面）平行。如图 3.33 所示，基于两点和高度创建长方体。

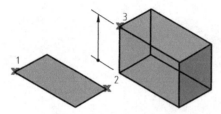

图 3.33 创建长方体

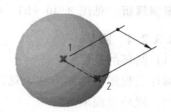

图 3.34 创建球体

（2）创建球体

如果从圆心开始创建，球体的中心轴将与当前用户坐标系（UCS）的 Z 轴平行。如图 3.34 所示，基于两点和高度创建球体。

（3）创建圆柱体

默认情况下，圆柱体的底面位于当前 UCS 的 XY 面上。圆柱体的高度与 Z 轴平行。如图 3.35 所示，基于两点和高度创建圆柱体。

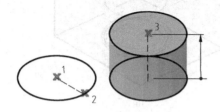

图 3.35 创建圆柱体

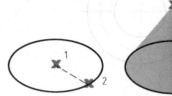

图 3.36 创建圆锥体

（4）创建圆锥体

默认情况下，圆锥体的底面位于当前 UCS 的 XY 平面上。圆锥体的高度与 Z 轴平行。如图 3.36 所示，以圆作底面创建圆锥体。

（5）创建实体楔体

将楔体的底面绘制为与当前 UCS 的 XY 平面平行，斜面正对第一个角点。楔体的高度与 Z 轴平行。如图 3.37 所示，基于两点和高度创建楔体。

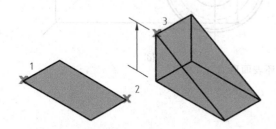

图 3.37 创建实体楔体

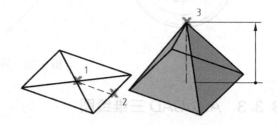

图 3.38 创建实体棱锥体

（6）创建实体棱锥体

默认情况下，可以通过基点的中心、边的中点和确定高度的另一个点来定义一个棱锥体，如图 3.38 所示。

■ 技能训练

1. 动动脑

（1）基本体按立体表面的性质不同，可分成哪几类？试举例说明。

（2）求圆锥表面上的 A 点，常用哪两种方法？试举例说明。

2. 动动手

（1）熟悉并应用 AutoCAD 的"建模"工具栏，创建如图 3.39 所示的基本体。

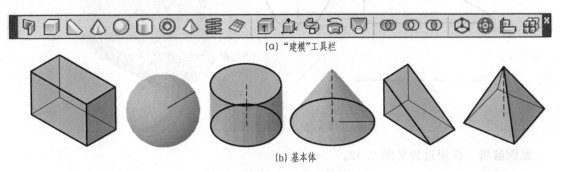

(a)"建模"工具栏

(b)基本体

图 3.39 "建模"工具栏和基本体

（2）基本体。完成配套《习题指导》3-7 中的 1～3 题。

（3）已知立体表面上各点的一个投影，求其余投影。完成配套《习题指导》3-7 中的第 4 题。

3.4 切割体与相贯体

3.4.1 切割体

一些零件的外形可以看成是基本体被平面切割后所形成的。如图 3.40 所示，用平面截切立体，切割立体的平面称为截平面；被平面截切的立体称为截断体；截平面与立体表面的交线，称为截交线，截交线为立体表面上的交线，为一封闭的平面图形。求作截交线的实质是利用在立体表面上求作点的方法，作出截交线上的若干点后再连接各点。

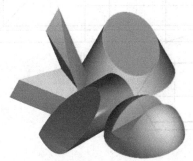
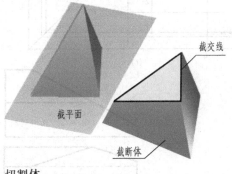

截交线

截平面

截断体

图 3.40 切割体

3.4.1.1 平面立体的截交线

平面与平面立体相交所产生的交线，是不完整的平面立体的棱线。

【案例 3-9】 补出如图 3.41 所示切割六棱柱左视图中的漏线并画出其俯视图。

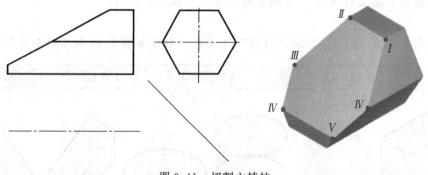

图 3.41　切割六棱柱

案例解析　作图过程见图 3.42。

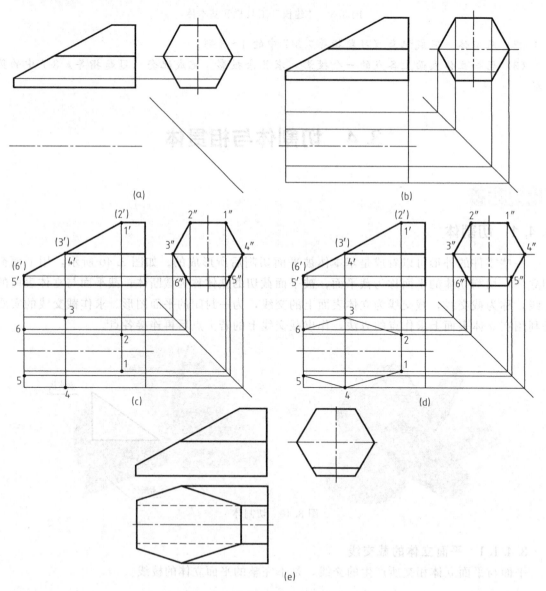

图 3.42　绘制切割六棱柱的三视图

【案例 3-10】 试画出如图 3.43 所示截切三棱锥的水平投影和侧面投影。

案例解析 作图过程见图 3.44。

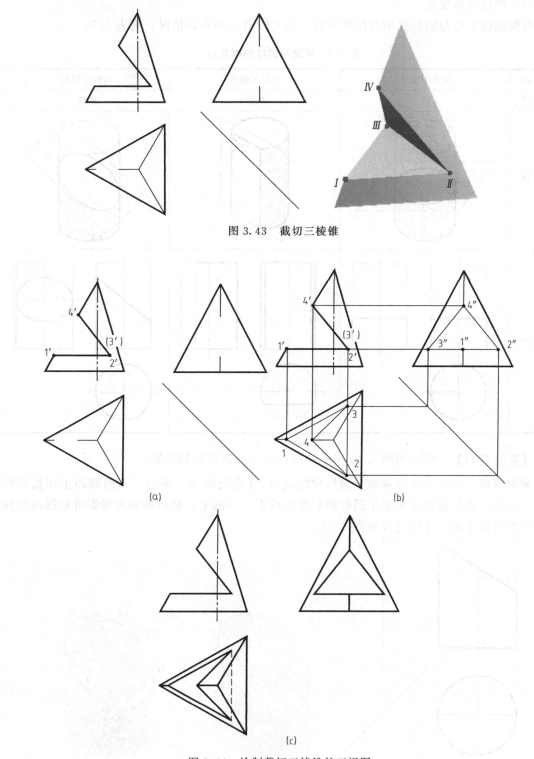

图 3.43 截切三棱锥

(a)

(b)

(c)

图 3.44 绘制截切三棱锥的三视图

3.4.1.2 回转体的截交线

平面与回转体相交时，截交线是截平面与回转体表面的共有线。

（1）圆柱的截交线

根据截切平面与圆柱的相对位置不同，截交线有三种不同情况，见表 3.7。

表 3.7　平面与圆柱的截交线

截平面	垂直于轴线	平行于轴线	倾斜于轴线
截交线	圆	矩形	椭圆
轴测图			
投影图			

【案例 3-11】　完成如图 3.45 所示圆柱被正垂面截切后的投影。

案例解析　由于截平面倾斜于圆柱轴线截切，故截交线为一椭圆。该椭圆的正面投影积聚为一直线，水平投影被积聚于圆柱的积聚性投影——圆上。椭圆的侧面投影可根据圆柱面上取点的方法求出。作图过程见图 3.46。

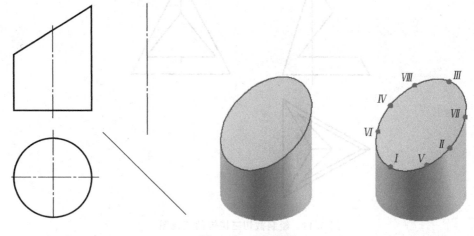

图 3.45　截切圆柱

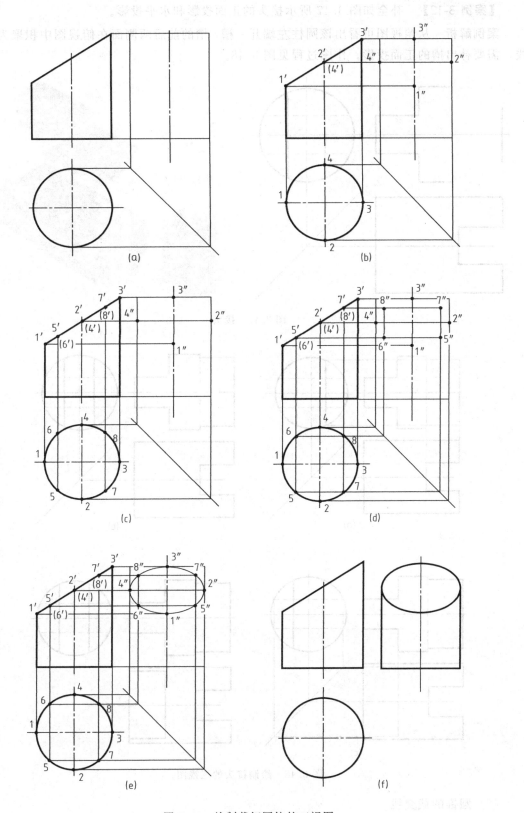

图 3.46　绘制截切圆柱的三视图

【案例 3-12】 补全如图 3.47 所示接头的正面投影和水平投影。

案例解析 从俯视图可看出该圆柱左端开一槽，槽的前后两侧面在俯视图中积聚为两直线，需要补出槽的正面投影。作图过程见图 3.48。

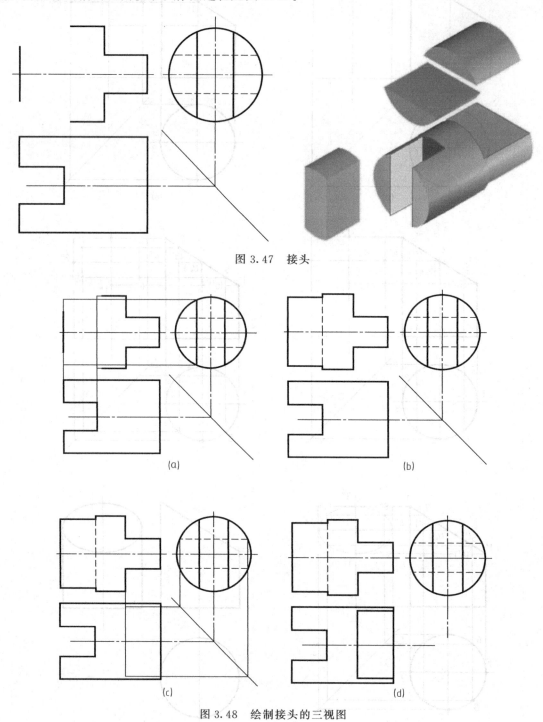

图 3.47 接头

(a)

(b)

(c)

(d)

图 3.48 绘制接头的三视图

（2）圆锥的截交线

当平面与圆锥相交时，由于平面对圆锥的相对位置不同，其截交线可以是圆、椭圆、抛物线或双曲线，这四种曲线总称为圆锥曲线；当截切平面通过圆锥顶点时，其截交线为过锥顶的两直线，见表 3.8。

表 3.8　平面与圆锥的截交线

截平面	垂直于轴线	与所有素线相交	平行于一条素线	平行于轴线	过锥顶
截交线	圆	椭圆	抛物线	双曲线	等腰三角形
轴测图					
投影图					

【案例 3-13】　完成如图 3.49 所示切割圆锥的俯视图和左视图。

案例解析　作图过程见图 3.50。

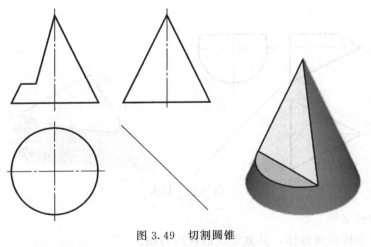

图 3.49　切割圆锥

【案例 3-14】　补全如图 3.51 所示接头的正面投影和水平投影。

案例解析　作图过程参见图 3.52 所示。

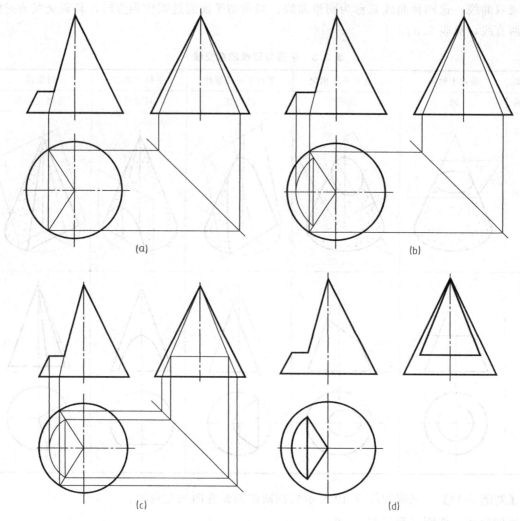

图 3.50 绘制切割圆锥的三视图

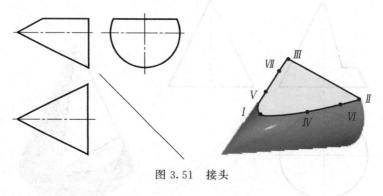

图 3.51 接头

（3）球体的截交线

不论截平面怎样截切球体，其截交线形状均为圆。

【案例 3-15】 补全如图 3.53 所示开槽半球的水平投影和侧面投影。

案例解析 作图过程见图 3.54。

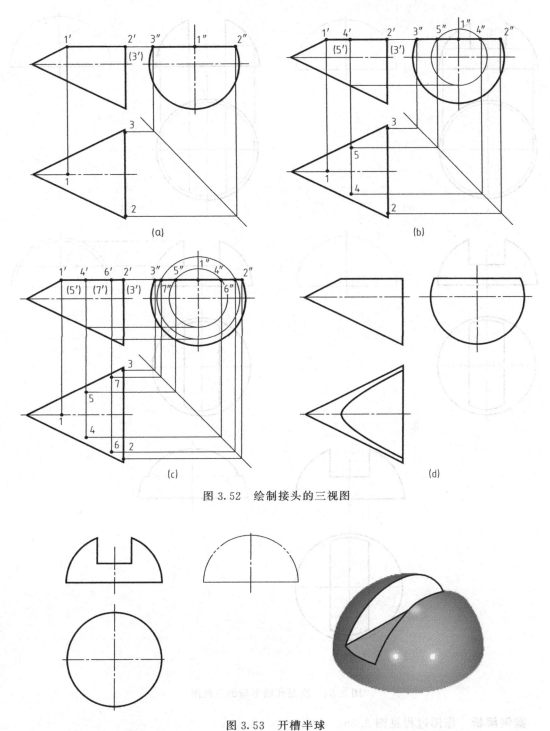

图 3.52　绘制接头的三视图

图 3.53　开槽半球

（4）组合回转体的截交线

组合回转体可看成由若干几何体所组成。求平面与组合回转体的截交线就是分别求出平面与各个几何体的截交线。

【案例 3-16】　补出如图 3.55 所示连杆头主视图中的截交线。

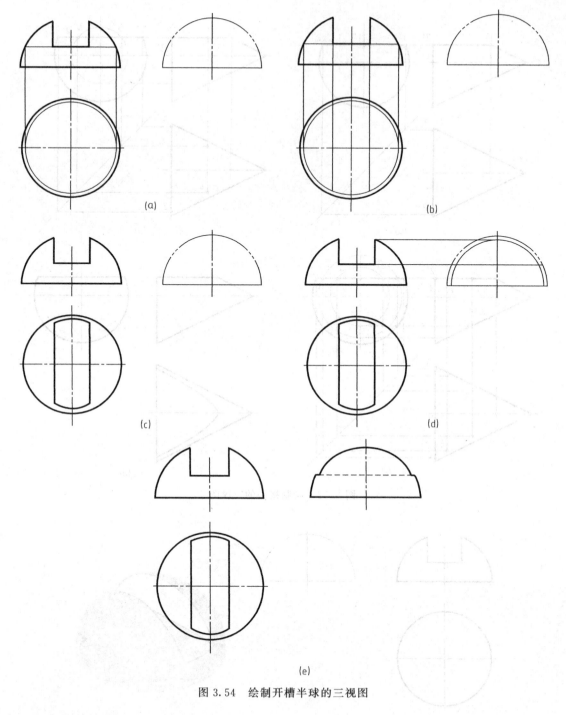

(a)

(b)

(c)

(d)

(e)

图 3.54 绘制开槽半球的三视图

案例解析 作图过程见图 3.56。

3.4.2 相贯体

一般将相交的立体称为相贯体（图 3.57），而相交立体的表面交线则称为相贯线。虽然相交立体的形状、位置等不尽相同，但相贯线都具有以下两点共性：

① 相贯线是相交立体表面上的共有线，也是立体表面的分界线；

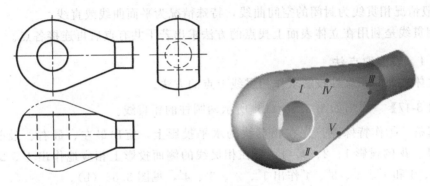

图 3.55 连杆头

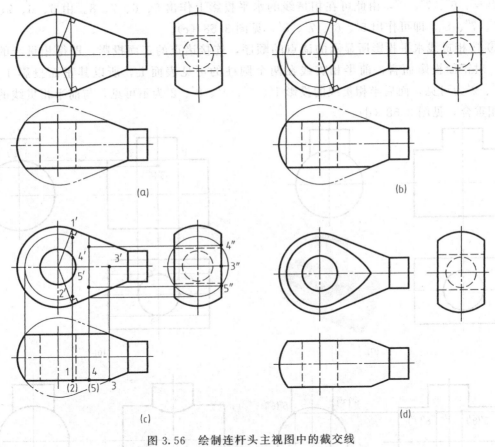

(a)

(b)

(c)

(d)

图 3.56 绘制连杆头主视图中的截交线

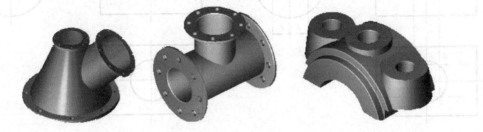

图 3.57 相贯体

② 一般情况相贯线为封闭的空间曲线，特殊情况为平面曲线或直线。

求作相贯线是利用在立体表面上找点的方法求出若干共有点后再连接各点。

3.4.2.1 表面取点法

利用立体表面的积聚性投影求作相贯线上点的方法。

【案例 3-17】　作出如图 3.58（a）所示两圆柱的相贯线。

案例解析　①作特殊点。先在相贯线的水平投影上，定出最左、最右、最前、最后点 Ⅰ、Ⅱ、Ⅲ、Ⅳ的投影 1、2、3、4，再在相贯线的侧面投影上相应地作出 1″、2″、3″、4″。由 1、2、3、4 和 1″、2″、3″、4″作出 1′、2′、3′、4′，见图 3.58（b）。

② 作一般点。在相贯线的侧面投影上，定出左右、前后对称的四个点 Ⅴ、Ⅵ、Ⅶ、Ⅷ的投影 5″、6″、7″、8″，由此可在相贯线的水平投影上作出 5、6、7、8。由 5、6、7、8 和 5″、6″、7″、8″，即可作出 5′、6′、7′、8′，见图 3.58（c）。

③ 按相贯线水平投影所显示的诸点的顺序，连接诸点的正面投影，即得相贯线的正面投影。对正面投影而言，前半相贯线在两个圆柱的可见表面上，所以其正面投影 1′、5′、3′、6′、2′ 为可见，而后半相贯线的投影 1′、7′、4′、8′、2′ 为不可见，与前半相贯线的可见投影相重合，见图 3.58（d）。

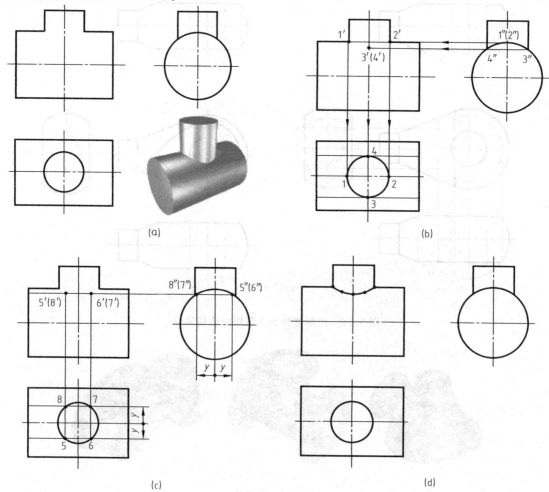

图 3.58　绘制两圆柱的相贯线

两轴线垂直相交的圆柱，在零件上是最常见的，它们的相贯线一般有如表 3.9 所示的三种形式。

表 3.9　平面与圆锥的交线

相 交 类 型	投　影	相 贯 线	立 体 图
两实心圆柱相交	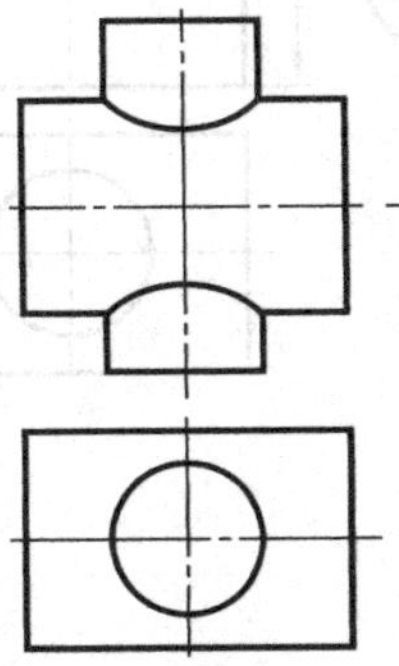	上下对称的两条封闭的空间曲线	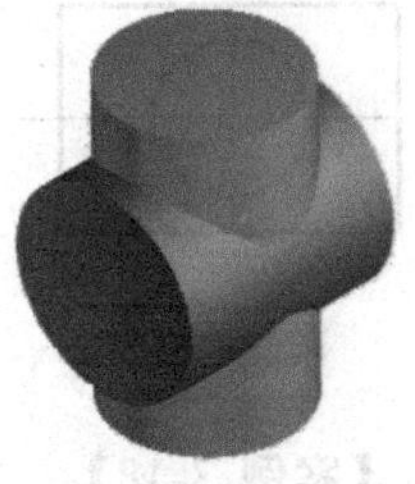
圆柱孔与实心圆柱相交	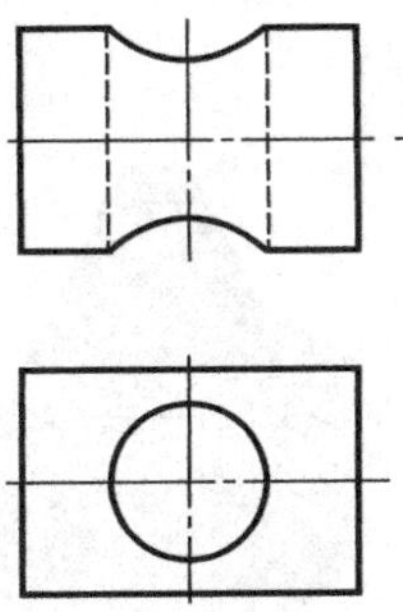	上下对称的两条封闭的空间曲线	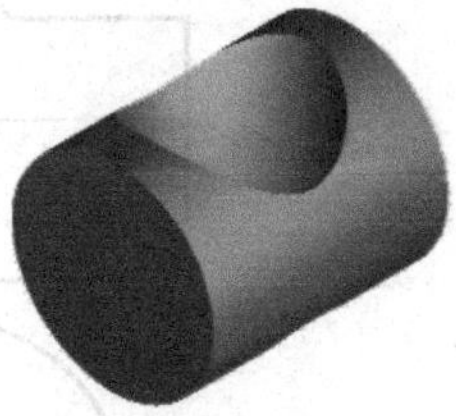
两圆柱孔相交	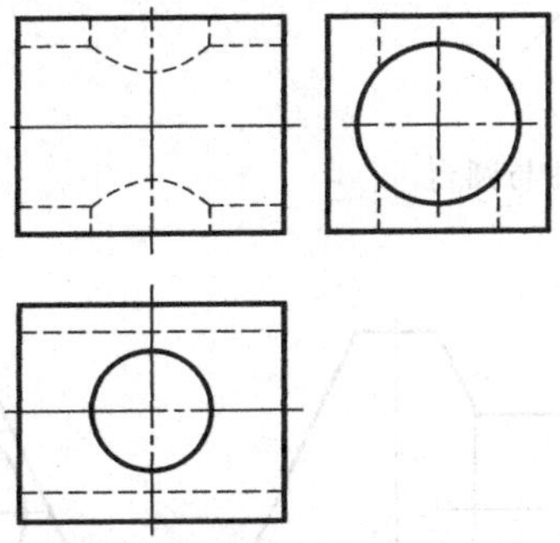	在内表面上产生相贯线，由于不可见而应画成虚线	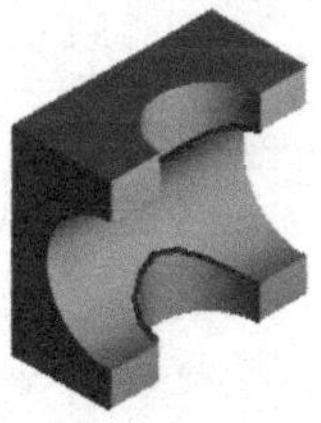

3.4.2.2　相贯线的近似画法

　　若两相贯的圆柱直径相差较大时，也可采用近似画法作出相贯线，即用一段圆弧代替相贯线。

　　以大圆柱的半径为圆弧半径（$D > D_1$、$R = D$），圆心位于小圆柱轴线上，作图过程如图 3.59 所示。

3.4.2.3　辅助平面法

　　求作两曲面立体的相贯线时，假设用辅助平面截切两相贯体，则得两组截交线，其交点是两个相贯体表面和辅助平面的共有点（三面共点），即为相贯线上的点。一般选用特殊位置平面作为辅助平面，并使辅助平面与两曲面立体的交线为最简单，如交线是直线或平行于投影面的圆。

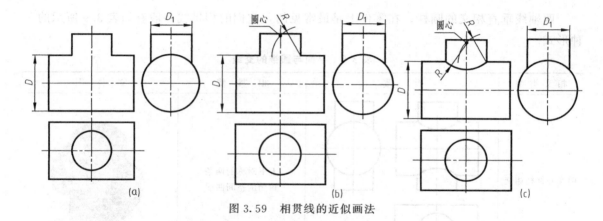

图 3.59　相贯线的近似画法

【案例 3-18】　求如图 3.60 所示圆柱与圆台的相贯线。

案例解析　作图过程见图 3.61。

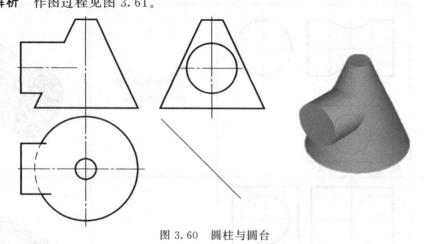

图 3.60　圆柱与圆台

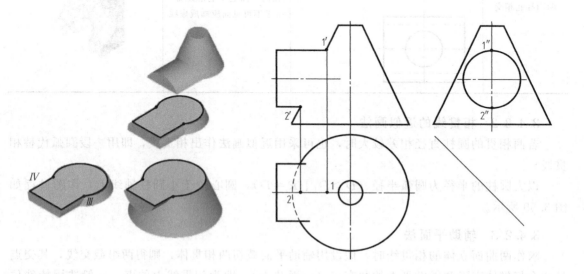

(a)

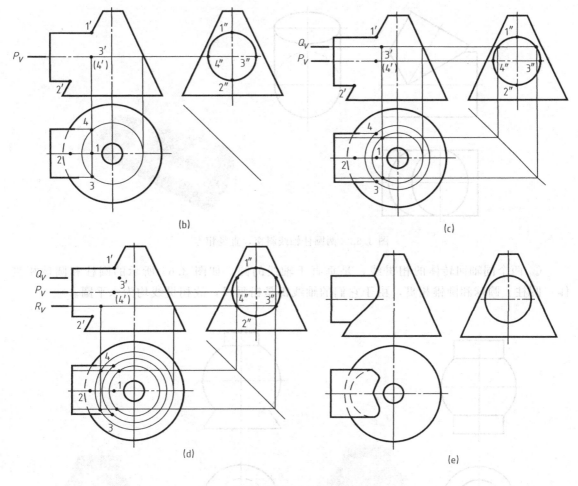

图 3.61 绘制圆柱与圆台的相贯线

3.4.2.4 相贯线的特殊情况

① 两圆柱轴线相交，直径相等时，其相贯线是两个椭圆，若椭圆是投影面垂直面，其投影积聚成直线段。如图 3.62、图 3.63 所示。

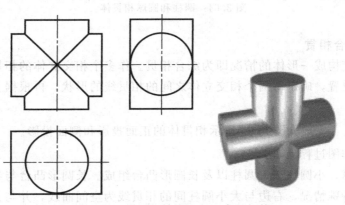

图 3.62 两圆柱轴线正交，直径相等

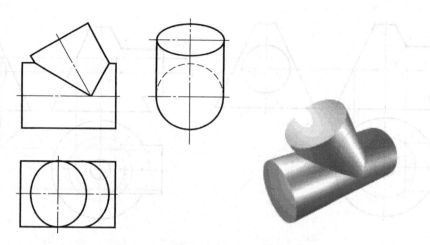

图 3.63　两圆柱轴线斜交，直径相等

② 两个同轴回转体的相贯线，是垂直于轴线的圆，如图 3.64 所示的圆柱和圆球相贯体；圆柱、圆球和圆锥相贯，由于它们的轴线都是铅垂线，故相贯线均为水平圆。

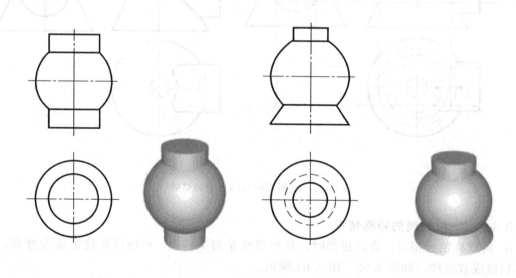

图 3.64　圆柱和圆球相贯体

3.4.2.5　综合相贯

若干立体相交构成一形体的情况即为综合相贯。作多个相交立体的相贯线应先分析各相交立体的形状和位置，确定每两个相交立体之间的相贯线的形状，再根据上述分析确定求作相贯线的方法。

【案例 3-19】　完成如图 3.65 所示相贯体的正面投影和侧面投影。

案例解析　作图过程见图 3.66。

该立体由半球、小圆柱、大圆柱以及长圆形凸台组成。长圆形凸台与半球和小圆柱左边部分的相贯线为特殊情况，右边与大小圆柱间的相贯线为空间曲线，并与大圆柱左端面相交产生两条平行线。

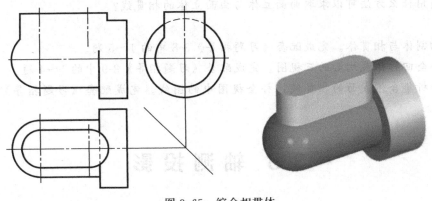

图 3.65　综合相贯体

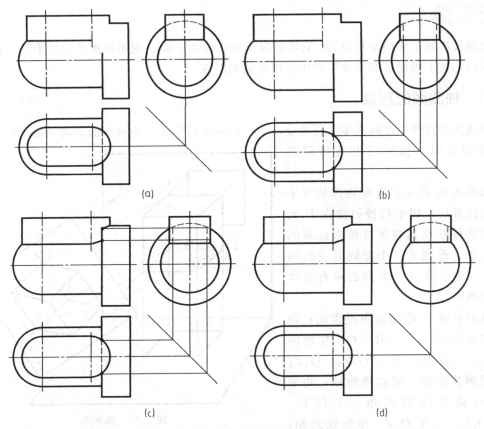

(a)

(b)

(c)

(d)

图 3.66　绘制相贯体的正面投影和侧面投影

■ 技能训练 ■

1. 动动脑

　　(1) 什么是截交线？截交线有什么性质？

　　(2) 怎样求取曲面立体被截所产生交线的投影？

　　(3) 相贯线有几种基本形态？

（4）利用什么方法可以求取曲面立体与曲面立体的相贯线？

2. 动动手

（1）切割体与相贯体。完成配套《习题指导》3-8 中的 1～5 题。

（2）补全回转体截切后的三视图。完成配套《习题指导》3-9 中的 1～4 题。

（3）分析集合体表面的相贯线，补全视图中的图线。完成配套《习题指导》3-10 中的 1～4 题。

3.5　轴　测　投　影

相关知识

　　轴测投影属于单面平行投影，它能同时反映立体的正面、侧面和水平面的形状，因而立体感较强，在工程设计和工业生产中常用作辅助图样。

3.5.1　轴测图的形成

　　轴测图是将物体连同其参考直角坐标系，沿不平行于任一坐标面的方向，用平行投影法将其投射在单一投影面上所得到的图形。

　　如图 3.67 所示，改变物体相对于投影面位置后，用平行投影法在 P 面上作出四棱柱及其参考直角坐标系的平行投影，得到了一个能同时反映四棱柱长、宽、高三个方向的富有立体感的轴测图。

　　投影平面 P 称为轴测投影面；物体上的坐标轴 OX、OY、OZ 在轴测投影面上的投影 O_1X_1、O_1Y_1、O_1Z_1 称为轴测投影轴，简称轴测轴；相邻两轴测轴之间的夹角 $\angle X_1O_1Y_1$、$\angle X_1O_1Z_1$、$\angle Y_1O_1Z_1$ 称为轴间角；空间点 A 在轴测投影面上的投影 A_1 称为轴测投影；物体上平行于坐标轴的线段，在轴测图中的长度与该线段在空间实际长度之比，称为轴向变形系数，分别用 p、q 和 r 表示。

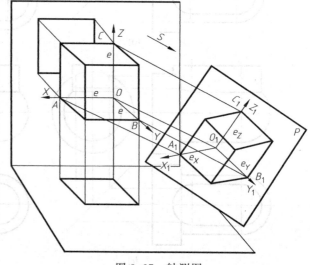

图 3.67　轴测图

3.5.2　轴测图的分类

　　轴测图分为正轴测图和斜轴测图两大类。当投射方向垂直于轴测投影面时，称为正轴测图；当投射方向倾斜于轴测投影面时，称为斜轴测图。三个轴向伸缩系数均相等的，称为等测轴测图；其中只有两个轴向伸缩系数相等的，称为二测轴测图；三个轴向伸缩系数均不相等的，称为三测轴测图。

正轴测图按三个轴向伸缩系数是否相等而分为以下三种。

① 正等轴测投影：$p=q=r$。

② 正二等轴测投影：$p=r\neq q$。

③ 正三轴测投影：$p\neq q\neq r$。

3.5.3 正等轴测图的画法

在实际画图时，为了作图方便，一般将 O_1Z_1 轴取为铅垂位置，各轴向伸缩系数采用简化系数 $p=q=r=1$。这样，沿各轴向的长度都均被放大 $1/0.82\approx 1.22$ 倍，轴测图也就比实际物体大，但对形状没有影响。如图 3.68 所示，给出了轴测轴的画法和各轴向的简化轴向伸缩系数。

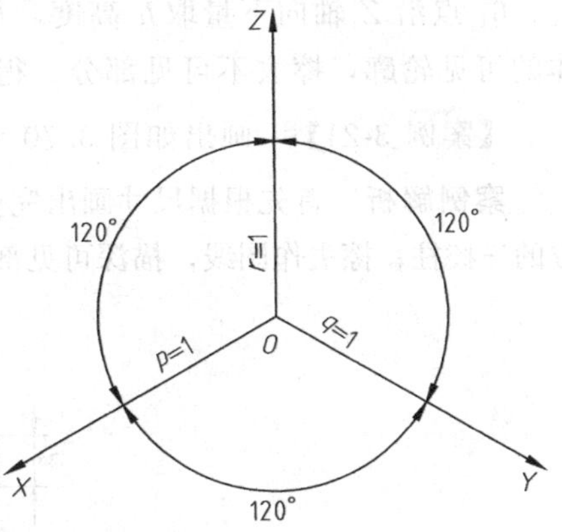

图 3.68　正等轴测图的轴间角和
简化轴向伸缩系数

3.5.3.1 平面立体的正等轴测图

【案例 3-20】　画出正六棱柱的正等轴测图，见图 3.69。

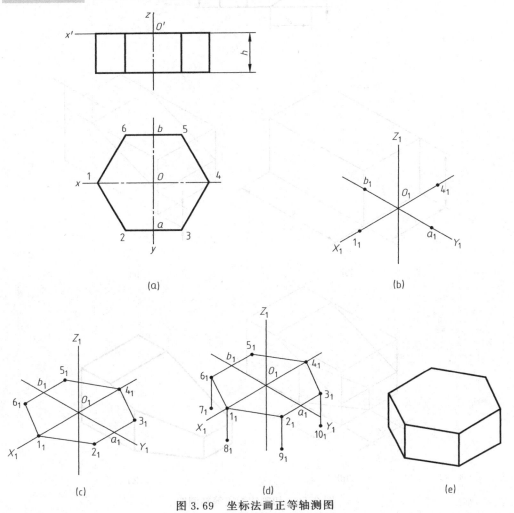

(a)　　　　　　　　　　(b)

(c)　　　　　　　　(d)　　　　　　　(e)

图 3.69　坐标法画正等轴测图

案例解析　首先进行形体分析，将直角坐标系原点 O 放在顶面中心位置，确定坐标轴；再作轴测轴，在其上采用坐标量取的方法，得到顶面各点的轴测投影；接着从顶面 1_1、2_1、3_1、6_1 点沿 Z 轴向下量取 h 高度，得到底面上的对应点；分别连接各点，用粗实线画出物体的可见轮廓，擦去不可见部分，得到正六棱柱的轴测投影。

【案例 3-21】　画出如图 3.70（a）所示三视图的正等轴测图。

案例解析　首先根据尺寸画出完整的长方体；再用切割法分别切去左上角的三棱柱、左前方的三棱柱；擦去作图线，描深可见部分即得垫块的正等轴测图，步骤见图3.70（b）～（e）。

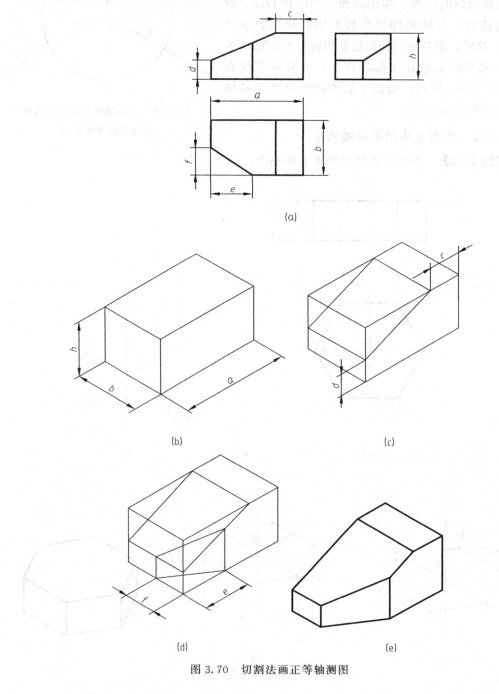

图 3.70　切割法画正等轴测图

【**案例 3-22**】 画出如图 3.71（a）所示三视图的正等轴测图。

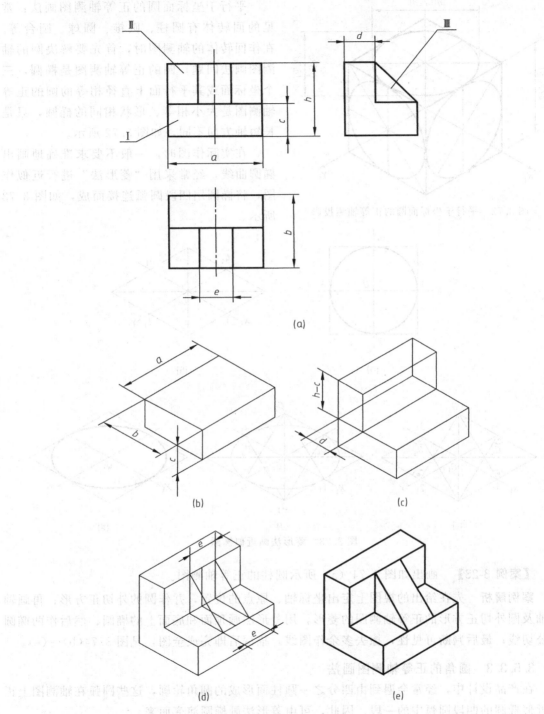

(a)

(b)

(c)

(d)

(e)

图 3.71 叠加法画正等测图

案例解析 先用形体分析法将物体分解为底板Ⅰ、竖板Ⅱ和筋板Ⅲ三个部分；再分别画出各部分的轴测投影图，擦去作图线，描深后即得物体的正等轴测图，步骤见图 3.71（b）～（e）。

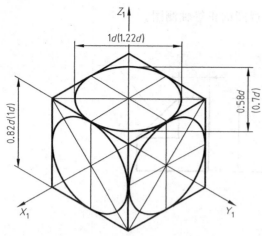

图 3.72　平行于坐标面圆的正等轴测投影

3.5.3.2　回转体的正等轴测图

平行于坐标面圆的正等轴测图画法：常见的回转体有圆柱、圆锥、圆球、圆台等。在作回转体的轴测图时，首先要解决圆的轴测图画法问题。圆的正等轴测图是椭圆，三个坐标面或其平行面上直径相等的圆的正等轴测图是大小相等、形状相同的椭圆，只是长短轴方向不同，如图 3.72 所示。

在实际作图时，一般不要求准确地画出椭圆曲线，经常采用"菱形法"进行近似作图，将椭圆用四段圆弧连接而成，如图 3.73 所示。

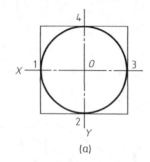

(a)

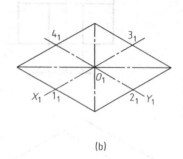

(b)

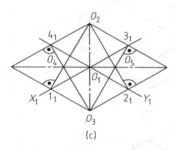

(c)

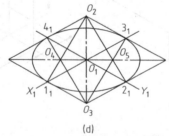

(d)

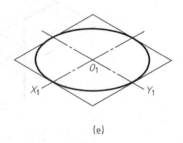

(e)

图 3.73　菱形法画近似椭圆

【案例 3-23】　画出如图 3.74（a）所示圆柱的正等轴测图。

案例解析　先在给出的视图上定出坐标轴、原点的位置，并作圆的外切正方形；再画轴测轴及圆外切正方形的正等轴测图的菱形，用菱形法画顶面和底面上的椭圆；然后作两椭圆的公切线；最后判断可见性，擦去多余作图线，描深后即完成全图，见图 3.74(b)～(e)。

3.5.3.3　圆角的正等轴测图画法

在产品设计中，经常会遇到由四分之一圆柱面形成的圆角轮廓，这些圆弧在轴测图上正好近似椭圆的四段圆弧中的一段。因此，可由菱形法画椭圆演变而来。

如图 3.75 所示，根据已知圆角半径 R，找出切点 1_1、2_1、3_1、4_1，过切点作切线的垂线，两垂线的交点即为圆心；以此圆心到切点的距离为半径画圆弧，即得圆角的正等轴测图；顶面画好后，采用移心法将 O_1、O_2 向下移动 h，即得下底面两圆弧的圆心 O_3、O_4；画圆弧后描深即完成全图。

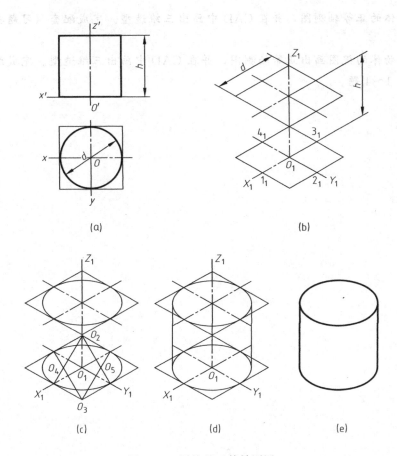

(a)   (b)

(c)   (d)   (e)

图 3.74　圆柱的正等轴测图

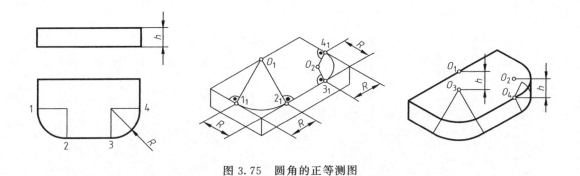

图 3.75　圆角的正等测图

■ 技能训练 ■

1. 动动脑

（1）试比较轴测投影图和正投影图的优缺点。

（2）在正等轴测图中怎样用近似画法画椭圆？

（3）在画正等轴测图时，圆角的作图可采用什么有效的方法？

2. 动动脑

（1）作形体的正等轴测图，并在 CAD 中画出三维造型。完成配套《习题指导》3-11 中的1～5题。

（2）根据物体的视图画出正等轴测图，并在 CAD 中画出三维造型。完成配套《习题指导》3-12 中的1～4题。

单元四

组 合 体

【学习目标】

通过本单元的学习，了解组合体的构成，掌握组合体的画图方法，组合体的尺寸标注方法，熟练掌握组合体的读图方法和步骤，要求学会按物体的形成过程画图、读图并正确标注尺寸。

【学习导读】

学习组合体就是要学会运用形体分析法和线面分析法分析组合体，主要包括组合体的构成，组合体上的截交线和相贯线，组合体的画图方法，组合体的尺寸标注方法，组合体的读图方法和步骤。

4.1 绘制组合体视图

相关知识

4.1.1 组合体概述

4.1.1.1 组合体的组合形式

由若干基本体组合成的立体称为组合体。组合体的组合方式有叠加和挖切两种基本形式，见表4.1。常见的组合体则是叠加和挖切两种类型的综合，如图4.1所示。

表4.1 形体的组合形式举例

形体	组合形式	
	叠加	挖切
I II	 I+II	 I-II
II I	 I+II	III (I+II)-III
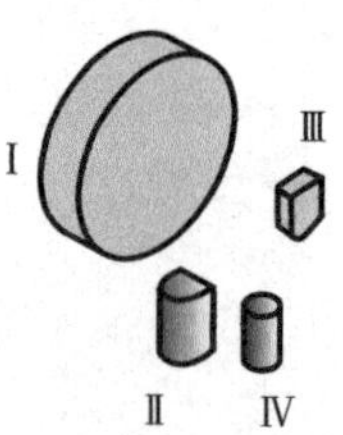 I III II IV	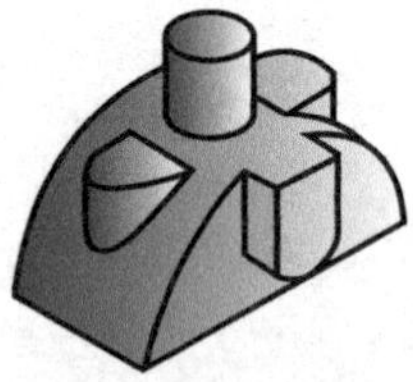 1/2(I)+2(II)+III+IV	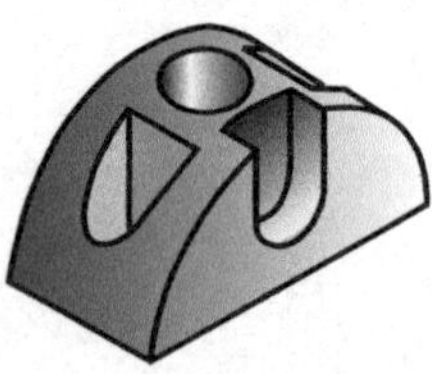 1/2(I)-2(II)-III-IV
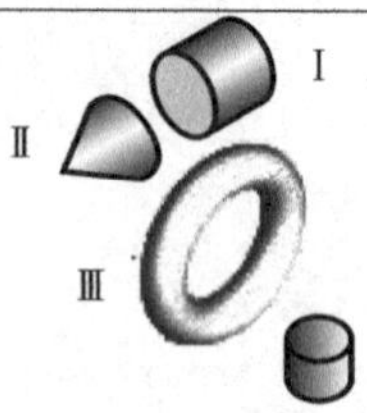 I II III IV	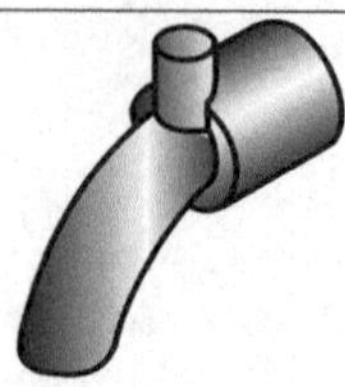 I+1/4(III)+IV	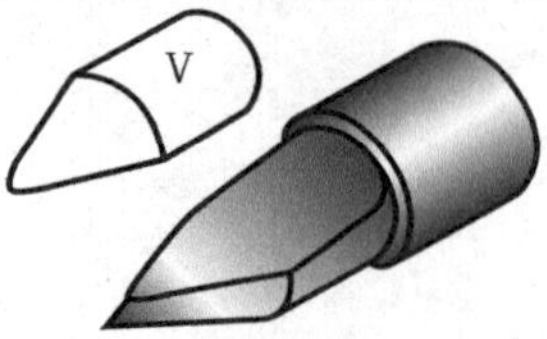 V I+II-V

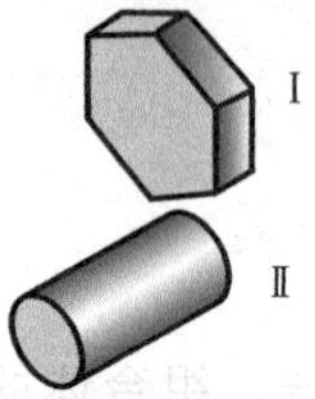

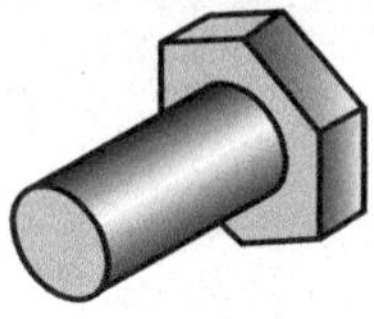

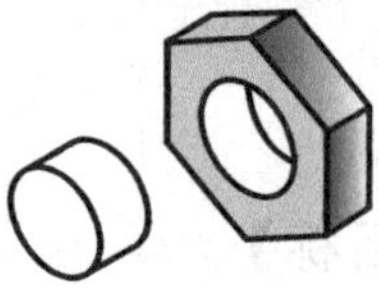

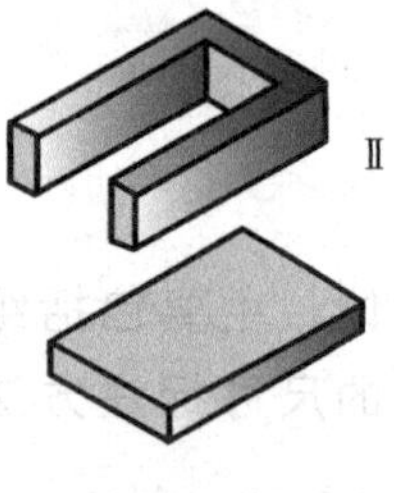

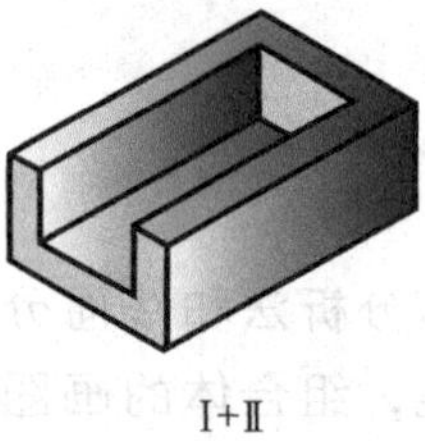

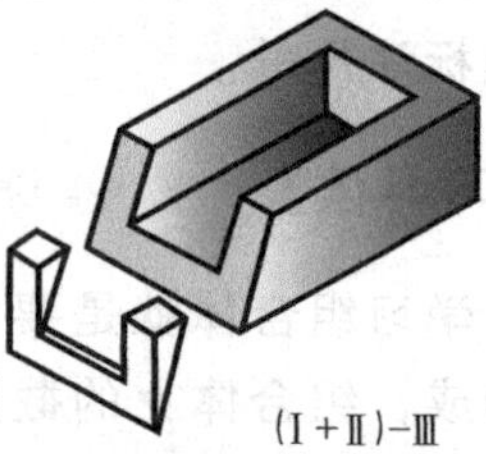

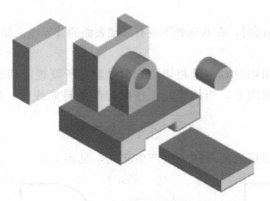

图 4.1　综合式组合体

4.1.1.2　组合体表面的连接关系

表 4.2　组合体表面的连接关系

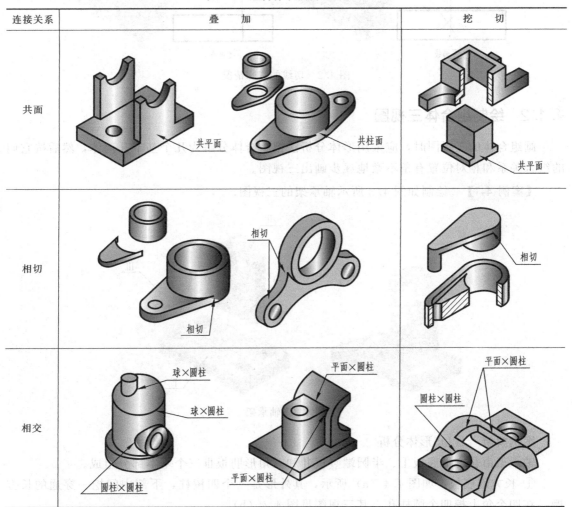

形体经叠加、挖切组合后，形体之间可能处于上下、左右、前后或对称、同轴等相对位置；形体的邻接表面之间可能产生共面、相切或相交三种特殊关系。

（1）共面

当两形体邻接表面共面时，在共面处不应有邻接表面的分界线，如表 4.2 所示的共面情况。

（2）相切

当两形体邻接表面相切时，由于相切是光滑过渡，所以规定切线的投影不画，如表 4.2 所示的相切；但在某个视图上，当切线处存在回转面的转向线时，应画出该转向线的投影，如图 4.2 所示。

（3）相交

两形体相交时，其邻接表面之间一定产生交线，见表 4.2。

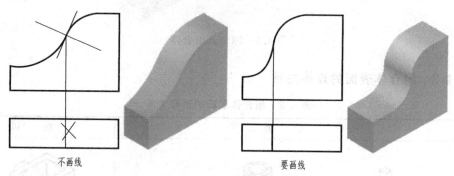

不画线　　　　　　　　　　　　要画线

图 4.2　切线的特殊情况

4.1.2　绘制组合体三视图

画组合体的三视图时，应采用形体分析法把组合体分解为几个基本几何体，然后按它们的组合关系和相对位置有条不紊地逐步画出三视图。

【案例 4-1】　绘制如图 4.3 所示轴承架的三视图。

图 4.3　轴承架

案例解析　（1）形体分析

轴承架由长方形底板Ⅰ、半圆端竖板Ⅱ和三角形肋板Ⅲ三个基本部分组成。

① 长方形底板。如图 4.4（a）所示，其外形是一个四棱柱，下部中间挖一穿通的长方槽，在四个角上挖四个圆柱孔，其三视图见图 4.4（b）。

② 半圆端竖板。如图 4.5（a）所示，其下部是一个四棱柱，上部是半个圆柱，中间挖一圆柱孔，其三视图如图 4.5（b）所示。

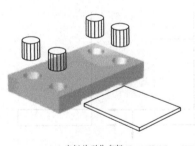
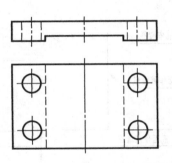

(a) 底板的形体分析　　　　　　　　(b) 底板的三视图

图 4.4　长方形底板

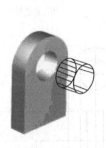
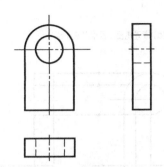

(a) 竖板的形体分析　　　　　　　　(b) 竖板的三视图

图 4.5　半圆端竖板

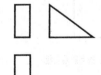

(a) 肋板的形体分析　　　　　　　　(b) 肋板的三视图

图 4.6　肋板

③ 肋板。如图 4.6（a）所示，肋板为一个三棱柱，其三视图见图 4.6（b）。

（2）选择主视图

画图时，首先要确定主视图。将组合体摆正，其主视图应能较明显地反映出该组合体的结构特征和形状特征。按图 4.7 中箭头方向投影画主视图，就可明显地反映底板、半圆端竖板和肋板的相对位置关系和形状特征。

（3）画图步骤

画图步骤，如图 4.8 所示。

主视

图 4.7　轴承架主视图投影方向

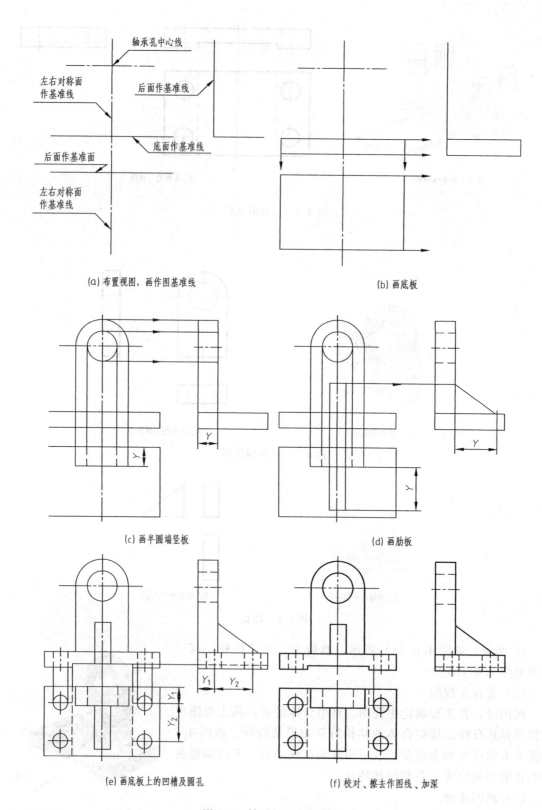

(a) 布置视图，画作图基准线　　　　　　　　　　(b) 画底板

(c) 画半圆端竖板　　　　　　　　　　(d) 画肋板

(e) 画底板上的凹槽及圆孔　　　　　　　　　　(f) 校对、擦去作图线、加深

图 4.8　轴承架的画图步骤

✓组合体的画图步骤及有关注意事项。

① 选定比例后画出各视图的对称线、回转体的轴线、圆的中心线及主要形体的端面线，并把它们作为基准线来布置图画。

② 运用形体分析法，逐个画出各组成部分。

③ 一般先画较大的、主要的组成部分（如轴承架的长方形底板），再画其他部分；先画主要轮廓，再画细节。

④ 画每一基本几何体时，先从反映实形或有特征的视图（椭圆、三角形、六角形）开始再按投影关系画出其他视图。对于回转体，先画出轴线、圆的中心线，再画轮廓线。

⑤ 画图过程中，应按"长对正、高平齐、宽相等"的投影规律，几个视图对应着画，以保持正确的投影关系。

■ 技能训练

1. 动动脑

（1）组合体形成有几种基本方式？

（2）画组合体三视图的基本步骤是怎样的？

2. 动动手

（1）对照轴测图补画视图中的缺线。完成配套《习题指导》4-1、4-2、4-6。

（2）参考立体图，补画形体的第三面投影图。完成配套《习题指导》4-3。

（3）画组合体的三视图。完成配套《习题指导》4-4、4-5。

（4）已知两视图，找出正确的第三视图。完成配套《习题指导》4-7、4-8。

▶ 4.2　组合体的尺寸注法 ◀

相关知识

4.2.1　几何体的尺寸

常见的基本形体形状和大小的尺寸标注方法及应标注的尺寸数如图4.9所示。

任何几何体都需注出长、宽、高三个方向的尺寸，虽因形状不同，标注形式可能有所不同，但基本形体的尺寸数量不能增减。如图4.10所示为几个具有斜截面或缺口的几何形体的尺寸注法。如图4.11所示，列举了几种不同形状底板件的尺寸标注方法。

4.2.2　组合体的尺寸

标注组合体视图尺寸的基本要求是完整和清晰的。

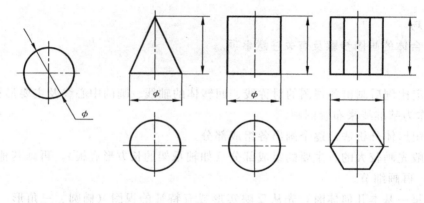

(a) 一个尺寸   (b) 两个尺寸

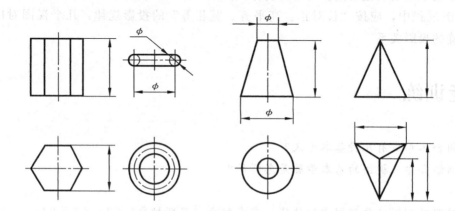

(c) 三个尺寸   (d) 四个尺寸

图 4.9　基本形体的尺寸注法

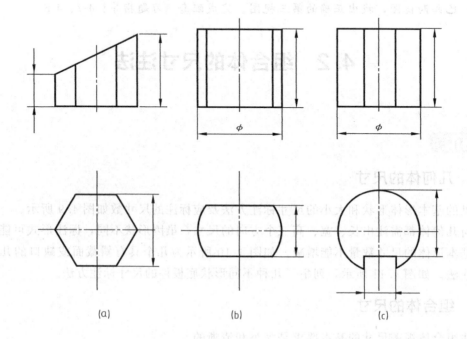

(a)   (b)   (c)

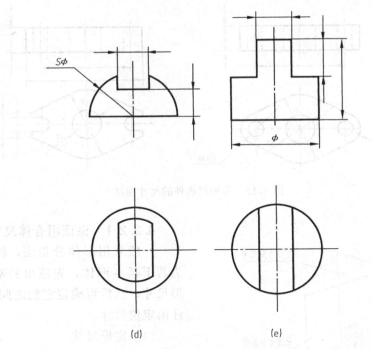

(d)　　　　　　　　(e)

图 4.10　具有斜截面或缺口的几何体的尺寸标注

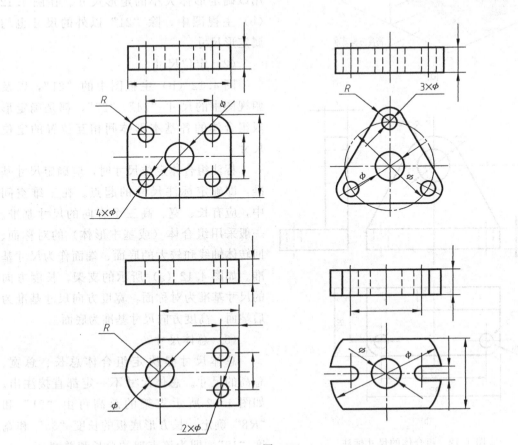

图 4.11

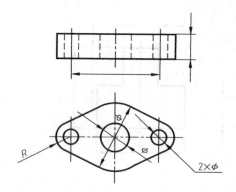

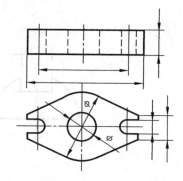

图 4.11　几种底板件的尺寸注法

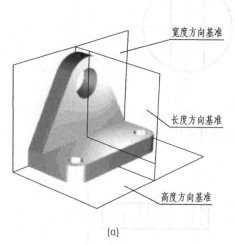

(a)

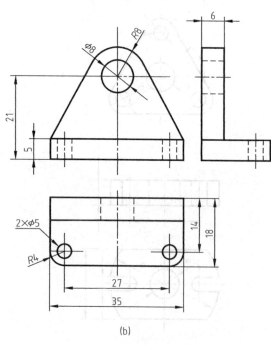

(b)

图 4.12　组合体的尺寸标注

4.2.2.1　保证组合体尺寸标注的完整

一般采用形体分析法，将组合体分解为若干基本形体，先注出各基本形体的定形尺寸，然后再确定它们之间的相互位置，注出定位尺寸。

（1）定形尺寸

如图 4.9 所示各基本形体的尺寸都是用以确定形体大小的定形尺寸。在图 4.12（b）主视图中，除"21"以外的尺寸也均属定形尺寸。

（2）定位尺寸

图 4.12（b）主视图中的"21"，以及俯视图中的尺寸"14""27"，都是确定形成组合体的各基本形体间相互位置的定位尺寸。

标注组合体定位尺寸时，应确定尺寸基准，即确定标注尺寸的起点。在三维空间中，应有长、宽、高三个方向的尺寸基准。一般采用组合体（或基本形体）的对称面、回转体轴线和较大的底面、端面作为尺寸基准。如图 4.12（a）所示的支架，长度方向的尺寸基准为对称面，宽度方向尺寸基准为后端面，高度方向尺寸基准为底面。

（3）总体尺寸

总体尺寸是决定组合体总长、总宽、总高的尺寸。总体尺寸不一定都直接注出。如图 4.12 所示支架的总高可由"21"和"R8"确定；长方形底板的长度"35"和宽度"18"，即为该支架的总长和总宽。

4.2.2.2　要使尺寸标注清晰

① 尺寸应尽可能标注在形状特征最明显的视图上，半径尺寸应标注在反映圆弧的视图上，如图4.11所示的半径"R"和如图4.12（b）所示的"R8"。要尽量避免从虚线引出尺寸。

② 同一个基本形体的尺寸应尽量集中标注。如图4.13所示主视图中的"34"和"2"。

③ 尺寸尽可能标注在视图外部，但为了避免尺寸界线过长或与其他图线相交，必要时也可注在视图内部。如图4.13所示肋板的定形尺寸"8"。

④ 与两个视图有关的尺寸，尽可能标注在两个视图之间。如图4.13所示主、俯视图间的"34""70""52"及主、左视图间的"10""38""16"等。

⑤ 尺寸布置要齐整，避免过分分散和杂乱。在标明同一方向的尺寸时，应该小尺寸在内，大尺寸在外，以免尺寸线与尺寸界线相交。

4.2.3　标注组合体尺寸的步骤

【案例4-2】 标注如图4.13所示轴承架的尺寸。

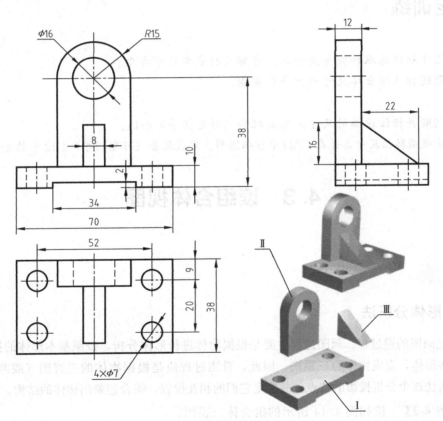

图4.13　轴承架的尺寸标注

案例解析 ① 形体分析（轴承架的形体分析前文中叙述过，在此不再重复）。

② 选择基准。标注尺寸时，应先选定尺寸基准。这里选定轴承架的左、右对称平面及后端面、底面作为长、宽、高三个方向的尺寸基准。

③ 标注各基本形体的定形尺寸。如图4.13所示的"70""38""10"是长方形底板的定形尺寸；底板下部中央挖切出的长方板的定形尺寸为"34"和"2"；其他各形体的定形尺寸

请读者自行分析。

④ 标注定位尺寸。底板、挖切的长方板、三角板肋板、半圆头竖板都处在此选定的基准上，不需要标注定位尺寸；竖板上挖切去的"$\phi16$"的圆柱，长度方向的定位尺寸为零，不必标注，轴线方向（宽）同半圆头竖板，高度方向应注出定位尺寸"38"；底板上挖切形成四圆孔，和底板同高，故高方向不必标注定位尺寸，长和宽方向应分别注出定位尺寸"52""9"和"20"。

⑤ 标注总体尺寸。尺寸"38"和"$R15$"确定轴承架的总高，底板的长和宽决定它的总长和总宽，故不必另行标注总体尺寸。应当指出，由于组合体的定形尺寸和定位尺寸已标注完整，如再加注总体尺寸会出现多余尺寸。为保持尺寸数量的恒定，在加注一个总体尺寸的同时，就应减少一个同方向的定形尺寸，以避免尺寸注成封闭式的。如图 4.13 所示竖板的高由"28"（既定形又定位）加上"$R15$"确定，图中把它调整为尺寸"38"而减少了这个高方向的尺寸"28"。

■ 技能训练

1. 动动脑

（1）尺寸标注基准的概念是什么？有哪几种基本尺寸类型？

（2）简述标注组合体尺寸的方法和步骤。

2. 动动手

（1）判断并标注遗漏的尺寸。完成配套《习题指导》4-11。

（2）读视图标注尺寸，并在 CAD 中抄画图形。完成配套《习题指导》4-12 中的 1～4 题。

◀ 4.3 读组合体视图 ▶

相关知识

4.3.1 形体分析法

看图是画图的逆过程。画图过程主要是根据物体进行形体分析，按照基本形体的投影特点，逐个画出各形体，完成物体的三视图。因此，看图过程应是根据物体的三视图（或两个视图），用形体分析法逐个分析投影的特点，并确定它们的相互位置，综合想象出物体的结构、形状。

【案例 4-3】 读如图 4.14 所示的组合体三视图。

案例解析 ① 联系有关视图，看清投影关系。先从主视图看起，借助于丁字尺、三角板、分规等工具，根据"长对正、高平齐、宽相等"的规律，把几个视图联系起来看清投影关系，作好看图准备。

② 把一个视图分成几个独立部分加以考虑。一般把主视图中的封闭线框（实线框、虚线框或实线与虚线框）作为独立部分，如图 4.14（b）所示的主视图分成 5 个独立部分：Ⅰ、Ⅱ、Ⅲ、Ⅳ、Ⅴ。

③ 识别形体，定位置。根据各部分三视图（或两视图）的投影特点想象出形体，并确定它们之间的相对位置。在图 4.14（b）中，Ⅰ为四棱柱与倒 U 形柱的组合；Ⅱ为倒 U 形柱（槽），前后各挖切出一个 U 形柱；Ⅲ、Ⅳ都是横 U 形柱（缺口）；Ⅴ为圆柱（挖切形成圆孔）。它们之间的位置关系，请读者自行分析。

④ 综合起来想整体。综合考虑各个基本形体及其相对位置关系，整个组合体的形状就清楚了。通过逐个分析，可由图 4.14（a）的三视图，想象出如图 4.14（a）所示的物体形体。

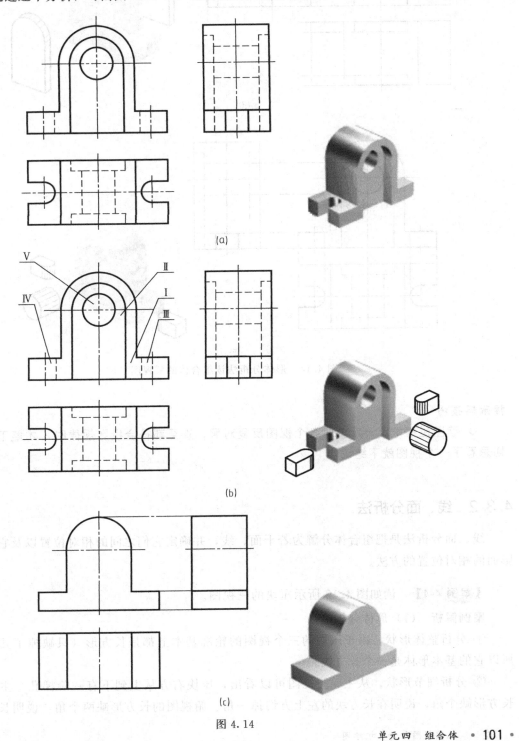

(a)

(b)

(c)

图 4.14

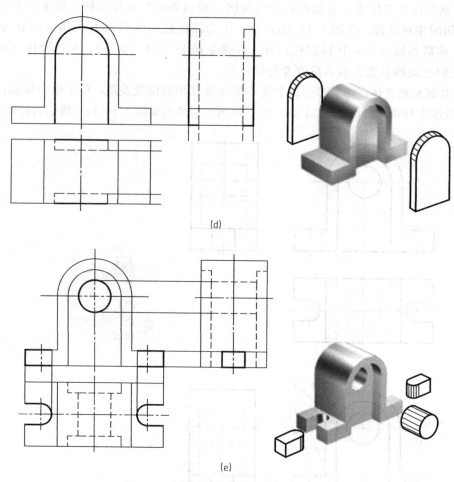

图 4.14 形体分析法读组合体的三视图

4.3.2 线、面分析法

线、面分析法是把组合体分解为若干面、线，并确定它们之间的相对位置以及它们对投影面的相对位置的方法。

【案例 4-4】 读如图 4.15 所示压块的三视图。

案例解析 （1）形体分析法

① 分析整体形状。由于压块的三个视图的轮廓基本上都是长方形（只缺掉了几个角），所以它的基本形体是一个长方块。

② 分析细节形状。从主、俯视图可以看出，压块右方从上到下有一阶梯孔。主视图的长方形缺个角，说明在长方块的左上方切掉一角。俯视图的长方形缺两个角，说明长方块左

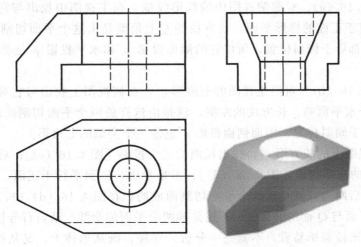

图 4.15　压块的三视图

端切掉前、后两角。左视图也缺两个角，说明前后两边各切去一块。

压块的基本形状大致有数了，但究竟是被什么样的平面切的？截切以后的投影为什么会是这个样子？还需要用线、面分析法进行分析。

（2）线、面分析法

应用三视图的投影规律，找出每个表面的三个投影。

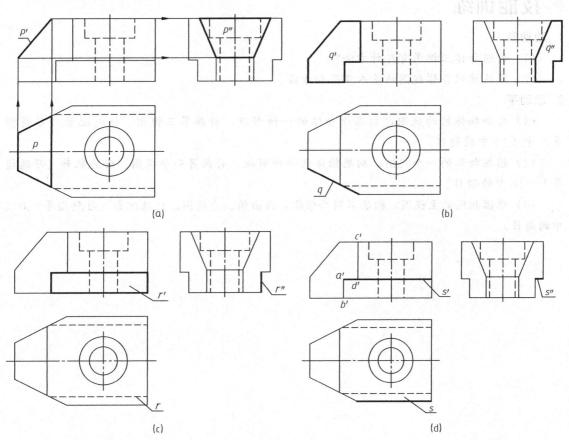

图 4.16　压块的看图方法

① 先看图 4.16（a）。对照俯视图中的梯形线框，在主视图中找出与它对应的斜线 p'，可知 P 面是垂直于正面的梯形平面，长方块的左上角就是由这个平面切割而成的。平面 P 对侧面和水平面都处于倾斜位置，所以它的侧面投影 p'' 和水平投影 p 是类似图形，不反映 P 面的真形。

② 再看图 4.16（b）。对照主视图的七边形 q'，在俯视图上找出与它对应的斜线 q，可知 Q 面是垂直于水平面的。长方块的左端，就是由这样的两个平面切割而成的。平面 Q 对正面和侧面都处于倾斜位置，因而侧面投影 q'' 也是一个类似的七边形。

③ 对照主视图上的长方形 r'，找出尺面的三个投影 [图 4.16（c）]；对照俯视图的四边形 s，找到 S 面的三个投影 [图 4.16（d）]。不难看出，R 面平行于正面，S 面平行于水平面。长方块的前后两边，就是这两个平面切割而成的。在图 4.16（d）中，$a'b'$ 线不是平面的投影，而是 R 面与 Q 面的交线。$c'd'$ 线是哪两个平面的交线？请自行分析。

其余的表面比较简单易看，不需一一分析。这样，既从形体上，又从线、面的投影上，彻底弄清了整个压块的三面视图，就可以想象出压块的空间形状了。

提示与技巧

✓ 读图时一般以形体分析法为主，线、面分析法为辅。线、面分析方法主要用来分析视图中的局部复杂投影，对于切割式的零件用得较多。

▌技能训练

1. 动动脑

（1）读组合体三视图有几种方法？

（2）简述读组合体视图的基本步骤和方法。

2. 动动手

（1）已知物体的两视图，构思组合体的一种形状，补画第三视图。任选配套《习题指导》中 4-13 中的题目。

（2）根据物体的一个视图，构思物体的一种形状，补画另两个视图。任选配套《习题指导》4-14 中的题目。

（3）根据相同的主视图，构思不同的形体，画出俯、左视图。任选配套《习题指导》4-15 中的题目。

单元五

图样画法

【学习目标】

通过本单元的学习，了解常用的机件图样表达方式，掌握六个基本视图、局部视图、剖视图和剖面图的概念和画法，掌握视图、剖视图、断面图和其他表达方法的绘制步骤技巧。

【学习导读】

在绘制技术图样时，应首先考虑看图方便。根据物体的结构特点，选用适当的表示方法。在完整、清晰地表示机件内外形状的前提下，力求制图简便。本单元将学习机件的各种常用图样画法。

◀ 5.1 视 图 ▶

相关知识

5.1.1 基本视图和向视图

基本视图是指机件在基本投影面上的投影。将机件置于一正六面体内 [如图 5.1（a）

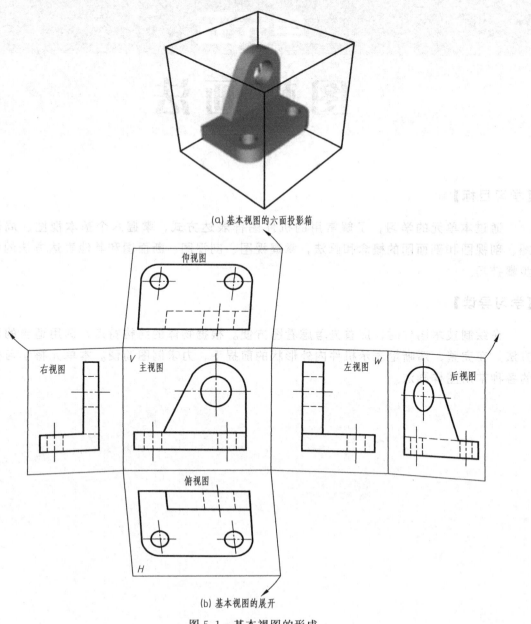

(a) 基本视图的六面投影箱

(b) 基本视图的展开

图 5.1 基本视图的形成

所示，正六面体的六面构成基本投影面]，向该六面投影所得的视图为基本视图。该 6 个视图分别是由前向后、由上向下、由左向右投影所得的主视图、俯视图和左视图，以及由右向左、由下向上、由后向前投影所得的右视图、仰视图和后视图。各基本投影面的展开方式如图 5.1（b）所示，展开后各视图的配置如图 5.2（a）所示。

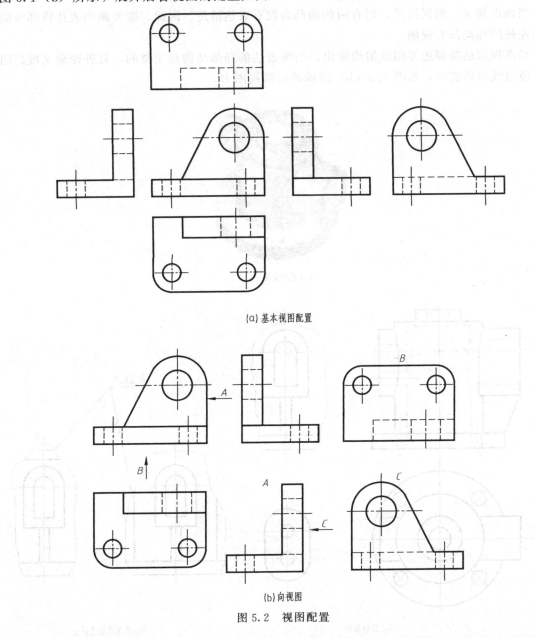

(a) 基本视图配置

(b) 向视图

图 5.2　视图配置

基本视图具有"长对正、高平齐、宽相等"的投影规律，即主视图、俯视图和仰视图长对正（后视图同样反映零件的长度尺寸，但不与上述三视图对正），主视图、左、右视图和后视图高平齐，左、右视图与俯、仰视图宽相等；主视图与后视图、左视图与右视图、俯视图与仰视图还具有轮廓对称的特点。

向视图是可自由配置的视图。如果视图不能按图 5.2（a）配置时，则应在向视图的上方标注"×"（"×"为大写的英文字母），在相应的视图附近用箭头指明投影方向，并注上相同的字母，如图 5.2（b）所示。

5.1.2 局部视图

局部视图是将机件的某一部分向基本投影面投影所得到的视图。如图 5.3（a）所示机件，当画出其主、俯视图后，仍有两侧的凸台没有表达清楚。因此，需要画出表达该部分的局部左视图和局部右视图。

局部视图的断裂边界用波浪线画出，当所表达的局部结构是完整的，且外轮廓又成封闭时，波浪线可以省略，如图 5.3（b）所示的局部视图 B。

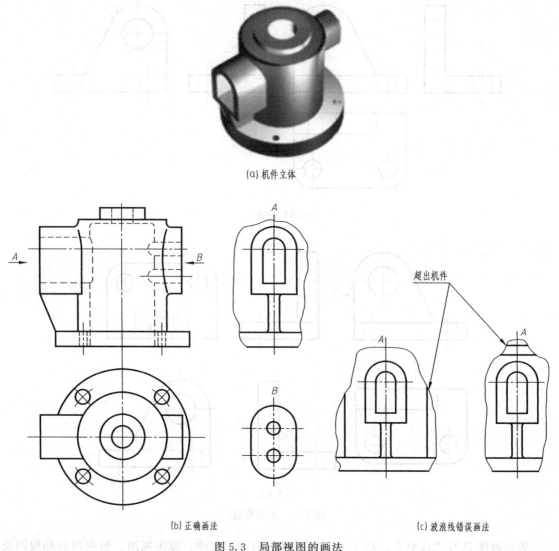

(a) 机件立体

(b) 正确画法　　　　　　　　　　　(c) 波浪线错误画法

图 5.3　局部视图的画法

画图时，一般应在局部视图上方标上视图的名称"×"（"×"为大写英文字母），在相应的视图附近用箭头指明投影方向，并注上同样的字母。当局部视图按投影关系配置，中间又无其他图形隔开时，可省略各标注。局部视图可按基本视图的配置形式配置，见图 5.4 的俯视图，也可按向视图的配置形式配置并标注。

5.1.3 斜视图

斜视图是指机件向不平行于任何基本投影面的平面投射所得的视图。斜视图主要用于表达机件上倾斜部分的实形。如图 5.4 所示的连接弯板，其倾斜部分在基本视图上不能反映实形，为此，可选用一个新的投影面，使它与机件的倾斜部分表面平行，然后将倾斜部分向新投影面投影，这样便可在新投影面上反映实形。

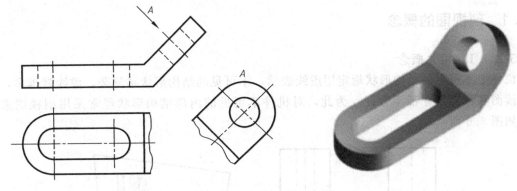

图 5.4　斜视图及其标注

斜视图一般按向视图的形式配置并标注，必要时也可配置在其他适当位置，在不引起误解时，允许将视图旋转配置，表示该视图名称的大写英文字母应靠近旋转符号的箭头端，见图 5.5，也允许将旋转角度标注在字母之后。

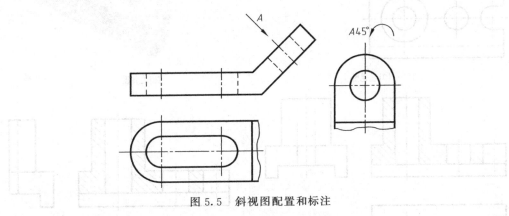

图 5.5　斜视图配置和标注

■ 技能训练

1. 动动脑

（1）工程图样的常用表达方法包括哪些？

（2）视图主要表达什么？视图如何分类？

2. 动动手

（1）徒手绘图。徒手绘制图 5.2（a）的视图，并熟悉基本视图的投影规律。

（2）视图。完成配套《习题指导》5-1 中的 1～4 题。

5.2 剖 视 图

相关知识

5.2.1 剖视图的概念

5.2.1.1 相关概念

机件上不可见的结构形状规定用虚线表示，不可见的结构形状越复杂，虚线就越多，这样对读图和标注尺寸都不方便。为此，对机件不可见的内部结构形状经常采用剖视图来表达，如图 5.6 所示。

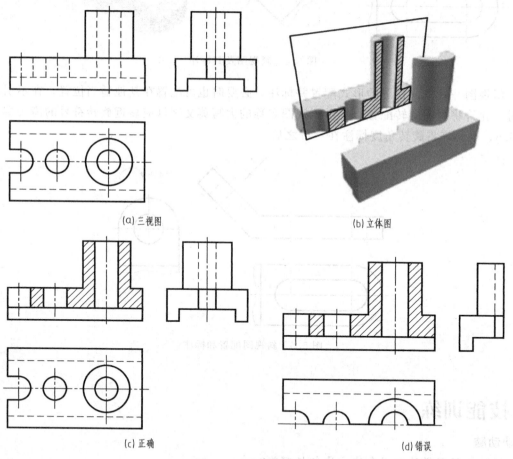

(a) 三视图　　　　　　　　　　　　　　　　(b) 立体图

(c) 正确　　　　　　　　　　　　　　　(d) 错误

图 5.6　剖视图的概念

如图 5.6（b）所示表示进行剖视图的过程，假想用剖切平面 R 把机件切开，移去观察者与剖切平面之间的部分，将留下的部分向投影面投影，这样得到的图形就称为剖视图，简称剖视，见图 5.6（c）。

剖切平面与机件接触的部分，称为剖面。剖面是部切平面 R 和物体相交所得的交线围成的图形。为了区别剖到和未剖到的部分，要在剖到的实体部分上画上剖面符号，见图 5.6（c）。

因为剖切是假想的，实际上机件仍是完整的，所以画其他视图时，仍应按完整的机件画出。因此，图 5.6（d）中的左视图与俯视图的画法是不正确的。

5.2.1.2 剖面符号

为了区别被剖到的机件的材料，国家标准 GB/T 4457.5—2013 规定了各种材料剖面符号的画法，见表 5.1。

表 5.1 剖面符号

材料名称	剖面符号	材料名称	剖面符号
金属材料（已有规定剖面符号者除外）	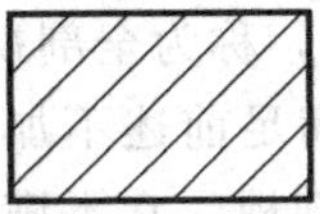	砖	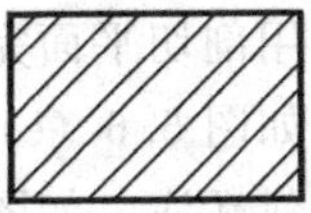
线圈绕组元件	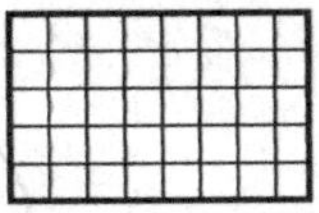	玻璃及供观察用的其他透明材料	
转子、电枢、变压器和电抗器等的叠钢片	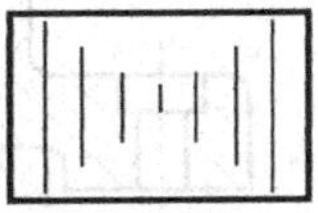	液体	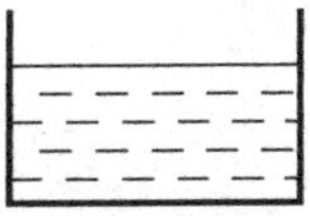
型砂、填砂、粉末冶金、砂轮、陶瓷刀片、硬质合金刀片等	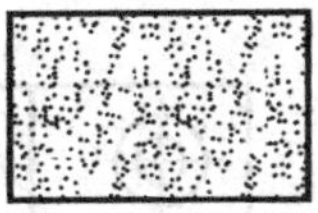	非金属材料（已有规定剖面符号者除外）	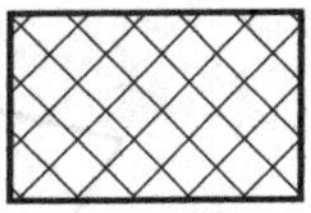

注：1. 剖面符号仅表示材料的类别，材料的名称和代号必须另行注明。

2. 叠钢片的剖面线方向，应与束装中叠钢片的方向一致。

3. 液面用细实线绘制。

5.2.1.3 注意事项

（1）在同一张图样中，同一个机件的所有剖视图的剖面符号应该相同。

（2）剖切平面位置的选择

画剖视图的目的在于清楚地表达机件的内部结构，应尽量使剖切平面通过内部结构比较复杂的部位（如孔、沟槽）的对称平面或轴线。另外，为便于看图，剖切平面应取平行于投影面的位置，这样可在剖视图中反映出剖切到的部分实形。

（3）虚线的省略问题

剖切平面后方的可见轮廓线都应画出，不能遗漏。不可见部分的轮廓线为虚线，在不影响对机件形状完整表达的前提下，不再画出。

（4）标注问题

一般用断开线（粗短线）表示剖切平面的位置，用箭头表示投影方向，用字母表示某处做了剖视。

剖视图如满足以下三个条件，可不加标注。

① 剖切平面是单一的，而且是平行于要采取剖视的基本投影面的平面。

② 剖视图配置在相应的基本视图位置。

③ 剖切平面与机件的对称面重合。

凡完全满足以下两个条件的剖视，在断开线的两端可以不画箭头。

① 部切平面是基本投影面的平行面。

② 剖视图配置在基本视图位置，而中间又没有其他图形间隔。

5.2.2 剖视图的种类

根据机件被剖切范围的大小，剖视可分为全剖视图、半剖视图和局部剖视图。

5.2.2.1 全剖视图

用剖切平面完全地剖开机件后所得到的剖视图，称为全剖视图。

如图 5.6（c）所示的主视图为全剖视，因它满足前述不加标注的三个条件，所以没有加任何标注。如图 5.7（b）所示的俯视图做了全剖视，它不满足不加标注的三个条件中的第三条，所以要标注。

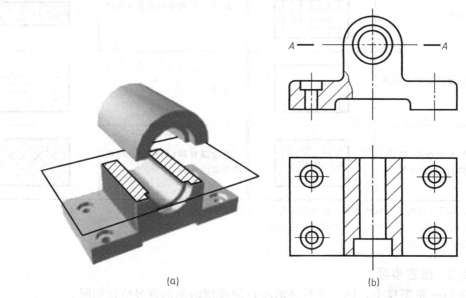

图 5.7 全剖视

标注方法是，在剖切位置画断开线（断开的粗实线）。断开线应画在图形轮廓线之外，不与轮廓线相交，且在两段粗实线的旁边写上两个相同的大写字母，然后在剖视图的上方标出同样的字母，如"A—A"，见图 5.7（b）。因为这个剖视符合前述不画箭头的两个条件，所以没有画箭头。

全剖视图用于表达内形复杂又无对称平面的机件，如图 5.7 所示。为了便于标注尺寸，对于外形简单，且具有对称平面的机件也常采用全剖视图，如图 5.6 所示。

5.2.2.2 半剖视图

当机件具有对称平面，向垂直于对称平面的投影面上投影时，以对称中心线为界，一半画成视图用以表达外部结构形状，另一半画成剖视图用以表达内部结构形状，这样组合的图形称为半剖视图。在半剖视图上一般不需要把看不见的内形用虚线画出来。

如图 5.8 所示的三个视图均采用半剖视。主视图的半剖视符合前述剖视不加标注的三个

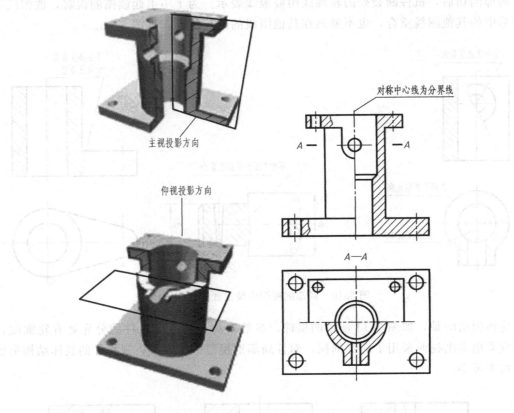

图 5.8　半剖视

条件，所以不标注。而俯视图的半剖视不符合不标注三条件中的第三条，所以需要加注；但它符合不画箭头的两个条件，故可不画箭头。

5.2.2.3　局部剖视图

当机件尚有部分的内部结构形状未表达清楚，但又没有必要作全剖视或不适合于作半剖视时，可用剖切平面局部地剖开机件，所得的剖视图称为局部剖视图，如图 5.9 所示。

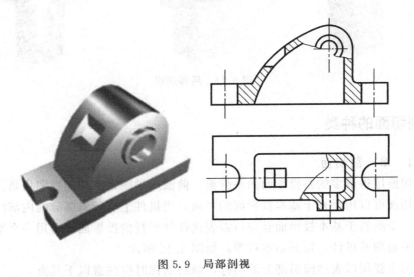

图 5.9　局部剖视

局部剖切后，机件断裂处的轮廓线用波浪线表示。为了不引起读图的误解，波浪线不要与图形中的其他图线重合，也不要画在其他图线的延长线上，见图 5.10。

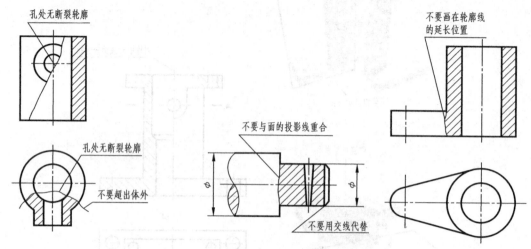

图 5.10　局部剖视图中波浪线的错误画法

应该指出的是，如图 5.11 所示的机件，虽然对称，但由于机件的分界处有轮廓线，因此不宜采用半剖视而采用了局部剖视，而且局部剖视范围的大小，视机件的具体结构形状而定，可大可小。

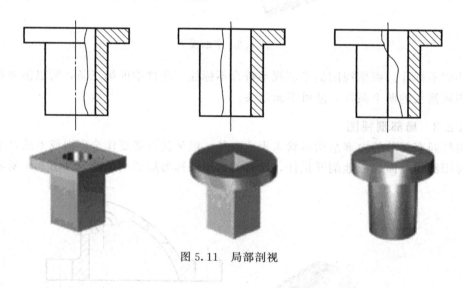

图 5.11　局部剖视

5.2.3　剖切面的种类

5.2.3.1　单一剖切面
单一剖切面用得最多的是投影面的平行面，前面所举图例中的剖视图均是。

单一剖切面可以用垂直于基本投影面的平面，当机件上有倾斜部分的内部结构需要表达时，可选择一个垂直于基本投影面且与所需表达部分平行的投影面，再用一个平行于这个投影面的剖切平面剖开机件，得到斜剖视图，如图 5.12 所示。

斜剖视图主要用以表达倾斜部分的结构，画斜剖视时应注意以下几点：

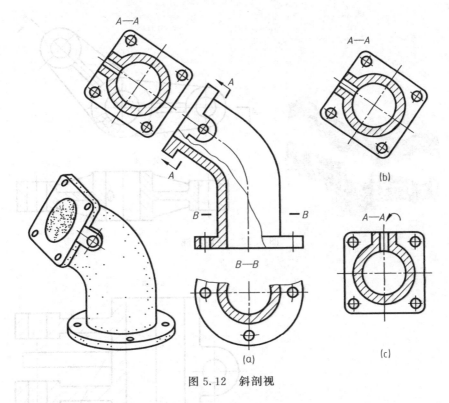

图 5.12　斜剖视

① 斜剖视最好配置在与基本视图的相应部分保持直接投影关系的地方，标出剖切位置和字母，并用箭头表示投影方向，还要在该斜视图上方用相同的字母标明图的名称，如图 5.12（a）所示。

② 为使视图布局合理，可将斜剖视保持原来的倾斜程度，平移到图纸上适当的地方，如图 5.12（b）所示；为了画图方便，在不引起误解时，还可把图形旋转到水平位置，表示该剖视图名称的大写字母应靠近旋转符号的箭头端，如图 5.12（c）所示。

③ 当斜剖视的剖面线与主要轮廓线平行时，剖面线可改为与水平线成 30°或 60°角，原图形中的剖面线仍与水平线成 45°，但同一机件中剖面线的倾斜方向应大致相同。

5.2.3.2　两个相交的剖切平面

当机件的内部结构形状用一个剖切平面不能表达完全，且这个机件在整体上又具有回转轴时，可用两个相交的剖切平面剖开，这种剖切方法称为旋转剖，如图 5.13 所示的俯视图为旋转剖切后所画出的全剖视图。

采用旋转剖面剖视图时，首先把由倾斜平面剖开的结构连同有关部分旋转到与选定的基本投影面平行，然后再进行投影，使剖视图既反映实形又便于画图。需要指出以下几点。

① 旋转剖必须标注，标注时，在剖切平面的起、止、转折处画上剖切符号，标上同一字母，并在起止画出箭头表示投影方向，在所画的剖视图的上方中间位置用同一字母写出其名称"×—×"，如图 5.13 所示。

② 在剖切平面后的其他结构一般仍按原来位置投影，如图 5.13 所示的小油孔的两个投影。

③ 当剖切后产生不完整要素时，应将该部分按不剖画出，如图 5.14 所示。

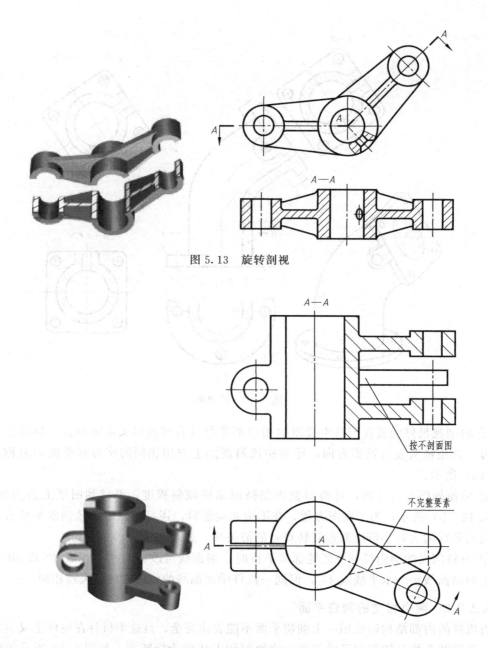

图 5.13　旋转剖视

按不剖面图

不完整要素

图 5.14　不完整要素的画法

5.2.3.3　几个平行的剖切平面

当机件上有较多的内部结构形状，而它们的轴线不在同一平面内时，可用几个互相平行的剖切平面剖切，这种剖切方法称为阶梯剖。如图 5.15（a）所示机件用了两个平行的剖切平面剖切后画出的"A—A"全剖视图。

采用阶梯剖面剖视图时，各剖切平面剖切后所得的剖视图是一个图形，不应在剖视图中画出各剖切平面的界线，如图 5.15（b）所示；在图形内也不应出现不完整的结构要素，如图 5.15（c）所示。

阶梯剖在标注时，相互平行的剖切平面的转折处的位置不应与视图中的粗实线（或虚

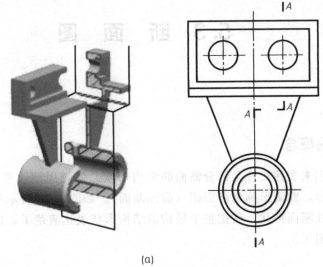

(a)

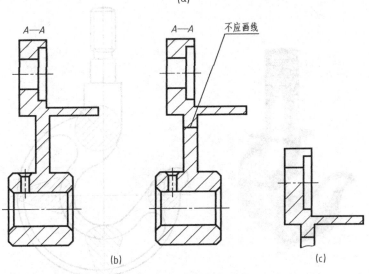

(b)　　　　　　　　　(c)

图 5.15　阶梯剖切的画法

线）重合或相交，如图 5.15 所示。当转折处的地方很小时，可省略字母。

■ 技能训练

1. 动动脑

（1）为什么画剖视图？剖视图有哪几种？

（2）剖切方法有哪几种？怎么标注？

2. 动动手

（1）完成所给视图的全剖或半剖视图。完成配套《习题指导》5-2 中的剖视图（一）的 1～4 题。

（2）局部剖视。完成配套《习题指导》5-3 中的剖视图（二）的 1～4 题。

（3）补全剖视图中所缺图线。完成配套《习题指导》5-4 中的剖视图（三）的 1～4 题。

（4）改错。完成配套《习题指导》5-5 中的剖视图（四）的 1～4 题。

5.3 断 面 图

5.3.1 断面的概念

断面图主要用来表达机件某部分断面的结构形状。假想用剖切平面把机件的某处切断，仅画出断面的图形，此图形称为断面图（简称断面）。如图 5.16 所示吊钩，只画了一个主视图，并画出了几处断面形状，就把整个吊钩的结构形状表达清楚了，比用多个视图或剖视图显得更为简便、明了。

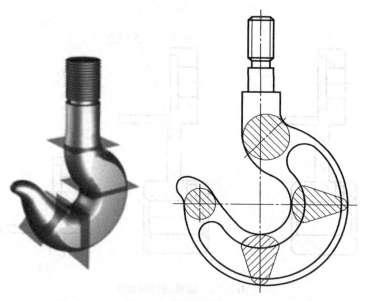

图 5.16 吊钩的断面

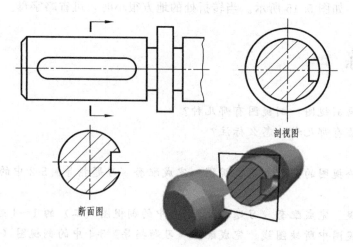

剖视图

断面图

图 5.17 断面和剖视

断面与剖视的区别在于：断面只画出剖切平面和机件相交部分的断面形状，而剖视则须把断面和断面后可见的轮廓线都画出来，如图 5.17 所示。

5.3.2　断面的种类

断面按其在图纸上配置的位置不同，分为移出断面和重合断面。

5.3.2.1　移出断面

移出断面是指画在视图轮廓线以外的断面，如图 5.18（a)~(d) 所示。

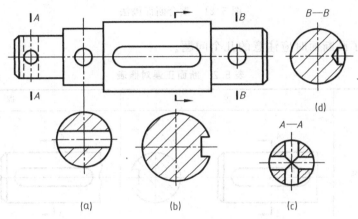

图 5.18　移出断面

移出断面的轮廓线用粗实线表示，图形位置应尽量配置在剖切位置符号或剖切平面迹线的延长线上（剖切平面迹线是剖切平面与投影面的交线），如图 5.18（a)、(b) 所示；也允许放在图上任意位置，如图 5.18（c)、(d) 所示。当断面图形对称时，也可将断面画在视图的中断处，如图 5.19 所示。

一般情况下，画断面时只画出剖切的断面形状，但当剖切平面通过机件上回转面形成的孔或凹坑的轴线时，按剖视画出，如图 5.18（a)~(d) 所示。当剖切平面通过非圆孔会导致出现完全分离的两个断面时，应按剖视画出，如图 5.20 所示。

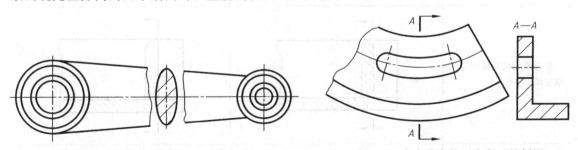

图 5.19　剖面图形配置在视图中断处　　　　图 5.20　完全分离的两个断面的剖视

5.3.2.2　重合断面

画在视图轮廓线内部的断面，称为重合断面，如图 5.21（a) 所示。

重合断面的轮廓线用细实线绘制，断面线应与断面图形的对称线或主要轮廓线成 45°。当视图的轮廓线与重合断面的图形线相交或重合时，视图的轮廓线仍要完整地画出，不得中断，如图 5.21（b) 所示的画法是错误的。

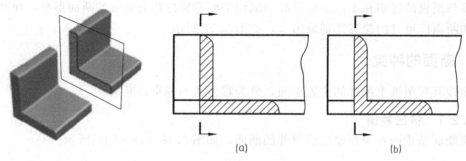

图 5.21　重合断面画法

表 5.2 列出了画断面时应注意的几个问题。

表 5.2　断面正误对照表

说　明	正	误
断面应符合投影关系		
当剖切平面通过回转面形成的孔（或凹坑）等结构时,按剖视画出（外轮廓封闭）		
重合断面的轮廓线应为细实线		
断面应与零件轮廓线垂直。如由两个或多个相交平面切出的移出断面,中间断开		

5.3.3 断面的标注

断面图的一般标注要求，见表5.3。

表5.3 断面的标注要求

断面种类及位置		移出断面		重合断面
		在剖切位置延长线上	不在剖切位置延长线上	
剖面图形	对称	省略标注[见图5.18(a)]，以断面中心线代替剖切位置线	画出剖切位置线，标注断面图名称[见图5.18(c)]	省略标注[见图5.21(b)]
	不对称	画出剖切位置线与表示投影方向的箭头[见图5.18(b)]	画出剖切位置线，并给出投影方向，标注断面图名称[见图5.18(d)]	画出剖切位置线与表示投影方向的箭头[见图5.21(a)]

■ 技能训练

1. 动动脑

（1）剖视图与断面图有何区别？

（2）断面图在工程图中如何配置与标注？什么情况下，断面按剖视绘制？

2. 动动手

（1）徒手绘图。徒手绘制表5.2中的断面正误对照，熟悉断面图相关知识。

（2）断面图。完成配套《习题指导》5-6中的断面图的1～4题。

◀ 5.4 其他表达方法 ▶

相关知识

5.4.1 断裂画法

对于较长的机件（如轴、连杆、筒、管、型材等），若沿长度方向的形状一致或按一定规律变化时，为节省图纸和画图方便，可将其断开后缩短绘制，但要标注机件的实际尺寸。

画图时，可用如图5.22所示的方法表示。折断处的表示方法，一种是用波浪线断开，如图5.22（a）所示拉杆轴套，另一种是用双点划线断开，如图5.22（b）所示阶梯轴。

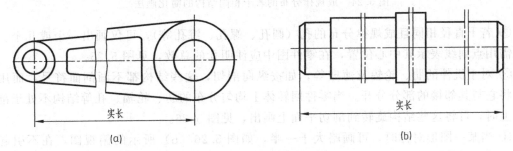

(a)	(b)

图5.22 各种断裂画法

5.4.2　局部放大图

当机件的某些局部结构较小，在原定比例的图形中不易表达清楚或不便标注尺寸时，可将此局部结构用较大比例单独画出，这种图形称为局部放大图，如图 5.23 所示，此时，原视图中该部分结构可简化表示。局部放大图可画成剖视、断面或视图。

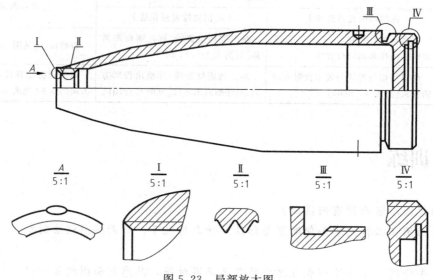

图 5.23　局部放大图

5.4.3　简化画法

① 当机件具有若干相同结构（齿、槽等），并按一定规律分布时，只需要画出几个完整的结构，其余用细实线连接，在零件图中则必须注明该结构的总数，见图 5.24。

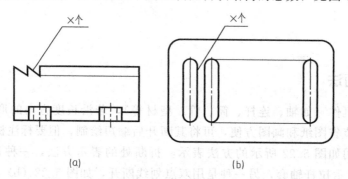

图 5.24　成规律分布的若干相同结构的简化画法

② 若干直径相同且成规律分布的孔（圆孔、螺孔、沉孔等），可仅画出一个或几个。其余只需用点划线表示其中心位置，在零件图中应注明孔的总数，见图 5.25。

③ 对于机件的肋、轮辐及薄壁等，如按纵向剖切，这些结构都不画剖面符号，而用粗实线将它与其邻接的部分分开。当零件回转体上均匀分布的肋、轮辐、孔等结构不处于剖切平面上时，可将这些结构旋转到剖切平面上画出，见图 5.26。

④ 当某一图形对称时，可画略大于一半，如图 5.26（b）所示的俯视图，在不引起误解时，对于对称机件的视图也可只画出一半或四分之一，此时必须在对称中心线的两端画出

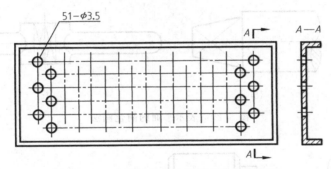

图 5.25　成规律分布的相同孔的简化画法

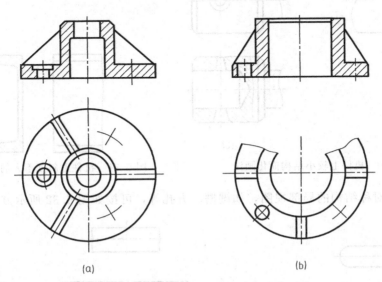

(a)　　　　　　　　　　　　　(b)

图 5.26　回转体上均匀分布的肋、孔的画法

两条与其垂直的平行细实线，见图 5.27。

　　⑤ 对于网状物、编织物或机件上的滚花部分，可以在轮廓线附近用细实线示意画出，并在图上或技术要求中注明这些结构的具体要求，如图 5.28 所示。

图 5.27　对称机件的简化画法　　　　　图 5.28　滚花的画法

　　⑥ 当图形不能充分表达平面时，可用平面符号（相交的两细实线）表示，见图 5.29。

　　⑦ 机件上的一些较小结构，如在一个图形中已表达清楚时，其他图形可简化或省略，见图 5.30。

　　⑧ 机件上斜度不大的结构，如在一个图形中已表达清楚时，其他图形可按小端画出，见图 5.31。

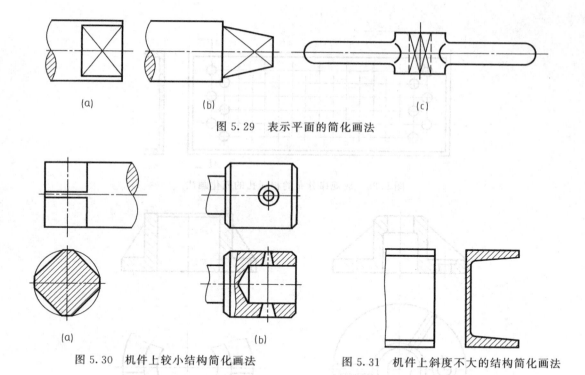

图 5.29　表示平面的简化画法

图 5.30　机件上较小结构简化画法

图 5.31　机件上斜度不大的结构简化画法

⑨ 零件上对称结构的局部视图，如键槽、方孔等，可按如图 5.32 所示方法表示。

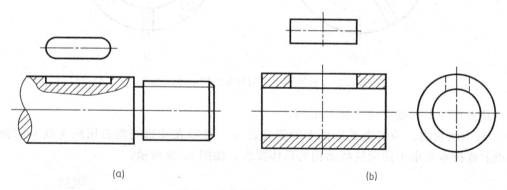

图 5.32　零件上对称结构局部剖视图的简化画法

■ 技能训练 ■

1. 动动脑

（1）常用的其他表达方法有哪几种？

（2）对于不同的零件结构，简化画法各有什么不同？

2. 动动手

（1）其他表达方法。完成配套《习题指导》5-7 中的 1～4 题。

（2）表达方法综合运用。完成配套《习题指导》5-8。

6.1 螺纹和螺纹紧固件

单元六

标准件和常用件

【学习目标】

通过本单元学习，要掌握螺纹连接、键连接、齿轮、轴承、弹簧等标准件和常用件的规定画法和标记。并掌握一些数据的查询方法。

【学习导读】

螺栓、螺钉、螺母和滚动轴承等是标准件，齿轮、弹簧和键属于常用件，本单元学习中，要注意对一些国家标准的正确理解和一些数据的查询方法。熟练掌握螺纹连接、键连接、齿轮啮合等装配结构的规定画法，为下一步学习装配图打下基础。

6.1 螺纹和螺纹紧固件

6.1.1 螺纹

螺纹在工程中应用很广，常用来连接机件和传递动力等。

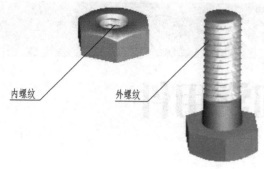

内螺纹　外螺纹

图 6.1　螺纹

6.1.1.1 螺纹的形成

螺纹是指在圆柱或圆锥表面上，沿螺旋线所形成的具有相同剖面的连续凸起，一般称其为"牙"。在外表面上加工的螺纹，称为外螺纹；在内表面上加工的螺纹，称为内螺纹，如图 6.1 所示。内外螺纹必须成对使用。

6.1.1.2 螺纹的结构

（1）螺纹末端

为了防止外螺纹起始圈损坏和便于装配，通常在螺纹起始处做出一定形式的末端，如图 6.2 所示。

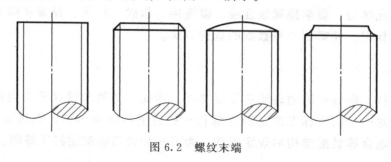

图 6.2　螺纹末端

（2）螺纹收尾、退刀槽和肩距

车削螺纹的刀具将近螺纹末尾时要逐渐离开工件，因而螺纹末尾附近的螺纹牙型不完整，如图 6.3（a）所示称为螺尾。有时为了避免产生螺尾，在该处预制出一个退刀槽，如图 6.3（b）、（c）所示。螺纹至台肩的距离称为肩距，如图 6.3（d）所示。

6.1.1.3 螺纹的要素

（1）螺纹牙型

螺纹牙型指在通过螺纹轴线的剖面上螺纹的轮廓形状，如图 6.4 所示。

（2）直径

大径是与外螺纹牙顶或内螺纹牙底相重合的假想圆柱的直径。小径是与外螺纹牙底或内螺纹牙顶相重合的假想圆柱的直径。中径也是假想圆柱的直径，该圆柱的母线通过牙型上的沟槽和凸起宽度相等的地方。

外螺纹的大、小、中径分别用符号 d、d_1、d_2 表示，内螺纹的大、小、中径则分别用

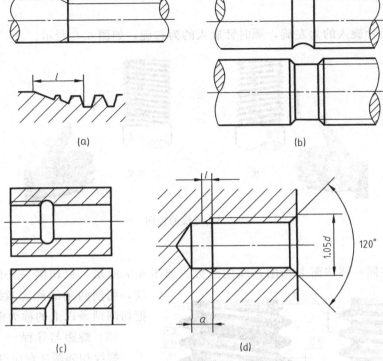

图 6.3 螺尾、退刀槽和肩距

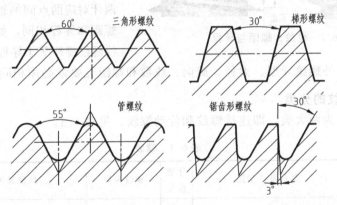

图 6.4 螺纹牙型

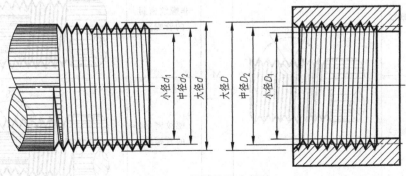

图 6.5 外螺纹和内螺纹

符号 D、D_1、D_2 表示，如图 6.5 所示。

（3）旋向

旋转时逆时针旋入的为左旋，顺时针旋入的为右旋，如图 6.6 所示。

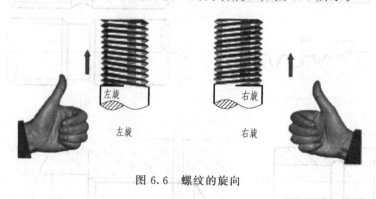

图 6.6　螺纹的旋向

（4）线数

线数是指在同一圆柱面上切削螺纹的条数。如图 6.7 所示，只切削一条的称为单线螺纹，切削两条的称为双线螺纹。通常把切削两条以上的称为多线螺纹。

（5）螺距与导程

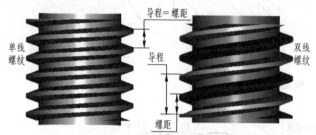

图 6.7　线数、螺距与导程

螺纹相邻两牙对应点间的轴向距离称为螺距。导程为同一条螺旋线上相邻两牙对应两点间的轴向距离。单线螺纹螺距和导程相同，如图 6.7 所示，而多线螺纹螺距等于导程除以线数。

使用时，内、外螺纹牙型、大径、旋向、线数和螺距五要素必须相同。

6.1.1.4　螺纹的分类

螺纹按用途分为两大类，即连接螺纹和传动螺纹，见表 6.1。

表 6.1　螺纹

螺纹分类	螺纹种类	外形及牙型图	牙型符号	螺纹种类	外形及牙型图	牙型符号
连接螺纹	粗牙普通螺纹	60°	M	非螺纹密封的管螺纹	55°	G
	细牙普通螺纹			螺纹密封的管螺纹	55°	R_C R_P R

螺纹分类	螺纹种类	外形及牙型图	牙型符号	螺纹种类	外形及牙型图	牙型符号
传动螺纹	梯形螺纹	30°	Tr	锯齿形螺纹	3° ‖ 30°	B

① 连接螺纹：常用的有四种标准螺纹，即：粗牙普通螺纹、细牙普通螺纹、管螺纹、锥管螺纹。

② 传动螺纹：传动螺纹是用作传递动力或运动的螺纹。

标准螺纹是指牙型、大径和螺距都符合国家标准的螺纹。若螺纹仅牙型符合标准，大径或螺距不符合标准者，称为特殊螺纹。牙型不符合标准者，称为非标准螺纹（如方牙螺纹）。

【案例 6-1】 已知粗牙普通螺纹的公称直径为 20mm，试查出它的小径应为多少？

案例解析 在附表 A-1 普通螺纹的基本尺寸中，竖向找公称直径 $d=20$mm，由公称直径 $d=20$mm 向右与螺纹小径 d_1 往下，相交处得 17.294mm，即为所求小径尺寸。

【案例 6-2】 试查出管螺纹尺寸代号为 $1''$（G$1''$）的螺纹大径、螺距和每 25.4mm 中的螺纹牙数。

案例解析 在附表 A-4 非螺纹密封的管螺纹中的螺纹尺寸代号 1 处，横向可找出所需的数据：螺纹大径 $d=33.249$mm，螺距 $P=2.309$mm、每 25.4mm 中的螺纹牙数 $n=11$。

【案例 6-3】 试查出公称直径 $d=36$mm 的梯形螺纹（Tr36），螺距 $P=6$mm 的中径、大径和小径。

案例解析 在附表 A-2 梯形螺纹中的公称直径为 36mm 处，在螺距 $P=6$ 的位置横向可找到所需数据：中径 $d_2=D_2=33$mm、大径 $D_4=37$mm、外螺纹小径 $d_3=29$mm、内螺纹小径 $D_1=30$mm。

6.1.1.5 螺纹的规定标注

国标规定标注：螺纹的牙型符号、公称直径×导程（螺距）、旋向、螺纹的公差带代号、螺纹旋合长度代号。各种螺纹的标注内容和方法，如表 6.2 所示。

表 6.2 各种螺纹的标注内容与标注方法

类型	图 例	说 明
普通螺纹（单线）	1. 粗牙普通螺纹 M10-5g6g-S M10LH-7H-L M10-5g6g-S	a. 不注螺距；右旋省略不注，左旋要标注 b. 一般不注螺纹旋合长度，其螺纹公差带按中等旋合长度确定

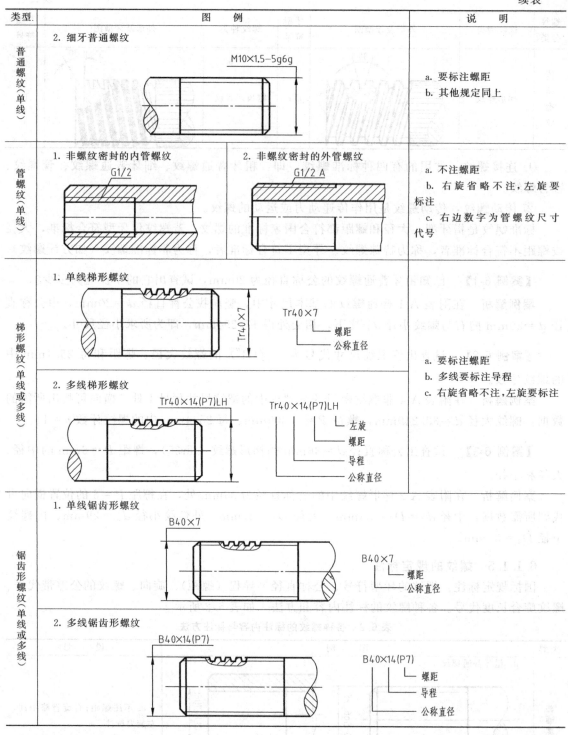

类型	图例	说明
普通螺纹（单线）	2. 细牙普通螺纹 M10×1.5-5g6g	a. 要标注螺距 b. 其他规定同上
管螺纹（单线）	1. 非螺纹密封的内管螺纹 G1/2　　2. 非螺纹密封的外管螺纹 G1/2 A	a. 不注螺距 b. 右旋省略不注，左旋要标注 c. 右边数字为管螺纹尺寸代号
梯形螺纹（单线或多线）	1. 单线梯形螺纹 Tr40×7　螺距　公称直径 2. 多线梯形螺纹 Tr40×14(P7)LH　左旋　螺距　导程　公称直径	a. 要标注螺距 b. 多线要标注导程 c. 右旋省略不注，左旋要标注
锯齿形螺纹（单线或多线）	1. 单线锯齿形螺纹 B40×7　螺距　公称直径 2. 多线锯齿形螺纹 B40×14(P7)　螺距　导程　公称直径	

其中，螺纹公差带是由表示其大小的公差等级数字和基本偏差代号所组成（内螺纹用大写字母，外螺纹用小写字母）。如果中径与顶径公差带代号相同，则只注一个代号，如：M10×1-5H。表示螺纹的旋合长度规定为短（S）、中（M）、长（L）三种。在一般情况下，不标注螺纹旋合长度。必要时，加注旋合长度代号 S 或 L，中等旋合长度可省略不注。标注

特殊螺纹时其牙型代号前应加注"特"字。

6.1.1.6 螺纹的规定画法

（1）外螺纹

国标规定，螺纹的牙顶（大径）及螺纹终止线用粗实线表示，牙底（小径）用细实线表示，在平行于螺杆轴线的投影面的视图中，螺杆的倒角或倒圆部分也应画出，在垂直于螺纹轴线的投影面的视图中，表示牙底的细实线圆只画约 3/4 圈，此时螺纹的倒角圆规定省略不画，如图 6.8 所示。

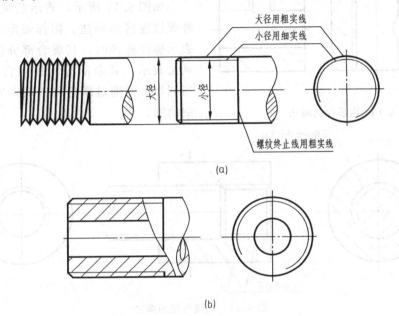

图 6.8 外螺纹的画法

（2）内螺纹

如图 6.9 所示是内螺纹的画法。剖开表示时［图 6.9（a）］，牙底（大径）为细实线，牙顶（小径）及螺纹终止线为粗实线。不剖开时［图 6.9（b）］，牙底、牙顶和螺纹终止线皆为虚线。在垂直于螺纹轴线的投影面的视图中，牙底仍画成约为 3/4 圈的细实线，并规定螺纹孔的倒角圆也省略不画。

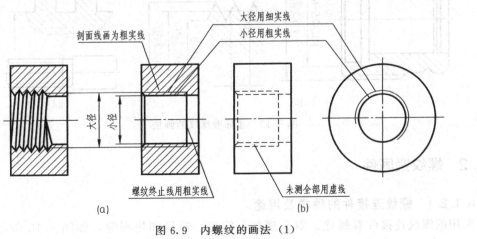

图 6.9 内螺纹的画法（1）

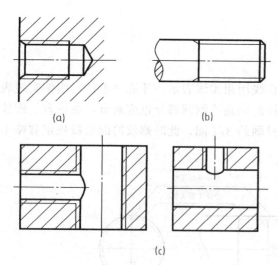

(a)　(b)

(c)

图 6.10　内螺纹的画法（2）

绘制不穿通的螺孔时，一般应将钻孔深度和螺纹部分的深度分别画出，如图 6.10（a）所示。当需要表示螺纹收尾时，螺尾部分的牙底用与轴线成 30°的细实线表示，如图 6.10（b）所示。图 6.10（c）为螺纹孔中相贯线的画法。

（3）内、外螺纹连接的画法

如图 6.11 所示，表示装配在一起的内、外螺纹连接的画法。国标规定，在剖视图中表示螺纹连接时，其旋合部分应按外螺纹的画法表示，其余部分仍按各自的画法表示。当剖切平面通过螺杆轴线时，实心螺杆按不剖绘制。

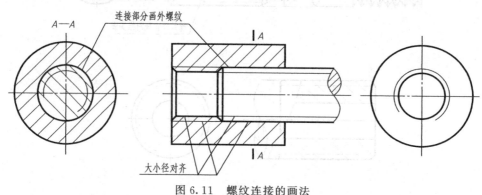

图 6.11　螺纹连接的画法

（4）非标准螺纹的画法

画非标准牙型的螺纹时，应画出螺纹牙型，并标出所需的尺寸及有关要求，如图 6.12 所示。

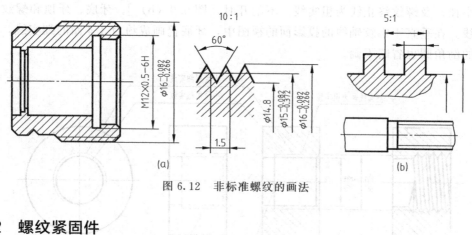

图 6.12　非标准螺纹的画法

6.1.2　螺纹紧固件

6.1.2.1　螺纹连接件的种类及用途

常用的螺纹连接件有螺栓、双头螺柱、螺钉、螺母和垫圈等，如图 6.13 所示。螺栓、

六角头螺栓　　　　双头螺柱　　　　六角螺母　　　　六角开槽螺母

内六角圆柱头螺钉　　开槽圆柱头螺钉　　半圆头螺钉　　　开槽沉头螺钉

平垫圈　　　　弹簧垫圈　　　圆螺母用止动垫圈　　　圆螺母　　　　紧定螺钉

图 6.13　常用的螺纹连接件

双头螺柱和螺钉都是在圆柱上切削出螺纹，起连接作用的，其长短决定于被连接零件的有关厚度。

螺栓用于被连接件允许钻成通孔的情况，如图 6.14 所示。双头螺柱用于被连接零件之一较厚或不允许钻成通孔的情况，故两端都有螺纹，一端螺纹用于旋入被连接零件的螺孔内，如图 6.15 所示。螺钉则用于不经常拆开和受力较小的连接中，按其用途可分为连接螺钉（图 6.16）和紧定螺钉（图 6.17）。

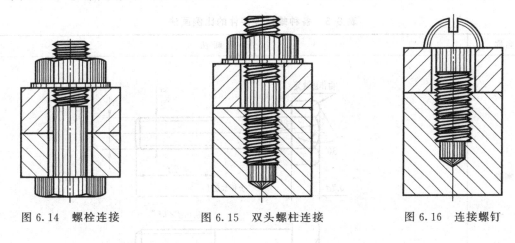

图 6.14　螺栓连接　　　　图 6.15　双头螺柱连接　　　　图 6.16　连接螺钉

6.1.2.2　螺纹连接件的规定标记

标准的螺纹连接件，都有规定的标记，标记的内容有：名称、标准编号、螺纹规格×公称长度。举例如下：

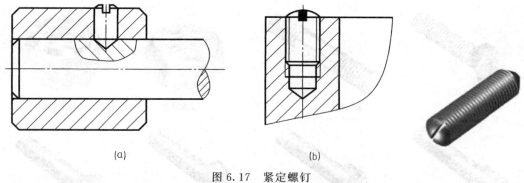

(a)   (b)

图 6.17　紧定螺钉

① 螺栓。GB/T 5782—2000-M12×80 表示：螺纹规格 d＝M12、公称长度 l＝80mm、性能等级为 8.8 级、A 级的六角头螺栓。

② 螺柱。GB/T 897—1988-AM10×50 表示：两端均为粗牙普通螺纹、螺纹规格 d＝M10、公称长度 l＝50mm、性能等级为 4.8 级、A 级、b_m＝d 的双头螺柱。

③ 螺钉。GB/T 65—2000-M5×20 表示：螺纹规格为 d＝M5、公称长度 l＝20mm、性能等级为 4.8 级的开槽圆柱头螺钉。

④ 螺母。GB/T 6170—2000-M12 表示：螺纹规格 d＝M12、性能等级为 10 级、不经表面处理、A 级的 1 型六角螺母。

⑤ 垫圈。GB/T 97.1—2002-140HV 表示：公称尺寸 d＝8mm、性能等级为 140HV、不经表面处理的平垫圈。

6.1.2.3　螺纹连接件的画法

为了提高画图速度，螺纹连接件各部分的尺寸（除公称长度外）都可用 d（或 D）的一定比例画出，称为比例画法（也称简化画法）。画图时，螺纹连接件的公称长度 l 仍由被连接零件的有关厚度决定。

各种常用螺纹连接件的比例画法，如表 6.3 所示。

表 6.3　各种螺纹连接件的比例画法

名称	比 例 画 法
螺栓	由作图决定　1.5d　0.85d　d　30°　0.7d　2d　公称长度 l 0.15d×45°

名称	比 例 画 法
螺母	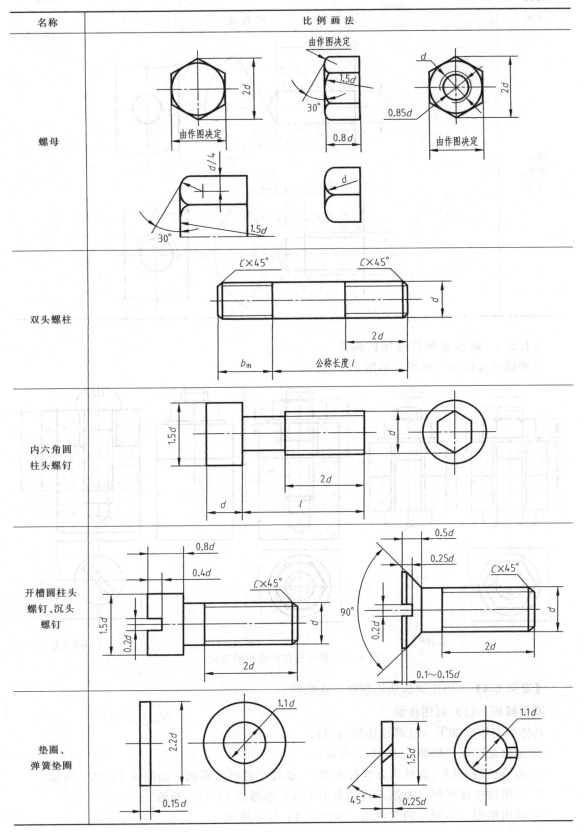
双头螺柱	
内六角圆柱头螺钉	
开槽圆柱头螺钉、沉头螺钉	
垫圈、弹簧垫圈	

名称	比 例 画 法
钻孔、 螺孔、 光孔	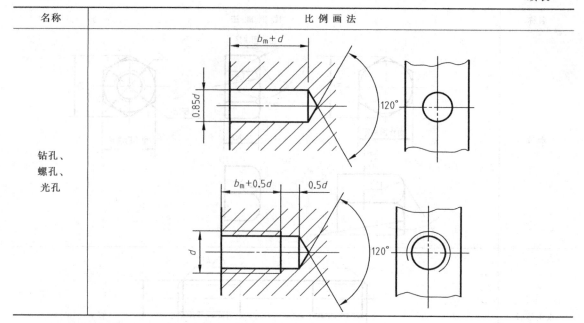

6.1.2.4 螺纹连接件连接的画法

三种螺纹连接的三视图，如图 6.18 所示。

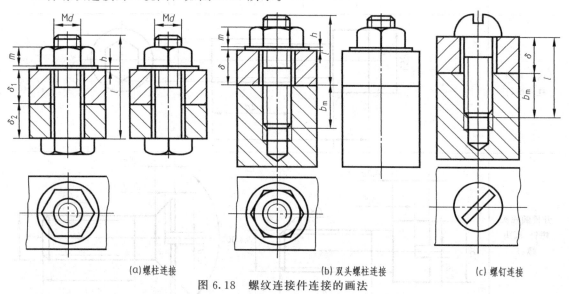

(a)螺柱连接　　　　(b)双头螺柱连接　　　　(c)螺钉连接

图 6.18　螺纹连接件连接的画法

【案例 6-4】　用比例画法绘制螺纹连接件。

案例解析　（1）画图步骤

具体画图步骤如下（以螺栓连接为例）。

① 定出基准线，如图 6.19（a）所示。

② 画螺栓两视图（螺栓为标准件不剖），螺纹小径可暂不画，如图 6.19（b）所示。

③ 画出被连接两板（要剖，孔径为 1.1d），如图 6.19（c）所示。

④ 画出垫圈（不剖）的三视图，如图 6.19（d）所示。

⑤ 画出螺母（不剖）的三视图，在俯视图中应画螺栓，如图 6.19 （e）所示。

⑥ 画出剖开处的剖面线（注意剖面线的方向、间隔），补全螺母的截交线，全面检查，描深，如图 6.19 （f）所示。

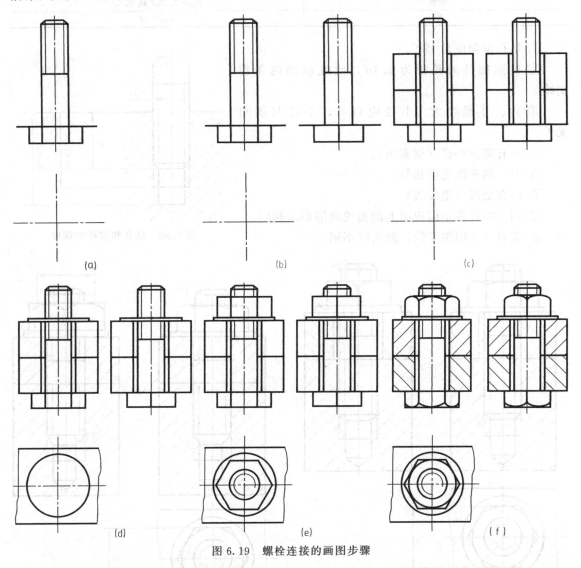

图 6.19　螺栓连接的画图步骤

（2）螺纹连接件公称长度 l 的确定

由图 6.18 （a）可看出，l 的大小可按下式计算：$l > \delta_1 + \delta_2 + h + m$，一般螺栓末端伸出螺母约 $0.3d$。在标准件公称长度 l 常用数列中可查出。

双头螺柱的公称长度 l 是指双头螺柱上无螺纹部分长度与拧螺母一侧螺纹长度之和，而不是双头螺柱的总长。由图 6.18 （b）中可看出：$l > \delta + h + m$，双头螺柱及螺钉的旋入端长度 b_m 可按表 6.4 选取。

螺孔深度一般取 $b_m + 0.5d$，钻孔深度一般取 $b_m + d$，如图 6.20 所示。

（3）画螺纹连接件连接的注意点

螺纹连接件连接的画法比较烦琐，容易出错。下面以双头螺柱连接图为例作正误对比（图 6.21）。

表 6.4　旋入端长度

被旋入零件的材料	旋入端长度 b_m
钢、青铜	$b_m = d$
铸铁	$b_m = 1.25d$ 或 $1.5d$
铝	$b_m = 2d$

① 钻孔锥角应为120°。

② 被连接件的孔径为 $1.1d$，此处应画两条粗实线。

③ 内、外螺纹大、小径应对齐，小径与倒角无关。

④ 应有螺纹小径（细实线）。

⑤ 左、俯视图宽应相等。

⑥ 应有交线（粗实线）。

⑦ 同一零件在不同视图上剖面线间隔都应相同。

⑧ 应有3/4圈细实线，倒角圆不画。

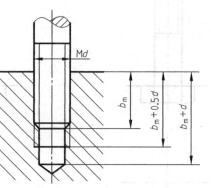

图 6.20　钻孔和螺孔的深度

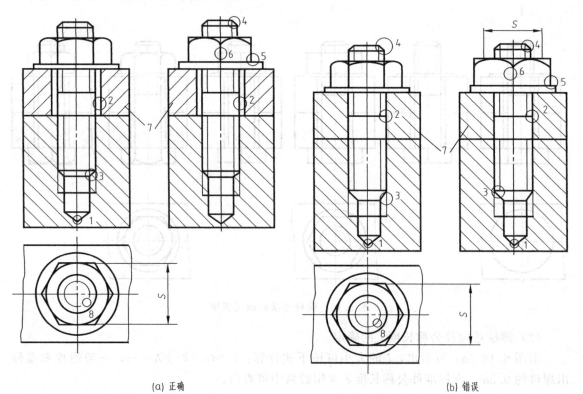

(a) 正确　　　　　　　　　　　　　　　(b) 错误

图 6.21　双头螺柱连接的画法

■ 技能训练

1. 动动脑

（1）螺纹的要素有哪几个？内、外螺纹连接，其要素应符合哪些要求？

（2）常用的标准螺纹有哪几种？试述螺纹的规定画法。

（3）常见的螺纹连接件有哪些？如何绘制螺纹连接的装配？

2. 动动手

（1）判断正误，并改错。完成配套《习题指导》6-1、6-4 中的 1～4 题。

（2）标注螺纹代号。完成配套《习题指导》6-2、6-3 中的 1～6 题。

（3）螺纹连接件。完成配套《习题指导》6-5、6-6、6-7、6-8、6-9 中的相关习题。

◀▶▶ 6.2 键 和 销 ◀◀◀

相关知识

6.2.1 键

6.2.1.1 键的类型

在机械设备中键主要用于连接轴和轴上的零件（如齿轮、皮带轮等）以传递转矩，也有的键具有导向的作用，如图 6.22 所示。

常用的键有普通平键、半圆键和钩头楔键等，其中普通平键最常用。画图时可根据有关标准查得相应的尺寸及结构。键的型式、标准、画法及标记示例见表 6.5。

表 6.5　键的型式、标准、画法及标记

名称	标准号	图例	标记示例	立体图
普通平键	GB/T 1096—2003	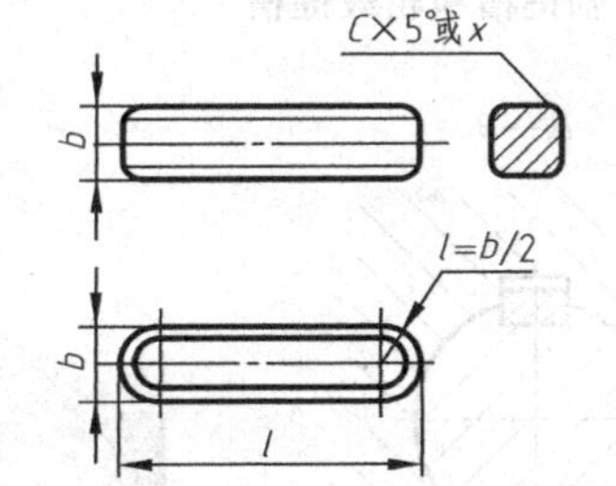	$b=18$mm，$h=11$mm，$l=100$mm 的圆头普通平键（A 型）：键 18×100 GB/T 1096—2003	
半圆键	GB/T 1099.1—2003	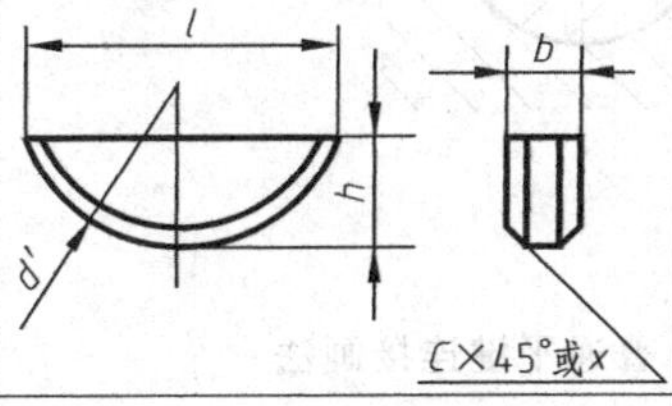	$b=6$mm，$h=10$mm，$d_1=25$mm，$l≈24.5$mm 的半圆键：键 6×25 GB/T 1099.1—2003	
钩头楔键	GB/T 1565—2003	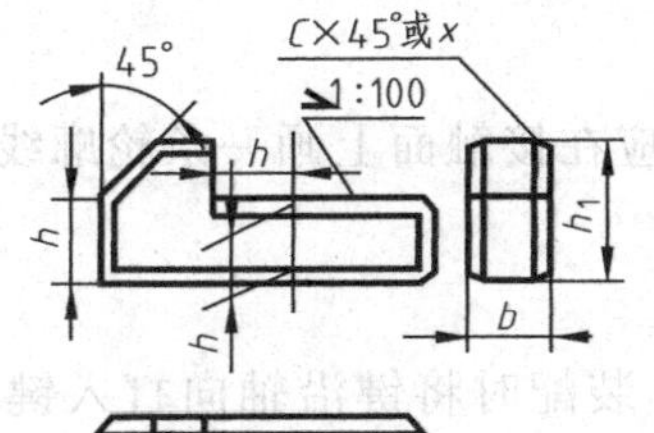	$b=18$mm，$h=11$mm，$l=100$mm 的钩头楔键：键 18×100 GB/T 1565—2003	

6.2.1.2 键连接画法

(1) 普通平键连接画法

用于放置键的轴键槽和轮毂键槽的尺寸可查附表 B-12 得到。在轴键槽的剖面图中应标注键宽 b 和键槽深 $d-t_1$，轮毂键槽应注出键宽 b 和键槽深 $d+t_2$，如图 6.23 所示。

连接时，键的两侧面与轴和轮毂的键槽侧面相接触，而上底面与轮毂键槽的顶面之间则留有间隙。因此，在其键连接的画法中，键两侧与轮毂键槽应接触，画成一条线，而键的顶面与键槽不接触，画成两条线，如图 6.24 所示。

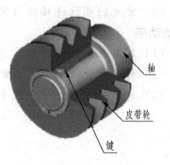

图 6.22　键

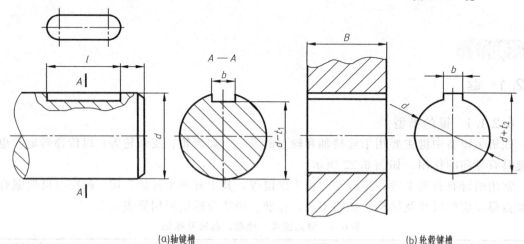

(a)轴键槽　　　　　　　　　　　　　　(b)轮毂键槽

图 6.23　轴键槽和轮毂键槽

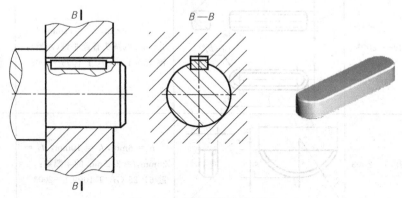

图 6.24　普通平键连接画法

(2) 半圆键连接画法

半圆键的两侧面为键的工作表面，只应在接触面上画一条轮廓线。键的上表面与轮毂之间的间隙应画出来，见图 6.25。

(3) 钩头楔键连接画法

钩头楔键的上顶面有 1∶100 的斜度，装配时将键沿轴向打入键槽中。钩头楔键是靠上下表面与轮毂键槽和轴键槽之间的摩擦力将二者连接。因而装配图中键的上下表面没有间隙，见图 6.26。

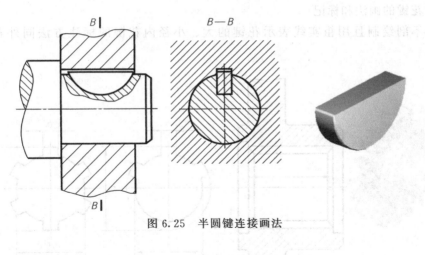

图 6.25　半圆键连接画法

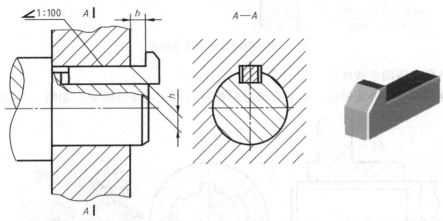

图 6.26　钩头楔键连接画法

6.2.1.3　花键连接

由于花键传递的转矩大且具有很好的导向性，因而在各种机械的变速箱中被广泛应用。除了矩形花键外，还有梯形、三角形和渐开线等形状。

（1）外花键的画法和标记

大径用粗实线，小径用细实线，若为纵向剖切，键齿按不剖绘制，如图 6.27 所示。

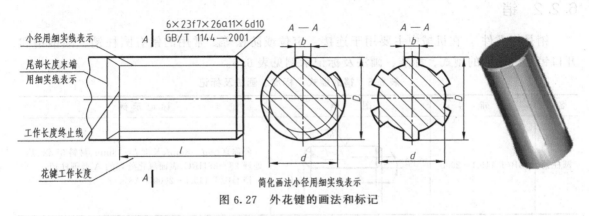

图 6.27　外花键的画法和标记

（2）内花键的画法和标记

键齿按不剖绘制且用粗实线表示花键的大、小径内花键的标注方法同外花键，如图6.28 所示。

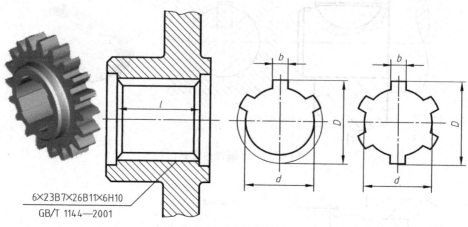

6×23B7×26B11×6H10
GB/T 1144—2001

图 6.28　内花键的画法和标记

（3）矩形花键的连接画法

花键连接部分按外花键画，不重合部分则按各自的规定画法绘制，如图 6.29 所示。

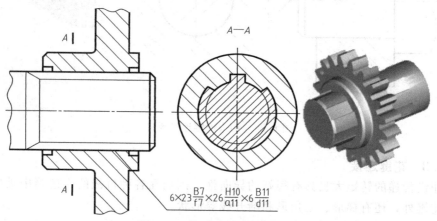

$6 \times 23 \dfrac{B7}{f7} \times 26 \dfrac{H10}{a11} \times 6 \dfrac{B11}{d11}$

图 6.29　矩形花键的连接画法

6.2.2　销

销是标准件，在机械中主要用于连接、定位或防松等。常用的销有圆柱销、圆锥销和开口销等，它们的型式、标准、画法及标记示例见表 6.6。

表 6.6　销的型式、标准、画法及标记

名称	标　准　号	图　　　例	标　记　示　例
圆柱销	GB/T 119.1—2000	*Ra* 0.8　*r=d*　15°　*c*　*l*　*a*	公称直径 $d=8$mm、长度 $l=18$mm、材料 35 钢、热处理 28～38HRC、表面氧化处理的 A 型圆柱销： 销 GB/T 119.1—2000　A8×18

名称	标准号	图例	标记示例
圆锥销	GB/T 117—2000		公称直径 $d=10$mm、长度 $l=60$mm、材料为 35 钢、热处理硬度为 $28\sim38$HRC、表面氧化处理的 A 型圆锥销： 销 GB/T 117—2000　A10×60
开口销	GB/T 91—2000		公称直径 $d=5$mm、长度 $l=50$mm、材料为低碳钢不经表面处理的开销： 销 GB/T 91—2000　5×50

6.2.2.1　圆柱销

常用的圆柱销分为不淬硬钢圆柱销和淬硬钢圆柱销两种。不淬硬钢圆柱销直径公差有 m6 和 h8 两种，淬硬钢圆柱销直径公差只有 m6 一种。淬硬钢圆柱销因淬火方式不同分为 A 型（普通淬火）和 B 型（表面淬火）两种。

圆柱销一般用于机件的定位或连接，它在装配图中的画法见图 6.30。

当被连接的某零件的孔不通时，可采用内螺纹圆柱销来连接。内螺纹圆柱销分为不淬硬钢内螺纹圆柱销和淬硬钢内螺纹圆柱销两种。它们的直径公差均为 m6。淬硬钢内螺纹圆柱销因淬火方式不同也分为 A 型（普通淬火）和 B 型（表面淬火）两种。

在某些连接要求不高的场合，还可采用拆卸方便的弹性圆柱销。弹性圆柱销具有弹性，在销孔中始终保持张力，紧贴孔壁，不易松动，且这种销对销孔表面要求不高，因此，其使用日益广泛。

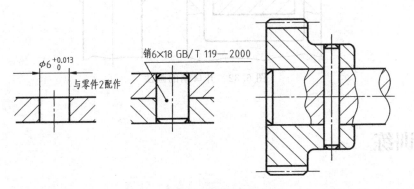

图 6.30　圆柱销的画法和标记

6.2.2.2　圆锥销

常用的圆锥销分为 A 型（磨削）和 B 型（切削或冷镦）两种，其公称直径是小头的直径。圆锥销一般用于机件的定位，它在装配图中的画法见图 6.31。

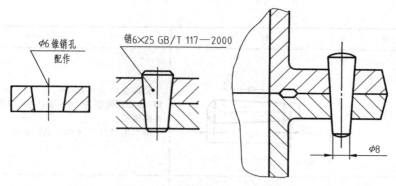

图 6.31 圆锥销的画法和标记

提示与技巧

✓用销连接（或定位）的两零件上的孔，一般是在装配时一起配钻的。因此，在零件图上标注销孔尺寸时，应注明"配作"字样。

6.2.2.3 开口销

开口销在装配图中的画法见图 6.32。

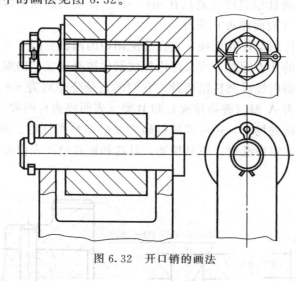

图 6.32 开口销的画法

技能训练

1. 动动脑

（1）键连接起什么作用？常用的键有哪些类型？

（2）销连接起什么作用？常用的销有哪些类型？

2. 动动手

（1）键连接。完成配套《习题指导》中 6-10、6-12 1 题的相关习题。

（2）销连接。完成配套《习题指导》中 6-11、6-12 2 题的相关习题。

▶ 6.3 齿 轮 ◀

6.3.1 齿轮基本知识

齿轮传动在机械中被广泛应用，常用它来传递动力、改变旋转速度与旋转方向。齿轮的种类很多，常见的齿轮传动形式有：

圆柱齿轮——用于平行两轴间的传动。如图 6.33（a）、（b）所示。

圆锥齿轮——用于相交两轴间的传动。如图 6.33（c）所示。

蜗杆与蜗轮——用于交叉两轴间的传动。如图 6.33（d）所示。

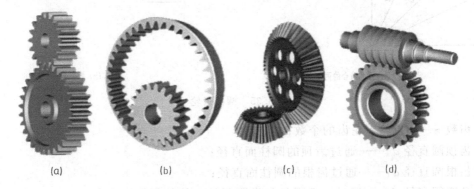

(a)   (b)   (c)   (d)

图 6.33 常见的齿轮传动形式

轮齿
轮缘
轮辐
轮毂

图 6.34 齿轮

齿轮一般由轮体和轮齿两部分组成，轮体又包括轮缘、轮辐和轮毂，如图 6.34 所示，轮体根据设计要求有平板式、轮辐式、辐板式等。轮齿部分齿廓曲线可以是渐开线、摆线、圆弧，最常用的是渐开线齿形。轮齿方向有直齿、斜齿、人字齿等。轮齿有标准与变位之分，具有标准轮齿的齿轮称标准齿轮。

6.3.2 直齿圆柱齿轮

直齿圆柱齿轮简称直齿轮，其齿向与齿轮轴线平行，在齿轮传动中应用最广。

6.3.2.1 圆柱齿轮的相关概念和尺寸关系

圆柱齿轮的齿轮相关概念和尺寸关系如图 6.35 所示。

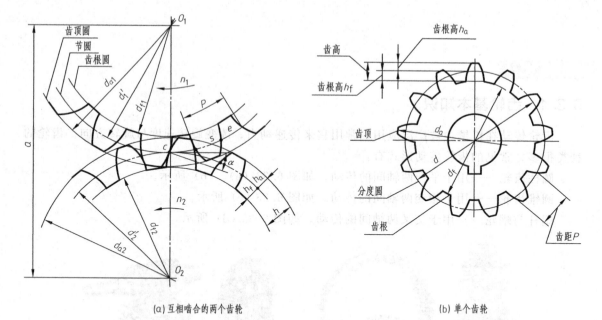

(a) 互相啮合的两个齿轮　　　　　　(b) 单个齿轮

图 6.35　圆柱齿轮

① 齿数 z——齿轮上轮齿的个数；

② 齿顶圆直径 d_a——通过齿顶的圆柱面直径；

③ 齿根圆直径 d_f——通过齿根的圆柱面直径；

④ 分度圆直径 d——通过齿隙弧长与齿厚弧长相等的圆柱面直径，分度圆直径 d 是齿轮设计和加工时的重要参数；

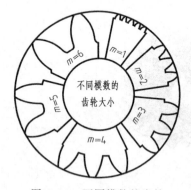

图 6.36　不同模数的齿轮

⑤ 齿高 h——齿顶圆与齿根圆之间的径向距离；

⑥ 齿顶高 h_a——齿顶圆和分度圆之间的径向距离；

⑦ 齿根高 h_f——齿根圆与分度圆之间的径向距离；

⑧ 齿距 p——分度圆上相邻两齿廓对应点之间的弧长；

⑨ 齿厚 s——分度圆上轮齿的弧长；

⑩ 模数 m——由于分度圆的周长 $\pi d = pz$，所以 $d = z \times p/\pi$，令 $m = p/\pi$，m 称为齿轮的模数，模数是齿轮设计和制造的重要参数，齿数一定时模数越大，轮齿的尺寸越大，齿轮的承载能力越大，如图 6.36 所示，模数的单位为 mm，其值已经标准化，见表 6.7；

表 6.7　齿轮模数系列（GB/T 1357—1987）　　　　　　　单位：mm

第一系列	1	1.25	1.5	2	2.5	3	4	5	6	8	10	12	16	20	25	32	40	50
第二系列	1.75	2.25	2.75	(3.25)	3.5(3.75)	4.5	5.5(6.5)	7	9	(11)	14	18	22	28	(30)	36	45	

注：1. 优先选用第一系列，括号内的数值尽可能不用。

2. $m = 1$mm，属于小模数齿轮的模数系列。

⑪ 压力角 α——齿轮啮合时，在分度圆上啮合点的法线方向与该点的瞬时速度方向所夹的锐角；

⑫ 标准压力角 $\alpha = 20°$；

⑬ 中心距 a——两圆柱齿轮轴线间的距离。

标准直齿圆柱齿轮计算公式见表 6.8。

表 6.8 标准直齿圆柱齿轮各部分尺寸计算

序号	名称	符号	计算公式	说　明
1	齿数	z	根据设计要求或测绘而定	z、m 是齿轮的基本参数，设计计算时，先确定 m、z，然后得出其他各部分尺寸
2	模数	m	$m = p/\pi$ 根据强度计算或测绘而得	
3	分度圆直径	d	$d = mz$	
4	齿顶圆直径	d_a	$d_a = d + 2h_a = m(z + 2)$	齿顶高 $h_a = m$
5	齿根圆直径	d_f	$d_f = d - 2h_f = m(z - 2.5)$	齿根高 $h_f = 1.25m$
6	齿宽	b	$b = 2p \sim 3p$	齿距 $p = \pi m$
7	中心距	a	$a = \dfrac{d_1 + d_2}{2} = \dfrac{m}{2}(z_1 + z_2)$	

6.3.2.2　单个圆柱齿轮的画法

国家标准规定齿轮画法如图 6.37（a）所示，齿顶圆（线）用粗实线表示，分度圆（线）用细点画线表示，齿根圆（线）用细实线表示，其中齿根圆和齿根线可省略。在剖视图中，当剖切平面通过齿轮的轴线时，轮齿一律按不剖处理，并将齿根线用粗实线绘制，如图 6.37（b）所示。当轮齿有倒角时，在端面视图上倒角圆规定不画。若齿轮为斜齿或人字齿，则齿轮的径向视图可画成半剖视图或局部剖视图，并用三条细实线表示轮齿的方向，如图 6.37（c）、（d）所示。圆柱齿轮的零件如图 6.38 所示。

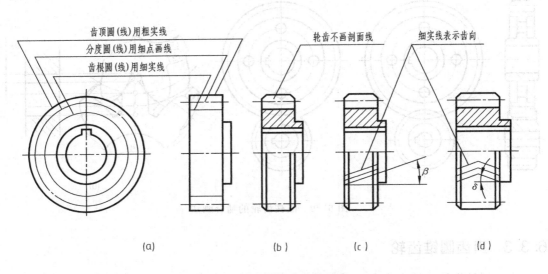

图 6.37　单个圆柱齿轮的画法

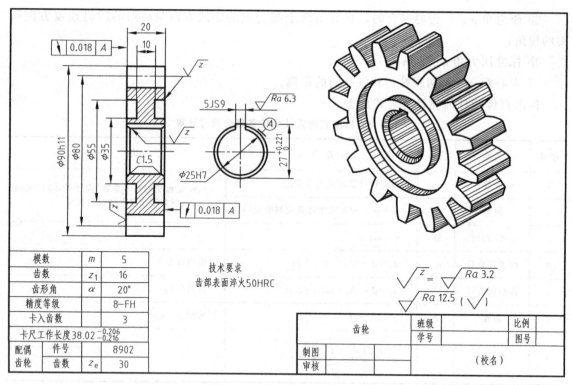

模数	m	5
齿数	z_1	16
齿形角	α	20°
精度等级		8–FH
卡入齿数		3
卡尺工作长度38.02$_{-0.216}^{-0.206}$		
配偶	件号	8902
齿轮	齿数 z_e	30

技术要求
齿部表面淬火50HRC

$$\sqrt{\frac{z}{}} = \sqrt{Ra\ 3.2}$$
$$\sqrt{Ra\ 12.5}\ (\sqrt{})$$

	齿轮	班级		比例	
		学号		图号	
		制图			
		审核		(校名)	

图 6.38　直齿圆柱齿轮零件

6.3.2.3　圆柱齿轮的啮合画法

两个圆柱齿轮的啮合画法一般用两个视图表达。在垂直于圆柱齿轮轴线的投影面的视图中，啮合区内的齿顶圆均用粗实线绘制，可省略不画，如图 6.39（a）所示。

在圆柱齿轮啮合的剖视图中，当剖切平面通过两啮合齿轮轴线时，在啮合区内，将一个齿轮的轮齿用粗实线绘制，另一个齿轮的轮齿被遮挡的部分用虚线绘制，也可省略不画。啮合区的投影对应关系如图 6.39（b）所示。

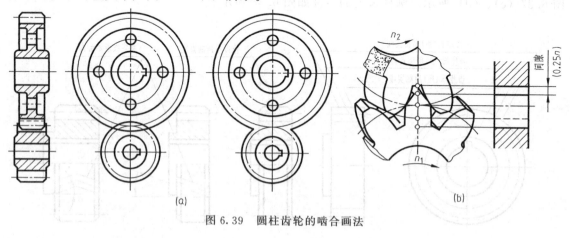

图 6.39　圆柱齿轮的啮合画法

6.3.3　直齿圆锥齿轮

由于圆锥齿轮的轮齿分布在圆锥面上，所以轮齿沿圆锥素线方向的大小不同，模数、齿数、齿高、齿厚也随之变化，通常规定以大端参数为准。

6.3.3.1 圆锥齿轮相关概念和尺寸关系

圆锥齿轮的相关概念和尺寸关系如图 6.40 所示。

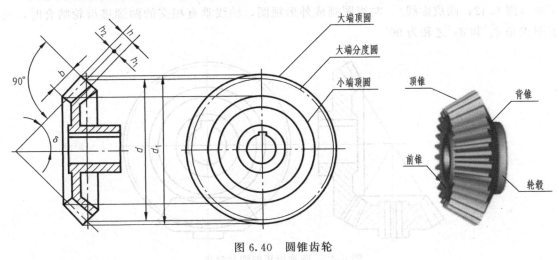

图 6.40 圆锥齿轮

圆锥齿轮的形体结构由前锥、顶锥和背锥等组成。由于圆锥齿轮的轮齿在锥面上，所以齿形和模数沿轴向变化。圆锥齿轮大端的法向模数为标准模数，法向齿形为标准渐开线。

6.3.3.2 圆锥齿轮的规定画法

圆锥齿轮大端法线方向的参数计算与圆柱齿轮相同。线型要求同圆柱齿轮，其作图步骤如图 6.41 所示。

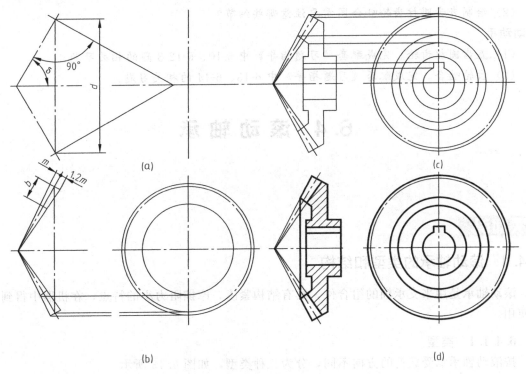

图 6.41 圆锥齿轮的规定画法

6.3.3.3 圆锥齿轮的啮合画法

主视图画成剖视图，由于两齿轮的分度圆锥面相切，其分度线重合，画成点画线；在啮合区内，应将其中一个齿轮的齿顶线画成粗实线，而将另一个齿轮的齿顶线画成虚线或省略不画（图6.42，画成虚线）。左视图画成外形视图，轴线垂直相交的两圆锥齿轮啮合时，两节圆锥角 $\delta_1{}'$ 和 $\delta_2{}'$ 之和为 $90°$。

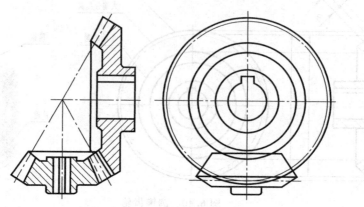

图 6.42　圆锥齿轮的啮合画法

■ 技能训练

1. 动动脑

（1）常见的齿轮传动形式有哪些？

（2）绘制直齿圆柱齿轮啮合图需要注意哪些细节？

2. 动动手

（1）直齿圆柱齿轮。完成配套《习题指导》中6-10、6-12 3题的相关习题。

（2）齿轮啮合。完成配套《习题指导》中6-13、6-14的相关习题。

◀ 6.4　滚　动　轴　承 ▶

相关知识

6.4.1　滚动轴承的类型和结构

滚动轴承是用来支承轴的组合件，具有结构紧凑，摩擦阻力小的特点，在机器中得到广泛使用。

6.4.1.1　类型

按滚动轴承承受载荷的方向不同，分为三种类型，如图6.43所示。

① 向心球轴承——主要承受径向载荷；

② 推力轴承——只承受轴向载荷；

③ 向心推力轴承——同时承受轴向和径向载荷，如圆锥滚子轴承。

(a) 向心球轴承　　　　　　　　　(b) 推力轴承　　　　　　　　　(c) 滚子轴承

图 6.43　滚动轴承

6.4.1.2　结构

滚动轴承的结构可以分为四个部分，如图 6.43（c）所示。

① 外圈——装在机体或轴承座内，一般是固定不动的；

② 内圈——装在转轴上，与轴一起转动；

③ 滚动体——装在内、外圈之间的滚道中，有滚珠、滚柱和滚锥等类型；

④ 保持架——用以均匀分隔滚动体。

6.4.2　滚动轴承的代号

滚动轴承的类型和尺寸很多，为了便于设计、生产和选用，我国在 GB/T 272—93 中规定，一般用途的滚动轴承代号由基本代号、前置代号和后置代号构成，其排列顺序为：前置代号、基本代号、后置代号。

6.4.2.1　基本代号

基本代号表示轴承的基本类型、结构和尺寸，是轴承代号的基础。除滚针轴承外，基本代号由轴承类型代号、尺寸系列代号及内径代号构成。

（1）轴承类型代号

滚动轴承类型代号见表 6.9。

表 6.9　滚动轴承类型代号

代号	轴 承 类 型	代号	轴 承 类 型
0	双列角接触球轴承	N	圆柱滚子轴承（双列或多列用字母 NN 表示）
1	调心球轴承	U	外球面球轴承
2	调心滚子轴承和推力调心滚子轴承	QJ	四点接触球轴承
3	圆锥滚子轴承		
4	双列深沟球轴承		
5	推力球轴承		
6	深沟球轴承		
7	角接触球轴承		
8	推力圆柱滚子轴承		

（2）尺寸系列代号

轴承的尺寸系列代号由轴承宽（高）度系列代号和直径系列代号组合而成。组合排列时，宽度系列在前，直径系列在后，见表 6.10。

表 6.10　尺寸系列代号

直径系列代号	向心轴承								推力轴承			
	宽度系列代号								高度系列代号			
	8	0	1	2	3	4	5	6	7	9	1	2
	尺寸系列代号											
7	—	—	17	—	37	—	—	—	—	—	—	—
8	—	08	18	28	38	48	58	68	—	—	—	—
9	—	09	19	29	39	49	59	69	—	—	—	—
0	—	00	10	20	30	40	50	60	70	90	10	—
1	—	01	11	21	31	41	51	61	71	91	11	—
2	82	02	12	22	32	42	52	62	72	92	12	22
3	83	03	13	23	33	—	—	—	73	93	13	23
4	—	04	—	24	—	—	—	—	74	94	14	24
5	—	—	—	—	—	—	—	—	—	95	—	—

（3）内径代号

内径代号表示轴承公称内径的大小，其表示方法见表 6.11。

表 6.11　滚动轴承内径代号

轴承公称内径/mm	内径代号	示例
10～17	10 00 12 01 15 02 17 03	深沟球轴承 6200 $d=10mm$
20～480（22,28,32 除外）	公称内径除以 5 的商数，商数为个位数，需在商数左边加"0"，如 08	调心滚子轴承 23208 $d=40mm$
大于和等于 500 以及 22,28,32	用公称内径毫米数直接表示，但在与尺寸系列之间用"/"分开。	调心滚子轴承 230/500　$d=500mm$ 深沟球轴承 62/22　$d=22mm$

滚动轴承的基本代号一般由三部分组成，如图 6.44 所示。

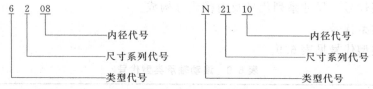

图 6.44　滚动轴承的基本代号

6.4.2.2　前置、后置代号

前置、后置代号是轴承在结构形状、尺寸、公差、技术要求等有改变时，在其基本代号左右添加的补充代号，其排列见表 6.12。

表 6.12　前置、后置代号

前置代号	基本代号	轴承代号							
		后置代号（组）							
		1	2	3	4	5	6	7	8
成套轴承分部件		内部结构	密封与防尘套圈变型	保持架及其材料	轴承材料	公差等级	游隙	配置	其他

6.4.3 滚动轴承的画法

6.4.3.1 规定画法和特征画法

滚动轴承是标准部件，不必画出它的零件图，只需在装配图中根据给定的轴承代号，从轴承标准中查出外径 D、内径 d、宽度 B（T）等几个主要尺寸，按规定画法或特征画法画出，其具体画法见表 6.13。

表 6.13 常用滚动轴承的规定画法和特征画法

轴承名称及代号	结构型式	规定画法	特征画法

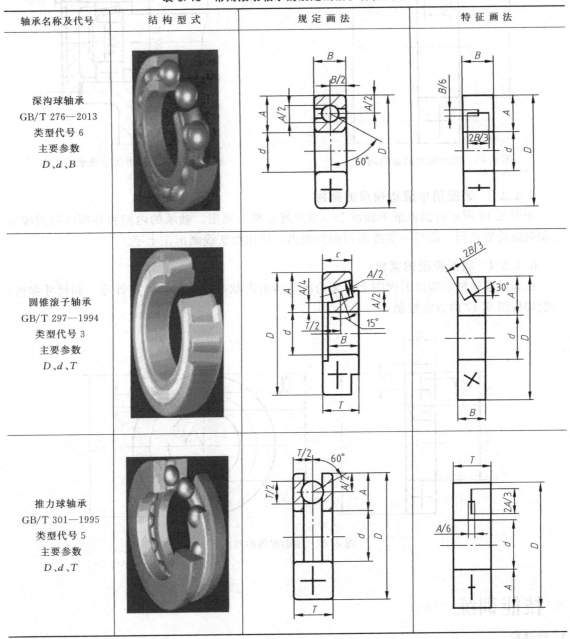

轴承名称及代号	结构型式	规定画法	特征画法
深沟球轴承 GB/T 276—2013 类型代号 6 主要参数 D、d、B			
圆锥滚子轴承 GB/T 297—1994 类型代号 3 主要参数 D、d、T			
推力球轴承 GB/T 301—1995 类型代号 5 主要参数 D、d、T			

6.4.3.2 通用画法

在剖视图中，当不需要确切地表示滚动轴承的外形轮廓、结构特征时，可用矩形线框和位于线框中央正立的十字形符号表示。矩形线框和十字形符号均用粗实线绘制，尺寸比例如图 6.45 所示。

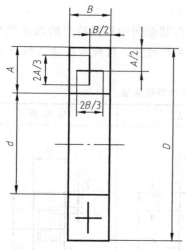

图 6.45　滚动轴承的通用画法

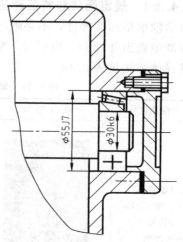

图 6.46　装配图中滚动轴承的画法

6.4.3.3　装配图中滚动轴承的画法

如图 6.46 所示的圆锥滚子轴承上一半按规定画法画出，轴承的内圈和外圈的剖面线方向和间隔均要相同，而另一半按通用画法画出，即用粗实线画出正十字。

6.4.3.4　端面视图的画法

在表示滚动轴承端面的视图上，无论滚动体的形状（球、柱、锥、针等）和尺寸如何，一般均按图 6.47 的方法绘制。

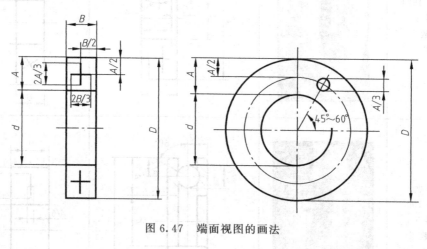

图 6.47　端面视图的画法

■ 技能训练

1. 动动脑

（1）按滚动轴承承受载荷的方向不同，分为哪些类型？

（2）滚动轴承的结构可以分为哪几部分？

（3）滚动轴承的代号由哪几部分组成？按什么顺序排列？

（4）滚动轴承的规定标记为"滚动轴承 6208 GB/T 276—2013"，其意义是什么？

（5）滚动轴承的规定标记为"滚动轴承 30312 GB/T 279—1994"，其意义是什么？

2. 动动手

（1）完成配套《习题指导》6-15。

（2）用 CAD 软件绘制如图 6.47 所示滚动轴承端面视图。

6.5 弹 簧

相关知识

6.5.1 弹簧的分类

弹簧的用途很广，它可以用来减震、夹紧、测力、储能等。其特点是外力去除后能立即恢复原状。弹簧的种类很多，有螺旋弹簧、碟形弹簧、平面涡卷弹簧、板弹簧及片弹簧等。常见的螺旋弹簧又有压缩弹簧、拉伸弹簧及扭转弹簧等，如图 6.48 所示。

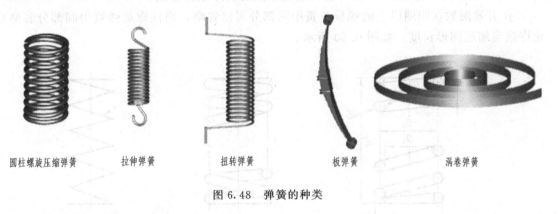

| 圆柱螺旋压缩弹簧 | 拉伸弹簧 | 扭转弹簧 | 板弹簧 | 涡卷弹簧 |

图 6.48 弹簧的种类

6.5.2 圆柱螺旋压缩弹簧

6.5.2.1 相关概念及尺寸计算

圆柱螺旋压缩弹簧的尺寸标注如图 6.49 所示。

（1）弹簧的直径

簧丝直径 d——制造弹簧所用金属丝的直径；

弹簧外径 D——弹簧的最大直径；

弹簧内径 D_1——弹簧的内孔最小直径；

弹簧中径 D_2——弹簧平均直径。

（2）弹簧的圈数

有效圈数 n——保持相等节距参与工作的圈数；

支承圈数 n_0——弹簧两端并紧及磨平的圈数；

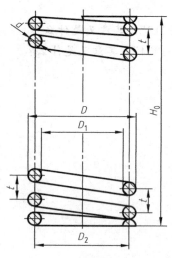

图 6.49 圆柱螺旋压缩弹簧的尺寸标注

总圈数 n_1——有效圈数和支承圈数之和。

（3）弹簧的其他参数

节距 t——相邻两有效圈数上对应点间的轴向距离；

自由高度 H_0——未受载荷作用时弹簧的高度，$H_0 = nt + (n_0 - 0.5)d$；

展开长度 L——弹簧的金属丝长度，$L \approx n_1(\pi D) + t$；

旋向——分为左旋和右旋两种。

6.5.2.2　规定画法

① 在平行于螺旋弹簧轴线的投影面的视图中，其各圈的轮廓应画成直线。

② 螺旋弹簧均可画成右旋，但左旋螺旋弹簧，不论画成左旋或右旋，一律要注出旋向"左"字。

③ 螺旋压缩弹簧，如要求两端并紧磨平时，不论支承圈的圈数多少和末端贴紧情况如何，均按图示的形式绘制。必要时也可按支承圈的实际结构绘制。

④ 有效圈数在四圈以上的螺旋弹簧中间部分可以省略，圆柱螺旋弹簧中间部分省略后，允许适当缩短图形长度，如图 6.50 所示。

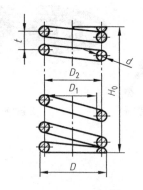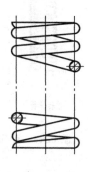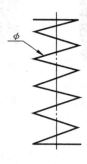

图 6.50　圆柱螺旋压缩弹簧的规定画法

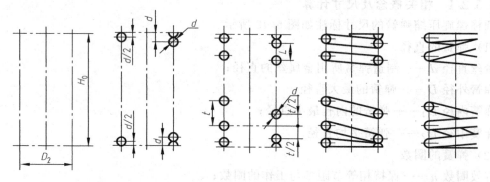

图 6.51　单个圆柱螺旋压缩弹簧的画法

6.5.2.3 单个圆柱螺旋压缩弹簧的画法

单个圆柱螺旋压缩弹簧的画法如图 6.51 所示。

6.5.2.4 装配图中弹簧的画法

装配图中弹簧的画法如图 6.52 所示。

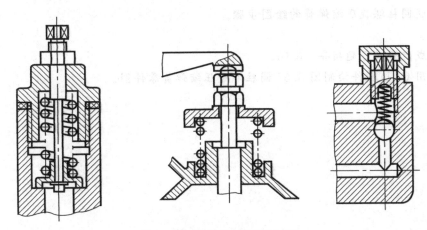

图 6.52 装配图中弹簧的画法

① 被弹簧挡住的结构一般不画出，可见部分应从弹簧的外廓线或从弹簧钢丝剖面的中心线画起。

② 当弹簧被剖切时，剖面直径或厚度在图形上等于或小于 2mm 时，也可用涂黑表示，也允许用示意画法。

图 6.53 为一个圆柱螺旋压缩弹簧的零件图。

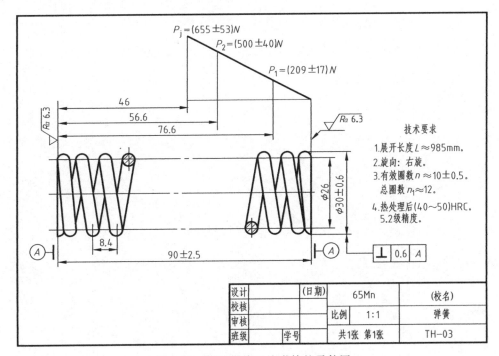

图 6.53 圆柱螺旋压缩弹簧的零件图

■ 技能训练

1. 动动脑

（1）弹簧的种类很多，试列举出常见的 3 种，各起什么作用？

（2）简述圆柱螺旋压缩弹簧的绘图步骤。

2. 动动手

（1）完成配套《习题指导》6-16。

（2）试用 CAD 软件绘制图 6.53 圆柱螺旋压缩弹簧零件图。

单元七

零件图

【学习目标】

通过本单元的学习，应了解零件图的作用及完整的零件图包含的内容，掌握零件图视图选择原则、绘制技巧、尺寸标注、技术要求，要学会识读零件图的方法技巧。

【学习导读】

零件图是制造和检验零件的重要依据。在本单元中主要讲解零件图的内容、零件视图选择、尺寸标注、绘制和识读时所涉及的有关知识，重点运用各种表达方法，选取一组恰当的视图，把零件的形状表示清楚。

7.1 认识零件图

7.1.1 零件图的作用

机器或部件是由若干零件按一定的关系装配而成的，零件是组成机器或部件的基本单元。表示零件结构、大小及技术要求的图样称为零件工作图，简称零件图，如图7.1所示轴的零件图。

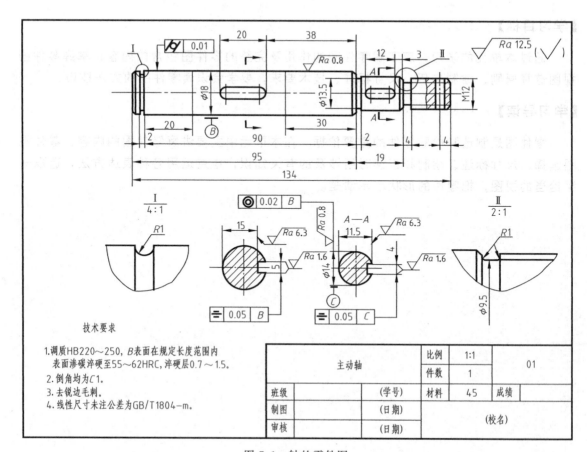

技术要求

1. 调质HB220～250，B表面在规定长度范围内表面渗碳淬硬至55～62HRC，淬硬层0.7～1.5。
2. 倒角均为C1。
3. 去锐边毛刺。
4. 线性尺寸未注公差为GB/T1804-m。

主动轴		比例	1:1	01
		件数	1	
班级		(学号)	材料	45	成绩	
制图		(日期)				
审核		(日期)	(校名)			

图 7.1 轴的零件图

零件图是设计部门提交给生产部门的重要技术文件，它不仅反映了设计者的设计意图，而且表达了零件的各种技术要求，如尺寸精度、表面粗糙度等，工艺部门要根据零件图制造毛坯、制订工艺规程、设计工艺装备、加工零件等。所以，零件图是制造和检验零件的重要依据。

7.1.2 零件图的内容

零件图是生产中指导制造和检验零件的主要技术文件，它不仅要把零件的内、外结构形状和大小表达清楚，还需要对零件的材料、加工、检验、测量等提出必要的技术要求，零件图必须包含制造和检验零件的全部技术资料。如图 7.1 所示零件图，可以看出，一张完整的零件图应该包括以下四部分内容。

（1）一组视图

用视图、剖视、断面及其他规定画法来正确、完整、清晰地表达零件的各部分形状和结构。

（2）全部尺寸

用以正确、完整、清晰、合理地表达零件各部分的大小和各部分之间的相对位置关系。

（3）技术要求

用以表示或说明零件在加工、检验过程中所需的要求。如尺寸公差、形状和位置公差、表面粗糙度、材料、热处理、硬度及其他要求。技术要求常用符号或文字来表示，技术要求的文字一般注写在标题栏上方图纸空白处。

（4）标题栏

在零件图的右下角。标准的标题栏由更改区、签字区、其他区、名称及代号区组成。一般填写零件的名称、材料标记、阶段标记、重量、比例、图样代号、单位名称以及设计、制图、审核、工艺、标准化、更改、批准等人员的签名和日期等内容。学校一般用校用简易标题栏。

◀ 7.2 零件图的视图选择 ▶

运用各种表达方法，选取一组恰当的视图，把零件的形状表示清楚。零件上每一部分的形状和位置要表示完全、正确、清楚，符合国家标准规定，便于读图。

选择视图时，要结合零件的工作位置和加工位置，选择最能反映零件形状特征的视图作为主视图，包括运用各种表达方法，如剖视、断面等，并选好其他视图。选择视图的原则是：在完整、清晰地表达零件内外形状和结构的前提下，尽量减少视图数量。

在零件图上标注尺寸，除满足完整、正确、清晰的要求外，还要求注得合理，即所注尺寸能满足设计和加工要求，使零件有满意的工作性能又便于加工、测量和检验。

7.2.1 主视图的选择

主视图是一组视图的核心，是表达零件形状的主要视图。主视图选择恰当与否，将直接影响整个表达方法和其他视图的选择。因此，确定零件的表达方案，首先应选主视图。主视图的选择应从投射方向和零件的安放位置两个方面来考虑。选择最能反映零件形状特征的方向作为主视图的投射方向,如图 7.2 所示 A 向比较好。确定零件的放置位置应考虑以下原则。

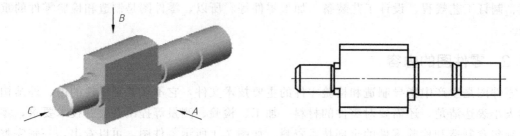

图 7.2　主视图的投射方向

7.2.1.1　加工位置原则

加工位置原则是指主视图按照零件在机床上加工时的装夹位置放置,应尽量与零件主要加工工序中所处的位置一致。例如,加工轴、套、圆盘类零件,大部分工序是在车床和磨床上进行的,为了使工人在加工时读图方便,主视图应将沿轴线水平放置,如图 7.3 所示。

7.2.1.2　工作位置原则

工作位置原则是指主视图按照零件在机器中工作的位置放置,以便把零件和整个机器的工作状态联系起来。对于叉架类、箱体类零

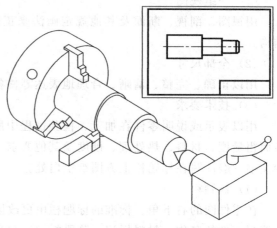

图 7.3　加工位置原则

件,因为常需经过多种工序加工,且各工序的加工位置也往往不同,故主视图应选择工作位置,以便与装配图对照起来读图,想象出零件在部件中的位置和作用,如图 7.4 所示的吊钩。

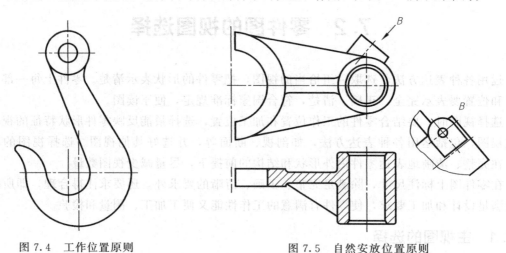

图 7.4　工作位置原则　　　　　　　　图 7.5　自然安放位置原则

7.2.1.3　自然安放位置原则

如果零件的工作位置是斜的,不便按工作位置放置,而加工位置较多,又不便按加工位

置放置，这时可将它们的主要部分放正，按自然安放位置放置，以利于布图和标注尺寸，如图 7.5 所示的拨叉。

由于零件的形状各不相同，在具体选择零件的主视图时，除考虑上述因素外，还要综合考虑其他视图选择的合理性。

7.2.2　其他视图的选择

对于简单的轴、套、球类零件，一般只用一个视图，再加所注的尺寸，就能把其结构形状表达清楚。对于一些较复杂的零件，一个主视图是很难把整个零件的结构形状表达完全的。一般在选择好主视图后，还应选择适当数量的其他视图与之配合，才能将零件的结构形状表达清楚。一般应优先选用左、俯视图，然后再选用其他视图。

一个零件需要多少视图才能表达清楚，只能根据零件的具体情况具体分析。一般原则是：在保证充分表达零件结构形状的前提下，尽可能使零件的视图数目为最少。应使每一个视图都有其表达的重点内容，具有独立存在的意义。

如图 7.6 所示的支架，主视图确定后，为了表达中间部分的结构形状，选用左视图，并在主视图上作移出断面表示其断面形状。为了表达清楚底板的形状，补充了 B 向局部视图（也可画成 B 向完整视图）。

如果没有 B 向局部视图，仅以主、左两个视图是不能完全确定底板的形状的。因为底板如果做成如图 7.7 所示的两种不同的形状，仍然符合主、左视图的投影关系。

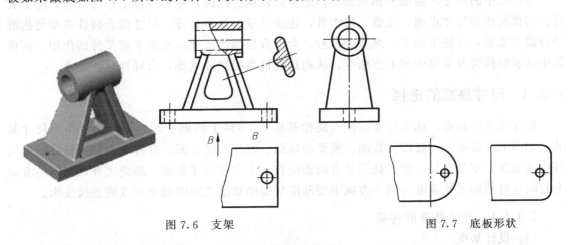

图 7.6　支架　　　　　　　　　　　　　　　图 7.7　底板形状

如图 7.8 所示开关轴，除主视图外，还需用左视图、A 向斜视图和移出断面图配合才能将整个零件表达清楚。

其他视图的选择，除了要求把零件各部分的形状和它们的相互关系完整地表达出来外，还应该做到便于读图，清晰易懂，尽量避免使用虚线。

选择零件视图时，在保证充分表达零件结构形状的前提下，尽可能使零件的视图数目为最少。应使每一个视图都有其表达的重点内容，具有独立存在的意义。

应多考虑几种方案，加以比较后，力求用较好的方案表达零件。另外，通过多画、多看、多比较、多总结，不断实践，才能逐步提高表达能力。

初选时，采用逐个增加视图的方法，即每选一个视图都自行试问：表示什么？是否需要剖视？怎样剖？还有哪些结构未表示清楚等。在初选的基础上进行精选，以确定一组合适的表示方案，在准确、完整表示零件结构形状的前提下，使视图的数量最少。

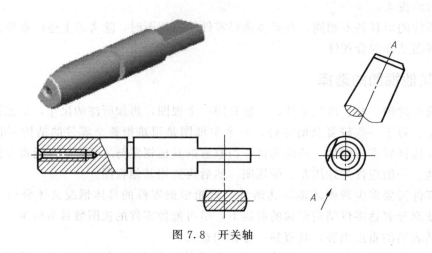

图 7.8 开关轴

<h1 style="text-align:center">7.3 零件图的尺寸标注</h1>

零件图中的尺寸，是加工和检验零件的重要依据。因此，在零件图上标注尺寸，除了要符合前面所述的尺寸正确、完整、清晰外，还应尽量标注得合理。尺寸的合理性主要是指既符合设计要求，又便于加工、测量和检验。为了合理标注尺寸，必须了解零件的作用，在机器中的装配位置及采用的加工方法等，从而选择恰当的尺寸基准，合理地标注尺寸。

7.3.1 尺寸基准的选择

标注尺寸的起点，称为尺寸基准（简称基准）。零件上的面、线、点，均可作为尺寸基准，如图 7.9 所示。一般以安装面、重要的端面、装配的结合面、对称平面和回转体的轴线等作为基准。零件在长、宽、高三个方向都应有一个主要尺寸基准。除此之外，在同一方向上有时还有辅助尺寸基准。同一方向主要基准与辅助基准之间的联系尺寸应直接注出。

7.3.1.1 尺寸基准的种类

（1）设计基准

从设计角度考虑，为满足零件在机器或部件中对其结构、性能要求而选定的一些基准。用来作为设计基准的，大多是工作时确定零件在机器或部件中位置的面或线，如零件的重要端面、底面、对称面、回转面的轴线等。从设计基准出发标注尺寸，可以直接反映设计要求，能体现零件在装配体中的功能。

如图 7.10 所示的轴承座，从设计的角度来研究，通常一根轴需有两个轴承来支承，两个轴承孔的轴线应处于同一轴线上，且一般应与基面平行，也就是要保证两个轴承座的轴承孔的轴线距底面等高。因此，在标注轴承支承孔 $\phi16\text{mm}$ 高度方向的定位尺寸时，应以轴承座的底面 B 为基准。为了保证底板两个螺栓过孔对于轴承孔的对称关系，在标注两孔长度方向的定位尺寸时，应以轴承座的对称平面 C 为基准。D 面是轴承座宽度方向的定位面，是宽度方向的设计基准。底面 B、对称面 C 和 D 面就是该轴承座的设计基准。

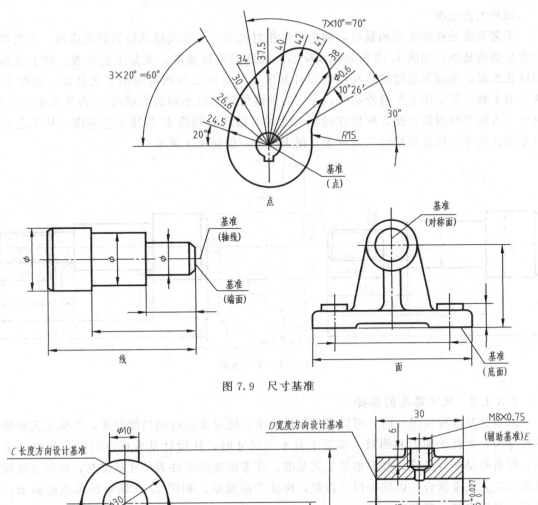

图 7.9 尺寸基准

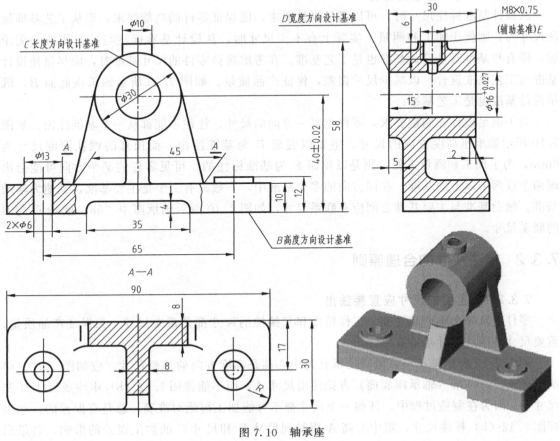

图 7.10 轴承座

（2）工艺基准

工艺基准是在加工或测量时，确定零件相对机床、工装或量具位置的面或线。工艺基准通常是辅助基准，如图7.10所示轴承座的底面既是设计基准，又是工艺基准。对于顶部的螺纹孔来说，顶面既是螺纹孔深度的设计基准，又是加工和测量时的工艺基准。如图7.11所示的小轴，在车床上车削外圆时，车刀的最终位置是以小轴的右端面 F 为基准来定位的，这样工人加工时测量方便，所以在标注尺寸时，轴向以端面 F 为其工艺基准。从工艺基准出发标注尺寸，可直接反映工艺要求，便于测量，保证加工质量。

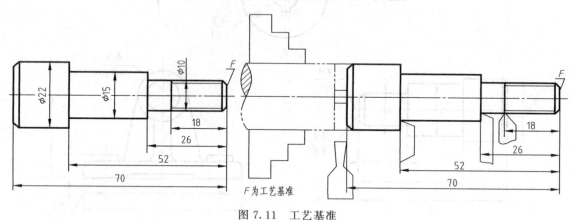

图 7.11　工艺基准

7.3.1.2　尺寸基准的选择

从设计基准标注尺寸时，可以满足设计要求，能保证零件的功能要求，而从工艺基准标注尺寸时，则便于加工和测量。实际上有不少尺寸时，从设计基准标注与工艺要求并无矛盾，即有些基准既是设计基准也是工艺基准。在考虑选择零件的尺寸基准时，应尽量使设计基准与工艺基准重合，以减少尺寸误差，保证产品质量。如图7.10所示轴承座底面 B，既是设计基准也是工艺基准。

为了满足设计和制造要求，零件上某一方向的尺寸，往往不能都从一个基准注出。如图7.10所示轴承座高度方向的尺寸，主要以底面 B 为基准注出，而顶部的螺孔深度尺寸为6mm，为了加工和测量方便，则是以顶面 E 为基准标注的。可见零件的某个方向可能会出现两个或两个以上的基准。在同方向的多个基准中，一般只有一个是主要基准，其他为辅助基准。辅助基准与主要基准之间应有联系尺寸，如图7.10所示轴承座中"58"就是 E 与 B 的联系尺寸。

7.3.2　标注尺寸的合理原则

7.3.2.1　重要的尺寸应直接注出

零件上凡是影响产品性能、工作精度和互换性的尺寸都是重要尺寸。为保证产品质量，重要尺寸必须从设计基准直接注出。

如图7.12所示轴承座，轴承支承孔的中心高是高度方向的重要尺寸，应如图7.12（a）所示，从设计基准（轴承座底面）直接注出尺寸 A，而不能像图7.12（b）中注成尺寸 B 和尺寸 C。因为在制造过程中，任何一个尺寸都不可能加工得绝对准确，总是有误差的。如果按图7.12（b）标注尺寸，则中心高 A 将受到尺寸 B 和尺寸 C 的加工误差的影响，若最后误差太大，则不能满足设计要求。同理，轴承座上的两个安装过孔的中心距 L 应按图 7.12 (a) 直接注出。若按照如图 7.12 (b) 所示，分别标注尺寸 E，则中心距 L 将会受到尺寸 "90" 和两个尺寸 E 产生的误差的影响。

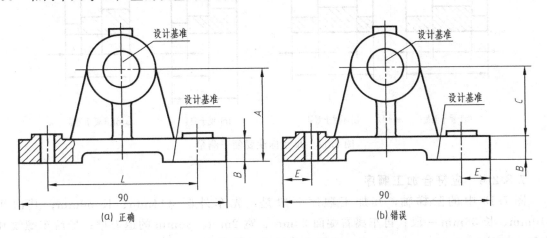

图 7.12　轴承座的正确与错误标注

7.3.2.2　避免注成封闭尺寸链

零件上某一方向尺寸首尾相接，形成封闭尺寸链，在如图 7.13 (a) 所示的标注中，长度方向的尺寸 L_1、L_2、L_3、L_4 首尾相连，绕成一个整圈，呈现 $L_4=L_1+L_2+L_3$ 的关系，这称之为"封闭尺寸链"。由于加工误差的存在，很难保证 $L_4=L_1+L_2+L_3$，所以在标注时出现封闭尺寸链是不合理的，应该避免它。

为了保证每个尺寸的精度要求，通常对尺寸精度要求最低的一环不注尺寸（如 L_1），使尺寸误差都累积到这个尺寸上，从而保证重要尺寸的精度，又可降低加工成本，如图 7.13 (b) 所示。若因某种原因必须将其注出时，应将此尺寸数值用圆括号括起，称之为"参考尺寸"。

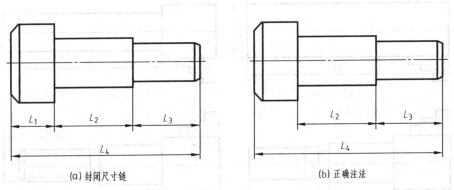

图 7.13　避免注成封闭尺寸链

7.3.2.3　应考虑到测量方便

标注尺寸应考虑零件便于加工、便于测量。例如，在加工阶梯孔时，一般先加工小孔，然后依次加工出大孔。因此，在标注轴向尺寸时，应从端面注出大孔的深度，以便于测量，如图 7.14 所示。

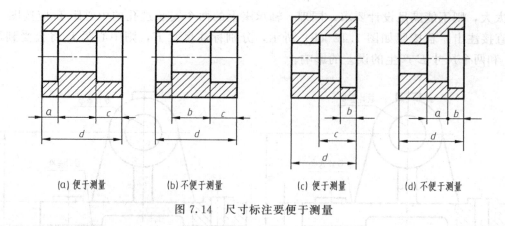

<table>
<tr><td>(a) 便于测量</td><td>(b) 不便于测量</td><td>(c) 便于测量</td><td>(d) 不便于测量</td></tr>
</table>

图 7.14　尺寸标注要便于测量

7.3.2.4　应符合加工顺序

图 7.15 中的阶梯轴，其加工顺序一般是：先车外圆 $\phi14$mm、长 50mm；其次车 $\phi10$mm、长 36mm 一段；再车离右端面 20mm、宽 2mm、$\phi6$mm 的退刀槽；最后车螺纹和倒角。如图 7.15（b）～（e）所示。所以它的尺寸应按图 7.15（a）标注。

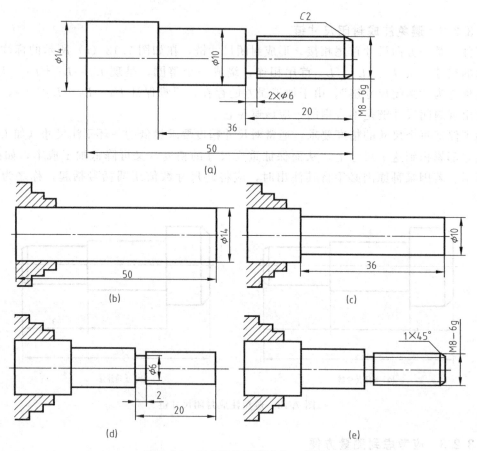

图 7.15　尺寸标注应符合加工顺序

图 7.16 是按加工顺序标注轴向尺寸的，是合理的，要注意退刀槽的尺寸注法。图 7.17 的尺寸注法不符合加工顺序，是不合理的。

图 7.16 是按加工顺序标注轴向尺寸的，是合理的，要注意退刀槽的尺寸注法。图 7.17
的尺寸注法不符合加工顺序，是不合理的。

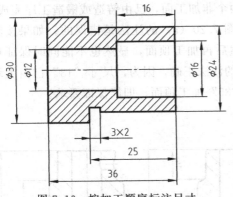

图 7.16　按加工顺序标注尺寸

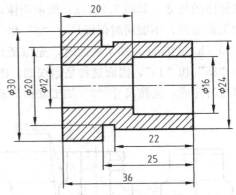

图 7.17　不符合加工顺序

7.3.2.5　考虑加工方法

用不同工种加工的尺寸应尽量分开标注，这样配置的尺寸清晰，便于加工时读图。如图 7.18 所示的铣工和车工尺寸分布。

7.3.2.6　关联零件间的尺寸应协调

关联零件间的尺寸必须协调（所选基准应一致，相配合的基本尺寸应相同，并应直接注出），组装时才能顺利装配，并满足设计要求。

如图 7.19 所示件 2 和件 1 的槽配合，要求件 1 和件 2 右端面保持平齐，并满足基本尺寸为"8"的配合。图 7.19（b）的尺寸注法就能满足这些要求，是

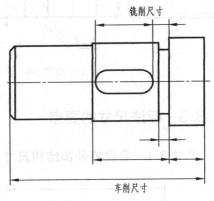

图 7.18　考虑加工方法

正确的。而图 7.19（c）的尺寸注法，就单独的一个零件来看，其尺寸注法是可以的；然而把零件 1 和零件 2 联系起来看，配合部分的基本尺寸"8"没有直接注出，由于误差的积累，则可能保证不了配合要求，甚至不能装配，所以图 7.19（c）的注法是错误的。

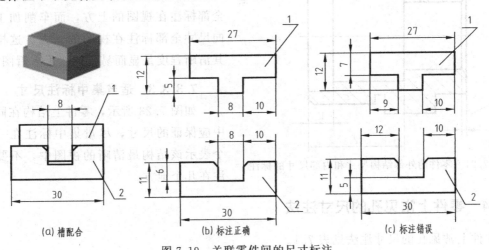

(a) 槽配合　　　　　　(b) 标注正确　　　　　　(c) 标注错误

图 7.19　关联零件间的尺寸标注

7.3.2.7 加工面和非加工面

在铸造或锻造零件上标注尺寸时，应注意同一方向的加工表面只应有一个以非加工面作基准标注的尺寸。如图 7.20 (a) 所示壳体，图中所指两个非加工面，已由铸造或锻造工序完成。加工底面时，不能同时保证尺寸"8"和"21"，所以图 7.20 (a) 的注法是错误的。如果按图 7.20 (b) 的标注，加工底面时，先保证尺寸"8"，然后再加工顶面，显然也不能同时保证尺寸"35"和"14"，因而这种是错误的。图 7.20 (c) 的注法正确，因为，尺寸"13"已由毛坯制造时完成，先按尺寸"8"加工底面，然后按尺寸"35"加工顶面，即能保证要求。

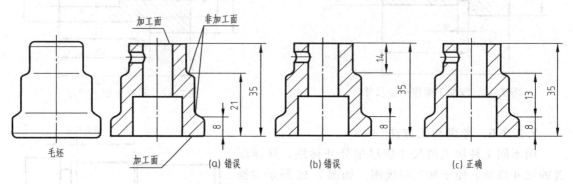

图 7.20　毛坯加工面与非加工面间的尺寸联系

7.3.3　标注尺寸的要点

7.3.3.1　零件的外部结构尺寸和内部尺寸宜分开标注

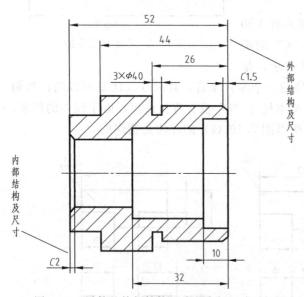

图 7.21　零件的外部结构尺寸和内部尺寸的标注

如图 7.21 所示，外部结构的轴向尺寸全部标注在视图的上方，内部结构的轴向尺寸全部标注在视图的下方。这样内外尺寸一目了然，查找方便，加工时不易出错。

7.3.3.2　不同工种的尺寸宜分开标注

如图 7.22 所示，铣削加工的轴向尺寸全部标注在视图的上方，而车削加工的轴向尺寸全部标注在视图的下方。这样标注其清晰程度是显而易见的，工人看图方便。

7.3.3.3　适当集中标注尺寸

如图 7.23 所示，零件上结构在同工序中应保证的尺寸，尽量集中标注在一或两个表示该结构最清晰的视图中，不要分散注在几个地方。

7.3.4　零件上常见孔的尺寸注法

零件上常见孔的尺寸注法见表 7.1。

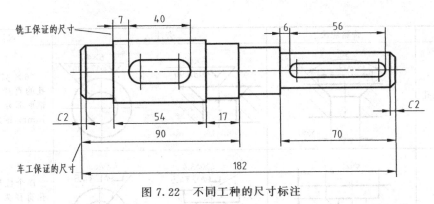

图 7.22 不同工种的尺寸标注

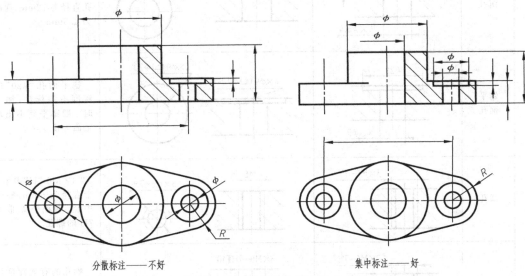

分散标注——不好   集中标注——好

图 7.23 适当集中标注尺寸

表 7.1 零件上常见孔的尺寸注法

结构类型		普通法	旁注法	说　　明
光孔	一般孔	4×φ5　10	4×φ5↧10　　4×φ5↧10	"4×φ5"表示四个孔直径均为5mm。三种注法任选一种均可(下同)
	精加工孔	4×φ5$^{+0.012}_{0}$　10　12	4×φ5$^{+0.012}_{0}$↧10　　4×φ5$^{+0.012}_{0}$↧10	钻孔深为12mm,钻孔后需精加工至"φ5$^{+0.012}_{0}$"精加工深度为10mm
	锥销孔	锥销孔φ5	锥销孔φ5　　锥销孔φ5	"φ5"为与锥销孔相配的圆锥销小头直径(公称直径)

结构类型		普通注法	旁注法		说　明
沉孔	锥形沉孔	90° φ13 6×φ7	6×φ7 ∇φ13×90°	6×φ7 ∇φ13×90°	"6×φ7"表示 6 个孔的直径均为 7mm。锥形部分大端直径为 13mm,锥角为 90°
	柱形沉孔	φ12 5 4×φ6.4	4×φ6.4 ⊔φ12▼4.5	4×φ6.4 ⊔φ12▼4.5	四个柱形沉孔的小孔直径为 6.4mm,大孔直径为 12mm,深度为 4.5mm
	锪平面孔	φ20 4×φ9	4×φ9 ⊔φ20	4×φ9 ⊔φ20	锪平面孔"φ20"的深度不需标注,加工时一般锪平到不出现毛面为止
螺纹孔	通孔	3×M6-7H	3×M6-7H	3×M6-7H	"3×M6-7H"表示 3 个直径为 6mm,螺纹中径、顶径公差带为 7H 的螺孔
	不通孔	3×M6-7H 10	3×M6-7H▼10	3×M6-7H▼10	螺孔的有效深度尺寸为"10",钻孔深度以保证螺孔有效深度为准,也可查有关手册确定
	不通孔	3×M6 10 12	3×M6▼10 孔▼12	3×M6▼10 孔▼12	需要注出钻孔深度时,应明确标注出钻孔深度尺寸

7.4　典型零件的表达分析

　　零件的形状虽然千差万别,但根据它们在机器 (或部件) 中的作用和形状特征,通过比较、归纳,零件的种类按其结构特点等,大体可分为轴套类、盘盖类、叉架类和箱体类等类型。讨论各类零件的结构、表达方法、尺寸标注、技术要求等特点,从中找出共同点和规律,可作为绘制和阅读同类零件图时的参考。

7.4.1 轴套类零件

7.4.1.1 结构特点

轴套类零件包括各种轴、丝杠、套筒、衬套等，如图7.24所示。其基本形状一般为同轴的细长回转体，由不同直径的数段回转体组成。轴上常加工出键槽、退刀槽、砂轮越程槽、螺纹、销孔、中心孔、倒角和倒圆等结构。轴类零件主要用来支承传动零件（如齿轮、皮带轮等）和传递动力；套类零件通常装在轴上或孔中，用来定位、支承、保护传动零件等。

图7.24 轴套类零件

7.4.1.2 表达方法

① 轴套类零件一般主要在车床和磨床上加工，为便于操作人员对照图样进行加工，通常选择垂直于轴线的方向作为主视图的投射方向，如图7.25所示。按加工位置原则选择主视图的位置，即将轴类零件的轴线侧垂放置。

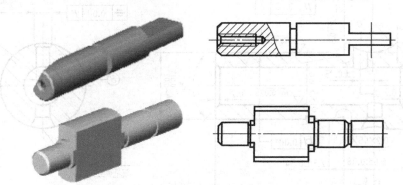

图7.25 轴套类零件的主视图表达方法

② 一般只用一个完整的基本视图（即主视图）即可把轴套上各回转体的相对位置和主要形状表示清楚，常用局部视图、局部剖视、断面、局部放大图等补充表达主视图中尚未表达清楚的部分，如图7.26所示。

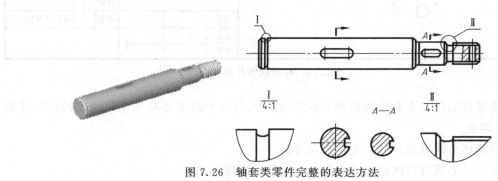

图7.26 轴套类零件完整的表达方法

③ 对于形状简单而轴向尺寸较长的部分常断开后缩短绘制。

④ 空心套类零件中由于多存在内部结构，一般采用全剖、半剖或局部剖绘制，如图 7.27 所示。

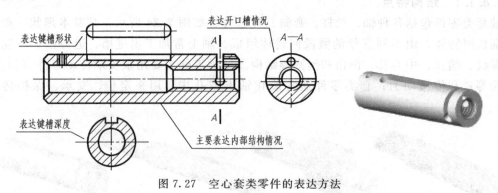

图 7.27 空心套类零件的表达方法

7.4.1.3 尺寸分析

如图 7.28 所示柱塞阀零件图。

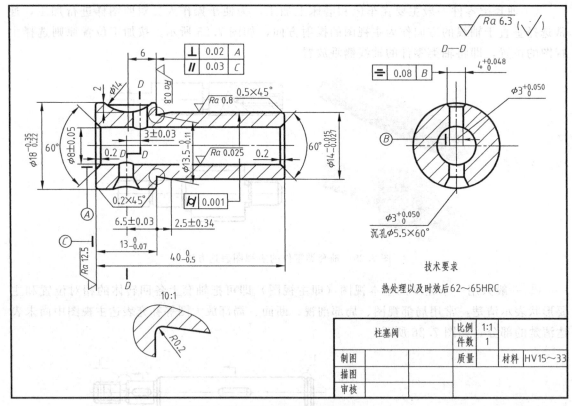

图 7.28 柱塞阀零件图

① 这类零件的尺寸主要是轴向和径向尺寸，径向尺寸的主要基准是轴线，轴向尺寸的主要基准是端面。

② 主要形体是同轴的，可省去定位尺寸。

③ 重要尺寸必须直接注出，其余尺寸多按加工顺序注出。

④ 为了清晰和便于测量，在剖视图上，内外结构形状尺寸应分开标注。

⑤ 零件上的标准结构，应按该结构标准尺寸注出。

7.4.2 盘盖类零件

7.4.2.1 结构特点

盘盖类零件包括法兰盘、端盖、阀盖、手轮、皮带轮、飞轮等。其基本形状为扁平的盘状，主体一般为回转体，径向尺寸一般大于轴向尺寸，通常还带有各种形状的凸缘、圆孔和肋板等局部结构，可起支承、定位和密封等作用。

7.4.2.2 表达方法

由于盘盖类零件的多数表面也是在车床上加工的，为方便工人对照看图，主视图往往也按加工位置摆放。

① 选择垂直于轴线的方向作为主视图的投射方向。主视图轴线侧垂放置。

② 若有内部结构，主视图常采用半剖或全剖视图或局部剖表达。

③ 一般需左（或右）视图表达盘盖上连接孔或轮辐、筋板等的数目和分布。

④ 未表达清楚的局部结构，常用局部视图、局部剖视图、断面图和局部放大图等补充表达。如图 7.29 所示车床上手轮，选择主、左两个基本视图，并用一个移出断面和一个局部放大图补充表达轮辐的断面形状和轮辐与轮缘的连接情况。

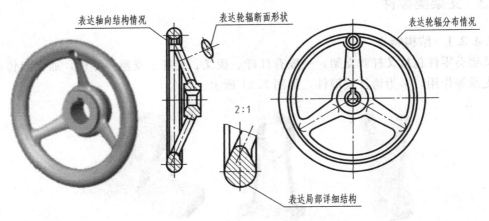

图 7.29　车床上手轮

7.4.2.3 尺寸分析

如图 7.30 所示轴承盖零件图。

① 此类零件的尺寸一般为两大类：轴向及径向尺寸，径向尺寸的主要基准是回转轴线，轴向尺寸的主要基准是重要的端面。

② 定形和定位尺寸都较明显，尤其是在圆周上分布的小孔的定位圆直径是这类零件的典型定位尺寸，多个小孔一般采用如"3×φ5"均布形式标注，均布即等分圆周，角度定位尺寸就不必标注了。

③ 内外结构形状尺寸应分开标注。

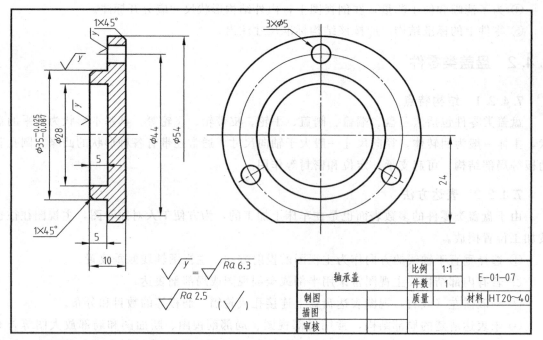

图 7.30　轴承盖零件图

7.4.3　叉架类零件

7.4.3.1　结构特点

叉架类零件包括叉杆和支架，一般有杠杆、拨叉、连杆、支座等零件，通常起传动、连接、支承等作用，多为铸件或锻件，如图 7.31 所示。

图 7.31　叉架类零件

叉架类零件结构形状大都比较复杂，且相同的结构不多。这类零件上的结构，一般可分为工作部分和联系部分。工作部分指该零件与其他零件配合或连接的套筒、叉口、支承板、底板等。联系部分指将该零件各工作部分联系起来的薄板、筋板、杆体等。零件上常具有铸造或锻造圆角、拔模斜度、凸台、凹坑或螺栓过孔、销孔等结构。

7.4.3.2　表达方法

这类零件工作位置有的固定，有的不固定，加工位置变化也较大。

① 按最能反映零件形状特征的方向作为主视图的投射方向。按自然摆放位置或便于画图的位置作为零件的摆放位置。

② 除主视图外，一般需 1~2 个基本视图才能将零件的主要结构表达清楚。

③ 常用局部视图或局部剖视图表达零件上的凹坑、凸台等结构。

④ 筋板、杆体等连接结构常用断面图表示其断面形状。

⑤ 一般用斜视图表达零件上的倾斜结构。

如图 7.32 所示是铣床上的拨叉，用来拨动变速齿轮。主视图和左视图表达了拨叉的工作部分（上部叉口和下部套筒）和联系部分（中部薄板和筋板）的结构和形状以及相互位置关系，另外只用了一个局部移出断面图表达筋板的断面形状。

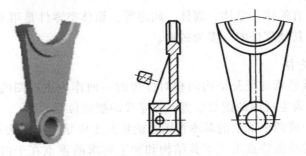

图 7.32　铣床上的拨叉

7.4.3.3　尺寸分析

如图 7.33 所示托架零件图。

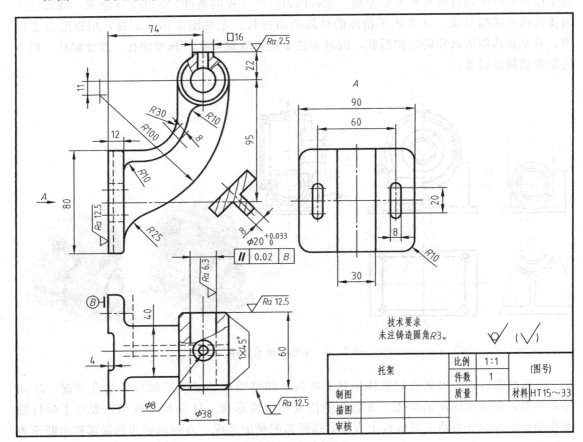

图 7.33　托架零件图

① 它们的长、宽、高方向的主要基准一般为加工的大底面、对称平面或大孔的轴线。

② 定位尺寸较多，一般注出孔的轴线（中心）间的距离，或孔轴线到平面间的距离，或平面到平面间的距离。

③ 定形尺寸多按形体分析法标注，内外结构形状要保持一致。

7.4.4 箱体类零件

7.4.4.1 结构特点

箱体类零件一般有箱体、泵体、阀体、阀座等。箱体类零件是用来支承、包容、密封和保护运动着的零件或其他零件的，多为铸件。

7.4.4.2 表达方法

① 以最能反映其形状特征及结构间相对位置的一面作为主视图的投射方向。以自然安放位置或工作位置作为主视图的摆放位置（即零件的摆放位置）。

② 一般需要两个或两个以上的基本视图才能将其主要结构形状表示清楚。

③ 箱体类零件的功能特点决定了其结构和加工要求的重点在于内腔，所以一般要根据具体零件选择合适的视图、剖视图、断面图来表达其复杂的内外结构。

④ 还需局部视图、局部剖视或局部放大图来表达未表达清楚的局部结构。

如图 7.34 所示是蜗轮减速箱箱体的视图。图中的主视图，既符合形体特征原则，也符合工作位置原则和自然安放平稳原则。主视图符合半剖视的条件，采用了半剖视，既表达了箱体的内部结构形状，又表达了箱体的外部结构形状。左视图采用全剖视，用以配合主视图，着重表达箱体内腔的结构形状，同时表达了蜗轮的轴承孔、润滑油孔、放油螺孔、后方的加强筋板形状等。

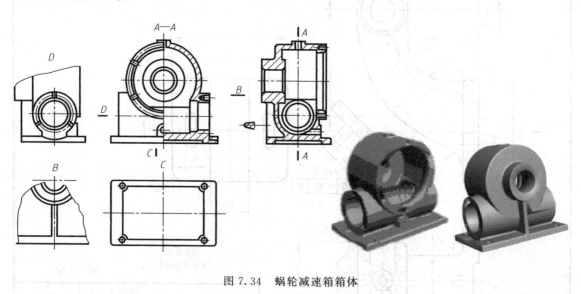

图 7.34　蜗轮减速箱箱体

C 向视图，表达出底板的整体形状、底板上凹坑的形状及安装螺栓的过孔情况。B 向局部视图，表达出蜗轮轴承孔下方筋板的位置和结构形状。D 向局部视图，表达了蜗杆轴承孔端面螺孔的分布情况及底板上方左右端圆弧凹槽的情况。左视图旁边的局部移出断面表达了筋板的断面形状。

7.4.4.3 尺寸分析

如图 7.35 所示阀体零件图。

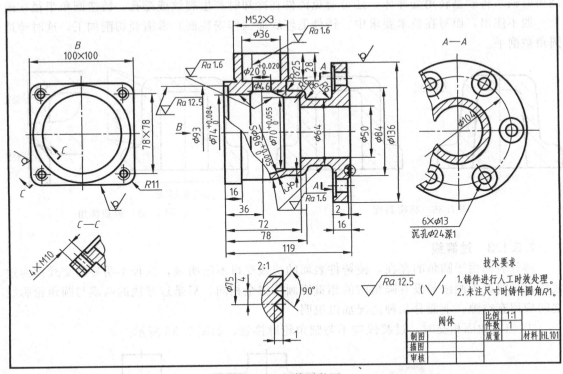

图 7.35　阀体零件图

① 它们的长、宽、高方向的主要基准是大孔的轴线、中心线、对称平面或较大的加工面。

② 较复杂的零件定位尺寸较多，各孔轴线或中心线间的距离要直接注出。

③ 定形尺寸仍用形体分析法注出。

7.5　零件上的常见结构

零件的结构形状，取决于它在机器中所起的作用。大部分零件都要经过铸造、锻造和机械加工等过程制造出来，因此，制造零件时，零件的结构形状不仅要满足机器的使用要求，还要符合制造工艺和装配工艺等方面的要求。

7.5.1　铸造零件的工艺结构

7.5.1.1　拔模斜度

用铸造方法制造零件的毛坯时，为了便于将木模从砂型中取出，一般沿木模拔模的方向作成约 1∶20 的斜度，叫做拔模斜度。因而铸件上也有相应的斜度，如图 7.36（a）所示。这种斜度在图上可以不标注，也可不画出，如图 7.36（b）所示。必要时，可在技术要求中注明。

7.5.1.2 铸造圆角

在铸件毛坯各表面的相交处，都有铸造圆角（图7.37）。这样既便于起模，又能防止在浇铸时铁水将砂型转角处冲坏，还可避免铸件在冷却时产生裂纹或缩孔。铸造圆角半径在图上一般不注出，而写在技术要求中。铸件毛坯底面（作安装面）常需经切削加工，这时铸造圆角被削平。

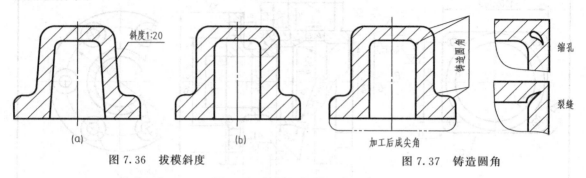

图7.36　拔模斜度　　　　　　　　　　　　　　图7.37　铸造圆角

7.5.1.3 过渡线

铸件表面由于圆角的存在，使铸件表面的交线变得不很明显，这种不明显的交线称为过渡线。过渡线的画法与没有圆角时的相贯线画法完全相同，只是过渡线的两端与圆角轮廓线之间应留有空隙。下面分几种情况加以说明。

① 当两曲面相交时，过渡线应不与圆角轮廓接触，如图7.38所示。

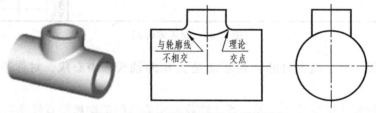

图7.38　两曲面相交时过渡线的画法

② 当两曲面相切时，过渡线应在切点附近断开，如图7.39所示。

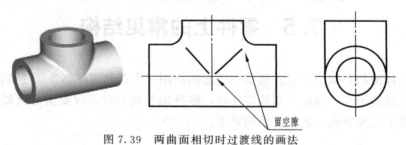

图7.39　两曲面相切时过渡线的画法

③ 平面与平面、平面与曲面相交时，过渡线应在转角处断开，并加画过渡圆弧，其弯向与铸造圆角的弯向一致，如图7.40所示。

④ 当肋板与圆柱组合时，其过渡线的形状与肋板的断面形状，以及肋板与圆柱的组合形式有关，如图7.41所示。

7.5.1.4 铸件壁厚

在浇铸零件时，为了避免各部分因冷却速度不同而产生缩孔或裂纹，铸件的壁厚应保持

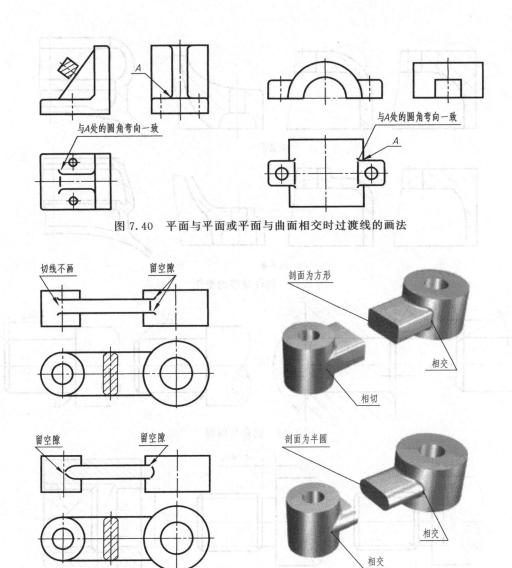

图 7.40　平面与平面或平面与曲面相交时过渡线的画法

图 7.41　肋板与圆柱组合时过渡线的画法

大致均匀，或采用渐变的方法，并尽量保持壁厚均匀，见图 7.42。

7.5.2　零件加工的工艺结构

7.5.2.1　倒角与倒圆

为了便于零件的装配并消除毛刺或锐边，在轴和孔的端部都作出倒角。为减少应力集中，有轴肩处往往制成圆角过渡形式，称为倒圆，如图 7.43 所示。

7.5.2.2　退刀槽和砂轮越程槽

在切削加工零件时，特别是在车螺纹和磨削时，为便于退出刀具或使砂轮可稍微越过加工面，常在待加工面的末端先车出退刀槽或砂轮越程槽。槽的尺寸一般可按"槽宽×直径"或"槽宽×槽深"方式标注，当槽的结构比较复杂时，可画出局部放大图标柱尺寸，见图 7.44。

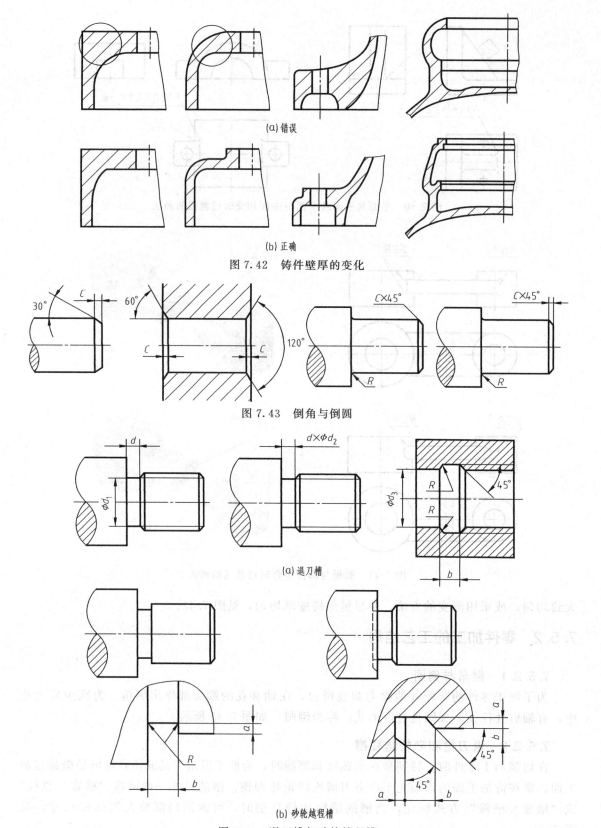

(a) 错误

(b) 正确

图 7.42 铸件壁厚的变化

图 7.43 倒角与倒圆

(a) 退刀槽

(b) 砂轮越程槽

图 7.44 退刀槽与砂轮越程槽

7.5.2.3 钻孔结构

用钻头钻出的盲孔，底部有 1 个 120°的锥顶角，圆柱部分的深度称为钻孔深度。在阶梯形钻孔中，有锥顶角为 120°的圆锥台，见图 7.45（a）、（b）。

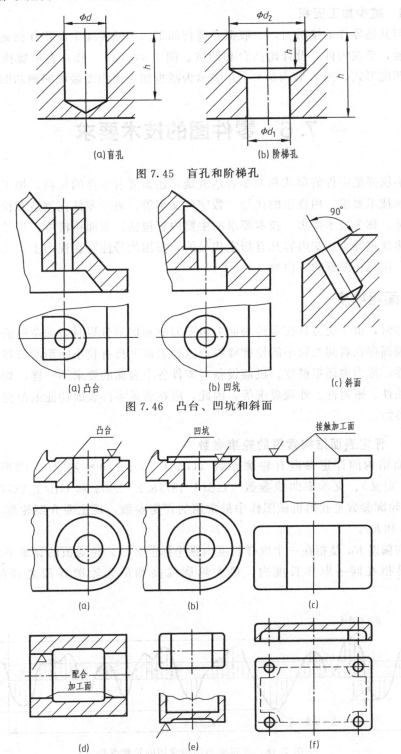

(a) 盲孔 　　　　　　　 (b) 阶梯孔

图 7.45　盲孔和阶梯孔

(a) 凸台 　　　　　 (b) 凹坑 　　　　　 (c) 斜面

图 7.46　凸台、凹坑和斜面

(a) 　　　 (b) 　　　 (c)

(d) 　　　 (e) 　　　 (f)

图 7.47　凸台和凹坑

用钻头钻孔时，要求钻头轴线尽量垂直于被钻孔的端面，以保证钻孔准确，避免钻头折断，当零件表面倾斜时，可设置凸台或凹坑。钻头单边受力也容易折断，因此，钻头钻透处的结构，也要设置凸台使孔完整。图 7.46 表示三种钻孔端面的正确结构。

7.5.2.4 减少加工面积

零件上与其他零件的接触面，一般都要进行加工。为减少加工面积并保证零件表面之间有良好的接触，常在铸件上设计出凸台和凹坑。图 7.47（a）、（b）表示螺栓连接的支承面做成凸台和凹坑形式，图 7.47（c）～（f）表示为减少加工面积而做成凹槽和凹腔结构。

◀ 7.6 零件图的技术要求 ▶

零件图不仅要把零件的形状和大小表达清楚，还需要对零件的材料、加工、检验、测量等提出必要的技术要求。用规定的代号、数字、文字等，表示零件在制造和检验过程中应达到的技术指标，称为技术要求。技术要求的主要内容包括：表面粗糙度、尺寸公差、形位公差、材料及热处理等。这些内容凡有指定代号的，需用代号注写在视图上，无指定代号的则用文字说明，注写在图纸的空白处。

7.6.1 表面粗糙度

加工零件时，由于受刀具在零件表面上留下刀痕和切削分裂时表面金属的塑性变形等影响，使零件表面存在着间距较小的轮廓峰谷。这种表面上具有较小间距的峰谷所组成的微观几何形状特性，称为表面粗糙度。机器设备对零件各个表面的要求不一样，如配合性质、耐磨性、抗腐蚀性、密封性、外观要求等，因此，应在满足零件表面功能的前提下，合理选用表面粗糙度参数。

7.6.1.1 评定表面结构常用的轮廓参数

零件表面结构的评定参数有轮廓参数（GB/T 3505—2000 定义）、图形参数（GB/T 18618—2002 定义）、支承率曲线参数（GB/T 18778.2—2003 和 GB/T 18778.3—2006 定义）。其中，轮廓参数是我国机械图样中最常用的评定参数，现主要介绍轮廓参数中的两个高度参数 Ra 和 Rz。

算术平均偏差 Ra 是指在一个取样长度内纵坐标值 $Z(x)$ 绝对值的算术平均值。轮廓最大高度 Rz 是指在同一取样长度内，最大轮廓峰高和最大轮廓谷深之和的高度，参见图 7.48。

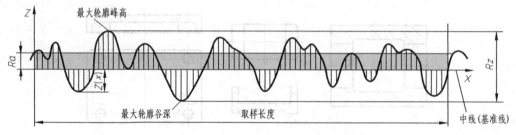

图 7.48 评定表面结构常用的轮廓参数

7.6.1.2 标注表面结构的图形符号

标注表面结构时要求的图形符号种类、名称、尺寸及其含义见表7.2。

表7.2　表面结构图形符号

符号名称	符　　　号	含　　义
基本图形符号	H_2 H_1 60° 60°	未指定工艺的表面,当通过一个注译时可单独使用
扩展图形符号		用去除材料方法获得的表面;仅当其含义是"被加工表面"时可单独
		不去除材料的表面,也可用于表示保持上道工序形成的表面,不管这种状况是通过去除或不去除材料形成的
完整图形符号		在以上各种符号的长边上加一横线,以便注写对表面结构的各种要求

注：1. 表中 H_1 和 H_2 的大小是当图样中尺寸数字高度选取 $h=3.5$mm 时，按 GB/T 131—2006 的相应规定给定的。
2. 表中 H_2 是最小值，必要时允许加大。

表7.3 列出了图形符号的尺寸。

表7.3　图形符号的尺寸　　　　　　　　　　单位：mm

数字与字母的高度 h	2.5	3.5	5	7	10	14	20
高度 H_1	3.5	5	7	10	14	20	28
高度 H_2（最小值）	7.5	10.5	15	21	30	42	60

注： H_2 取决于标注内容。

7.6.1.3 表面结构代号

表面结构符号中注写了具体参数代号及数值等要求后即称为表面结构代号。表面结构代号的示例及含义见表7.4。

表7.4　表面结构代号示例

序号	代号示例	含义/解译
1	$Ra\ 0.8$	表示不允许去除材料,单向上限值,默认传输带,Ra 轮廓,算术平均偏差为 0.8μm,评定长度为 5 个取样长度(默认),"16％规则"(默认)。"16％规则"是指运用本规则时,当被检表面测得的全部参数值中,超过极限值的个数不多于总个数的 16％时,该表面是合格的
2	$Rz_{max}\ 0.2$	表示去除材料,单向上限值,默认传输带,Rz 轮廓,粗糙度最大高度的最大值为 0.2μm,评定长度为 5 个取样长度(默认),"最大规则"是指运用本规则时,被检的整个表面上测得的参数值一个也不应超过给定的极限值
3	$0.008-0.8/Ra\ 3.2$	表示去除材料,单向上限值,传输带 $0.008\sim0.8$mm,Ra 轮廓,算术平均偏差为 3.2μm,评定长度为 5 个取样长度(默认),"16％规则"(默认)

序号	代号示例	含义/解译
4	$\sqrt{\begin{array}{l}U\,Ra_{max}\,3.2\\L\,Ra\,0.8\end{array}}$	表示不允许去除材料,双向极限值,两极限值均使用默认传输带,Ra 轮廓。上限值:算术平均偏差为 $3.2\mu m$,评定长度为 5 个取样长度(默认),"最大规则"。下限值:算术平均偏差 $0.8\mu m$,评定长度为 5 个取样长度(默认),"16% 规则"(默认)

7.6.1.4 表面结构要求在图形符号中的注写位置

参见表 7.5。

表 7.5 表面结构要求在图形符号中的注写位置

图 例	说 明
	位置 a:注写表面结构的单一要求 位置 a 和 b:注写两个或多个表面结构要求 位置 c:注写加工方法,如"车"、"磨"等 位置 d:注写表面纹理方向,如"="、"m"等 位置 e:注写加工余量
	当在图样某个视图上构成封闭轮廓的各表面有相同的表面结构要求时,在完整图形符号上加一圆圈,标注在图样中工件的封闭轮廓线上

7.6.1.5 表面结构表示法在图样中的注法

① 表面结构要求对每一表面一般只注一次,并尽可能注在相应的尺寸及其公差的同一视图上。所标注的表面结构要求是对完工零件表面的要求。

② 表面结构的注写和读取方向与尺寸的注写和读取方向一致。表面结构要求可标注在轮廓线上,其符号应从材料外指向并接触表面,如图 7.49(a)所示。

③ 在不致引起误解时,表面结构要求标注在给定的尺寸线上,如图 7.49(b)所示。

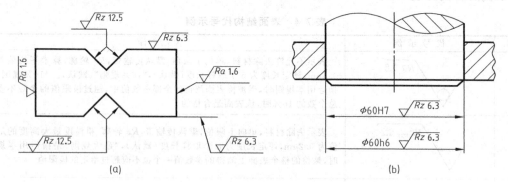

图 7.49 表面结构的注写和读取方向

④ 必要时,表面结构也可用带箭头或黑点的指引线引出标注,如图 7.50 所示。

⑤ 表面结构要求可标注在形位公差框格的上方,如图 7.51 所示。

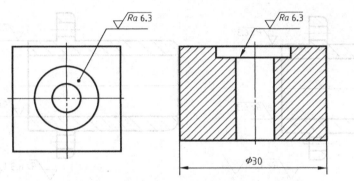

图 7.50　表面结构用带箭头或黑点的指引线引出标注

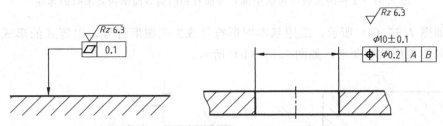

图 7.51　表面结构要求标注在形位公差框格的上方

⑥ 圆柱和棱柱表面的表面结构要求只标注一次，如图 7.52 所示。

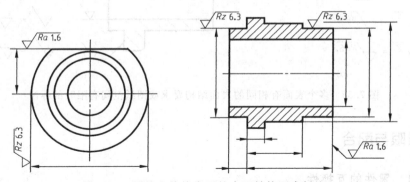

图 7.52　圆柱和棱柱表面的表面结构要求标注

⑦ 如果每个棱柱表面有不同的表面结构要求，则应分别单独标注，如图 7.53 所示。

7.6.1.6　表面结构要求在图样中的简化标注法

① 如在工件的多数（包括全部）表面有相同的表面结构要求时，则其表面结构要求可统一标注在图样的标题栏附近。此时，在圆括号内给出无任何其他标注的基本符号，或在圆括号内给出不同的表面结构要求，分别如图 7.54（a）、（b）所示。

② 当多个表面有相同的表面结构要求或图纸空间有限时，可用带字母的完整图形符号以等式的形式，在图形或标题栏附近，对有相同表面结构要求的表面进行简

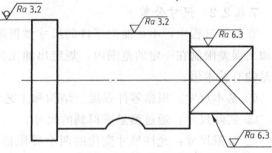

图 7.53　不同表面结构要求的棱柱表面的标注

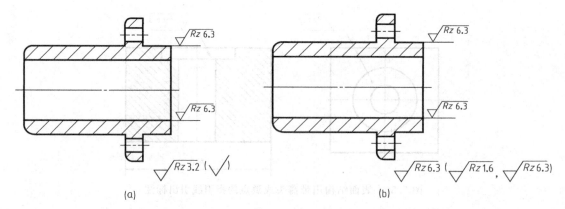

图 7.54　工件的多数（包括全部）表面有相同的表面结构要求时的标注

化标注，如图 7.55（a）所示；或用基本图形符号或扩展图形符号，以等式的形式给出对多个表面共同的表面结构要求，如图 7.55（b）所示。

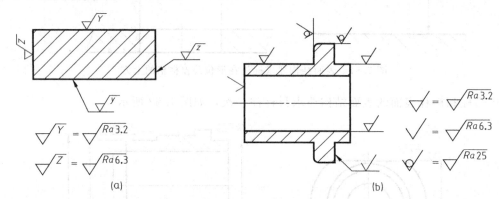

图 7.55　多个表面有相同的表面结构要求或图纸空间有限时的标注

7.6.2　极限与配合

7.6.2.1　零件的互换性

零件的互换性是指同一规格的任一零件在装配时不经选择或修配，就达到预期的配合性质，满足使用要求。要满足零件的互换性，就要求有配合关系的尺寸在一个允许的范围内变动，并且在制造上又是经济合理的。零件具有互换性，不但给装配、修理机器带来方便，还可用专用设备生产，提高产品数量和质量，同时降低产品的成本。

7.6.2.2　尺寸公差

在加工过程中，不可能把零件的尺寸做得绝对准确。为了保证互换性，必须将零件尺寸的加工误差限制在一定的范围内，规定出加工尺寸的可变动量。下面用图 7.56 来说明尺寸公差的有关术语。

　① 基本尺寸：根据零件强度、结构和工艺性要求，设计确定的尺寸。

　② 实际尺寸：通过测量所得到的尺寸。

　③ 极限尺寸：允许尺寸变化的两个界限值。它以基本尺寸为基数来确定。两个界限值中较大的一个称为最大极限尺寸；较小的一个称为最小极限尺寸。

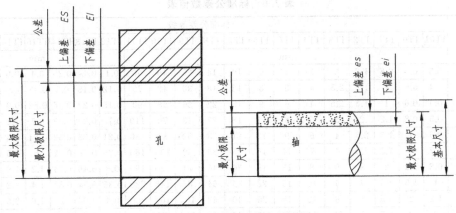

图 7.56　尺寸公差的有关术语

④ 尺寸偏差（简称偏差）：极限尺寸减去基本尺寸的代数差，分别为上偏差和下偏差。孔上偏差用 ES，下偏差用 EI；轴上偏差用 es，下偏差用 ei 表示。

$$上偏差＝最大极限尺寸－基本尺寸$$
$$下偏差＝最小极限尺寸－基本尺寸$$

上、下偏差统称为极限偏差。上、下偏差可以是正值、负值或零。

⑤ 尺寸公差（简称公差）：允许尺寸的变动量。它等于最大极限尺寸与最小极限尺寸之代数差的绝对值。也等于上偏差与下偏差之代数差的绝对值。

$$尺寸公差＝最大极限尺寸－最小极限尺寸$$
$$＝上偏差－下偏差$$

因为最大极限尺寸总是大于最小极限尺寸，所以尺寸公差一定为正值。

⑥ 公差带和公差带图：公差带表示公差大小和相对于零线位置的一个区域。零线是确定偏差的一条基准线，通常以零线表示基本尺寸。为了便于分析，一般将尺寸公差与基本尺寸的关系，按放大比例画成简图，称为公差带图。在公差带图中，上、下偏差的距离应成比例，公差带方框的左右长度根据需要任意确定。一般用斜线表示孔的公差带；加点表示轴的公差带（图 7.57）。

7.6.2.3　标准公差和基本偏差

① 标准公差：标准公差是国家标准极限与配合制中所规定的任一公差。如表 7.6 所示。公差等级确定尺寸精确程度的等级。国家标准将标准公差分为 20 个公差等级（IT01～IT18），用标准公差等级代号 IT01，IT0，IT1，…，IT18 表示。"IT" 为 "国际公差" 的符号，公差等级的代号用阿拉伯数字表示：01，0，1，…，18。如 IT8 的含义为 8 级标准公差。在同一尺寸段内，从 IT01～IT18，精度依次降低，而相应的标准公差值依次增大。其关系为：

图 7.57　公差带图

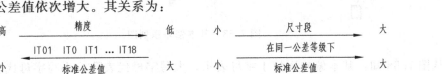

表7.6 标准公差数值表

基本尺寸 /mm		标准公差等级																			
大于	至	IT01	IT0	IT1	IT2	IT3	IT4	IT5	IT6	IT7	IT8	IT9	IT10	IT11	IT12	IT13	IT14	IT15	IT16	IT17	IT18
		μm													mm						
—	3	0.3	0.5	0.8	1.2	2	3	4	6	10	14	25	40	60	0.1	0.14	0.25	0.4	0.6	1	1.4
3	6	0.4	0.6	1	1.5	2.5	4	5	8	12	18	30	48	75	0.12	0.18	0.3	0.48	0.75	1.2	1.8
6	10	0.4	0.6	1	1.5	2.5	4	6	9	15	22	36	58	90	0.15	0.22	0.36	0.58	0.9	1.5	2.2
10	18	0.5	0.8	1.2	2	3	5	8	11	18	27	43	70	110	0.18	0.27	0.43	0.7	1.1	1.8	2.7
18	30	0.6	1	1.5	2.5	4	6	9	13	21	33	52	84	130	0.21	0.33	0.52	0.84	1.3	2.1	3.3
30	50	0.7	1	1.5	2.5	4	7	11	16	25	39	62	100	160	0.25	0.39	0.62	1	1.6	2.5	3.9
50	80	0.8	1.2	2	3	5	8	13	19	30	46	74	120	190	0.3	0.46	0.74	1.2	1.9	3	4.6
80	120	1	1.5	2.5	4	6	10	15	22	35	54	87	140	220	0.35	0.54	0.87	1.4	2.2	3.5	5.4
120	180	1.2	2	3.5	5	8	12	18	25	40	63	100	160	250	0.4	0.63	1	1.6	2.5	4	6.3
180	250	2	3	4.5	7	10	14	20	29	46	72	115	185	290	0.46	0.72	1.15	1.85	2.9	4.6	7.2
250	315	2.5	4	6	8	12	16	23	32	52	81	130	210	320	0.52	0.81	1.3	2.1	3.2	5.2	8.1
315	400	3	5	7	9	13	18	25	36	57	89	140	230	360	0.57	0.89	1.4	2.3	3.6	5.7	8.9
400	500	4	6	8	10	15	20	27	40	63	97	155	250	400	0.63	0.97	1.55	2.5	4	6.3	9.7

注：基本尺寸小于或等于1mm时，无IT14～IT18。

② 基本偏差：用以确定公差带相对于零线位置的上偏差或下偏差。一般是指靠近零线的偏差，如图7.58所示。根据实际需要，国家标准分别对孔和轴各规定了28个不同的基本偏差。轴和孔的基本偏差数值见附录C。

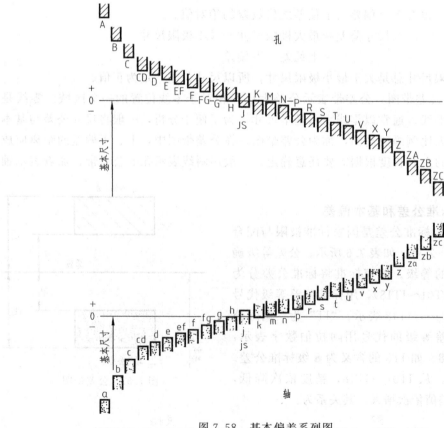

图7.58 基本偏差系列图

从图7.58知：基本偏差用拉丁字母表示，大写字母代表孔，小写字母代表轴。

轴的基本偏差从 a～h 为上偏差，从 j～zc 为下偏差，js 的上、下偏差分别为$+\dfrac{IT}{2}$和$-\dfrac{IT}{2}$。

孔的基本偏差从 A～H 为下偏差，从 J～ZC 为上偏差。JS 的上、下偏差分别为$+\dfrac{IT}{2}$和$-\dfrac{IT}{2}$。

轴和孔的另一偏差可根据轴和孔的基本偏差和标准公差，按以下代数式计算。

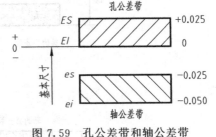

图 7.59　孔公差带和轴公差带

轴的上偏差（或下偏差）：$es=ei+IT$ 或 $ei=es-IT$。

孔的另一偏差（或下偏差）：$ES=EI+IT$ 或 $EI=ES-IT$。

如图 7.59 所示孔公差带的基本偏差为下偏差 0，轴公差带的基本偏差为上偏差－0.025。

③ 孔、轴的公差带代号：由基本偏差与公差等级代号组成，并且要用同一号字母书写。例如 ϕ50H8 的含义是：

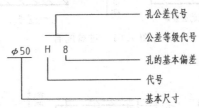

此公差带的全称是：基本尺寸为 ϕ50mm，公差等级为 8 级，基本偏差为 H 的孔的公差带。

又如 ϕ50f8 的含义是：

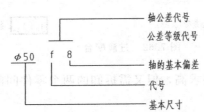

此公差带的全称是：基本尺寸为 ϕ50mm，公差等级为 8 级，基本偏差为 f 的轴的公差带。

7.6.2.4　零件的配合

基本尺寸相同的、相互结合的孔和轴公差带之间的关系，称为配合。配合分为三类：即间隙配合、过盈配合和过渡配合。

（1）配合类型

① 间隙配合：孔的公差带完全在轴的公差带之上，孔比轴大，任取其中一对轴和孔相配都成为具有间隙的配合（包括最小间隙为零），如图 7.60 所示。当互相配合的两个零件需相对运动或要求拆卸很方便时，则需采用间隙配合。

② 过盈配合：孔的公差带完全在轴的公差带之下，孔比轴小，任取其中一对轴和孔相配都成为具有过盈的配合（包括最小过盈为零），如图 7.61 所示。当互相配合的两个零件需牢固连接、保证相对静止或传递动力时，则需采用过盈配合。

③ 过渡配合：孔和轴的公差带相互交叠，孔可能比轴大，也可能比轴小，任取其中一对孔和轴相配，可能具有间隙，也可能具有过盈的配合，如图 7.62 所示。过渡配合常用

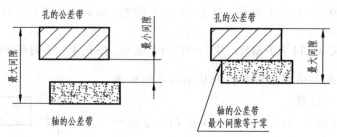

图 7.60　间隙配合

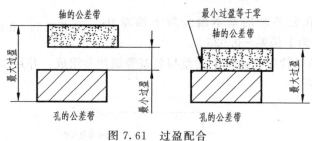

图 7.61　过盈配合

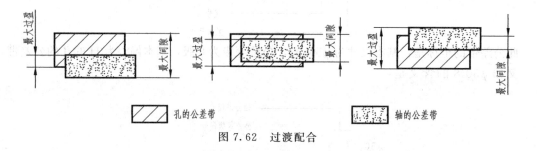

图 7.62　过渡配合

于不允许有相对运动，轴孔对中要求高，但又需拆卸的两个零件间的配合。

（2）配合的基准制

① 基孔制：基本偏差为一定的孔的公差带，与不同基本偏差的轴的公差带构成各种配合的一种制度称为基孔制。指在同一基本尺寸的配合中，将孔的公差带位置固定，通过变动轴的公差带位置，得到各种不同的配合，如图 7.63（a）所示。

基孔制的孔称为基准孔。国标规定基准孔的下偏差为零，"H"为基准孔的基本偏差。

② 基轴制：基本偏差为一定的轴的公差带与不同基本偏差的孔的公差带构成各种配合的一种制度称为基轴制。这种制度在同一基本尺寸的配合中，是将轴的公差带位置固定，通过变动孔的公差带位置，得到各种不同的配合，如图 7.63（b）所示。

基轴制的轴称为基准轴。国家标准规定基准轴的上偏差为零，"h"为基轴制的基本偏差。

从图 7.63 中不难看出：基孔制（基轴制）中，a～h（A～H）用于间隙配合；j～zc（J～ZC）用于过渡配合和过盈配合。

7.6.2.5　公差与配合的选用

① 选用优先公差带和优先配合：国家标准根据机械工业产品生产使用的需要，考虑到

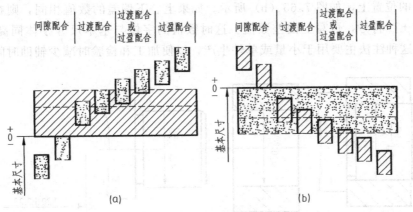

图 7.63 配合的基准制

定值刀具、量具的统一，规定了一般用途孔公差带 105 种，轴公差带 119 种以及优先选用的孔、轴公差带。国标还规定轴、孔公差带中组合成基孔制常用配合 59 种，优先配合 13 种；基轴制常用配合 47 种，优先配合 13 种，参见附录 C。应尽量选用优先配合和常用配合。

② 选用基孔制：一般情况下优先采用基孔制。这样可以限制定值刀具、量具的规格和数量。基轴制通常仅用于有明显经济效果和结构设计要求不适合采用基孔制的场合。例如，使用一根冷拔的圆钢作轴，轴与几个具有不同公差带的孔配合，此时，轴就不另行机械加工了。一些标准滚动轴承的外环与孔的配合，也采用基轴制。

③ 选用孔比轴低一级的公差等级：在保证使用要求的前提下，为减少加工工作量，应当使选用的公差为最大值。加工孔较困难，一般在配合中选用孔比轴低一级的公差等级，如 H8/h7。

7.6.2.6 公差与配合的标注

（1）在装配图中的标注方法

配合的代号由两个相互结合的孔和轴的公差带的代号组成，用分数形式表示，分子为孔的公差带代号，分母为轴的公差带代号，标注的通用形式如图 7.64（a）所示。

（2）在零件图中的标注方法

① 标注公差带的代号，如图 7.64（b）所示。这种注法可和采用专用量具检验零件统一起来，以适应大批量生产的要求。它不需要标注偏差数值。

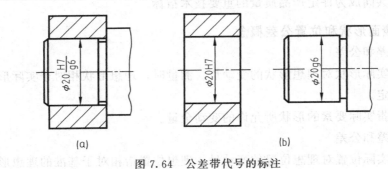

图 7.64 公差带代号的标注

② 标注偏差数值，如图 7.65（b）所示。上（下）偏差注在基本尺寸的右上（下）方，偏差数字应比基本尺寸数字小 1 号。当上（下）偏差数值为零时，可简写为"0"，另一偏差

仍标在原来的位置上，如图 7.65 （b） 所示。如果上、下偏差的数值相同，则在基本尺寸数字后标注 "±" 符号，再写上偏差数值。这时数值的字体与基本尺寸字体同高，如图 7.65 （c） 所示。这种注法主要用于小量或单件生产，以便加工和检验时减少辅助时间。

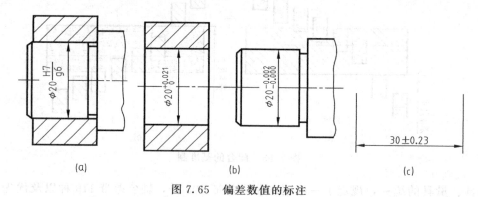

图 7.65　偏差数值的标注

③ 公差带代号和偏差数值一起标注，如图 7.66 所示。

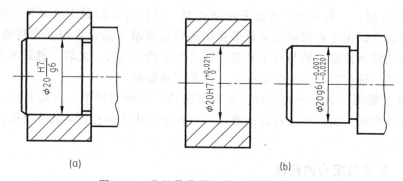

图 7.66　公差带代号和偏差数值的标注

7.6.3　表面形状和位置公差

机械零件在加工中的尺寸误差，根据使用要求用尺寸公差加以限制。而加工中对零件的几何形状和相对几何要素的位置误差则由形状和位置公差加以限制。因此，它和表面粗糙度、极限与配合共同成为评定产品质量的重要技术指标。

7.6.3.1　表面形状和位置公差概念

（1）形状误差和公差

形状误差指实际形状对理想形状的变动量。测量时，理想形状相对于实际形状位置，应按最小条件来确定。

形状公差是指实际要素的形状所允许的变动全量。

（2）位置误差和公差

位置误差指实际位置对理想位置的变动量。理想位置指相对于基准的理想形状的位置而言。测量时，确定基准的理想形状的位置应符合最小条件。

位置公差是指实际要素的位置对基准所允许的变动全量。

形状公差和位置公差的符号见表 7.7。

表 7.7　形状公差和位置公差符号

分类	项　目	符　号	分类	项　目	符　号
形状公差	直线度	—	位置公差	平行度	//
	平面度	▱	定向	垂直度	⊥
				倾斜度	∠
	圆度	○	定位	同轴度	◎
	圆柱度	⌭		位置度	⊕
	线轮廓度	⌒		对称度	=
	面轮廓度	⌓	跳动	圆跳动	↗
				全跳动	⌰

（3）公差带及其形状

公差带是由公差值确定的，它是限制实际形状或实际位置变动的区域。公差带的形状有：两平行直线、两等距曲线、两同心圆、一个圆、一个球、一个圆柱、一个四棱柱、两同轴圆柱、两平行平面、两等距曲面等。

7.6.3.2　标注方法

标注形状公差和位置公差时，标准中规定应用框格标注。

① 公差框格用细实线画出，可画成水平的或垂直的，框格高度是图样中尺寸数字高度的两倍，它的长度视需要而定。框格中的数字、字母、符号与图样中的数字等高。图 7.67 给出了形状公差和位置公差的框格形式。

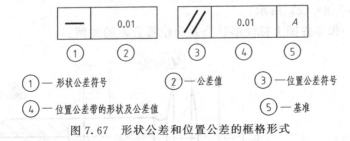

①—形状公差符号　　②—公差值　　③—位置公差符号

④—位置公差带的形状及公差值　　⑤—基准

图 7.67　形状公差和位置公差的框格形式

② 用带箭头的指引线将被测要素与公差框格一端相连，指引线箭头指向公差带的宽度方向或直径方面。指引线箭头所指部位可有以下三种情况。

a. 当被测要素为整体轴线或公共中心平面时，指引线箭头可直接指在轴线或中心线上，如图 7.68（a）所示。

b. 当被测要素为轴线、球心或中心平面时，指引线箭头应与该要素的尺寸线对齐，如图 7.68（b）所示。

c. 当被测要素为线或表面时，指引线箭头应指该要素的轮廓线或其引出线上，并应明显地与尺寸线错开，如图 7.68（c）所示。

③ 用带基准符号的指引线将基准要素与公差框格的另一端相连，如图 7.69（a）所示。当标注不方便时，基准代号也可由基准符号、圆圈、连线和字母组成。基准符号用加粗的短线表示；圆圈和连线用细实线绘制，连线必须与基准要素垂直，如图 7.70 所示基准符号所

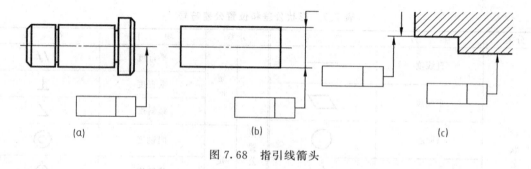

图 7.68　指引线箭头

靠近的部位，可有以下三种情况。

　　a. 当基准要素为素线或表面时，基准符号应靠近该要素的轮廓线或引出线标注，并应明显地与尺寸线箭头错开，如图 7.69（a）所示。

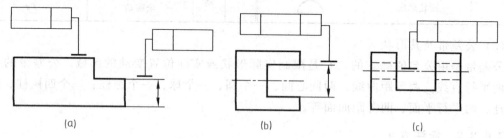

图 7.69　带基准符号的指引线

　　b. 当基准要素为轴线、球心或中心平面时，基准符号应与该要素的尺寸线箭头对齐，如图 7.69（b）所示。

　　c. 当基准要素为整体轴线或公共中心面时，基准符号可直接靠近公共轴线（或公共中心线）标注，如图 7.69（c）所示。

　　图 7.71 是在一张零件图上标注形状公差和位置公差的实例。

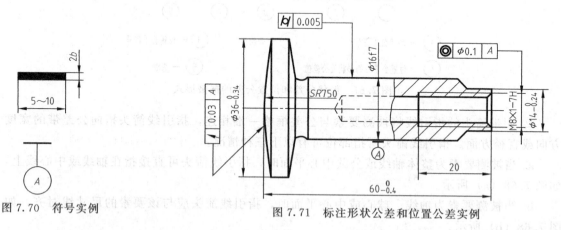

图 7.70　符号实例　　　　　　　　图 7.71　标注形状公差和位置公差实例

7.7　零件的测绘

　　零件的测绘就是根据实际零件画出它的图形，测量出它的尺寸并制订出技术要求。测绘时，首先以徒手画出零件草图，然后根据该草图画出零件工作图。

7.7.1 画零件草图的方法

7.7.1.1 了解和分析测绘对象
首先应了解零件的名称、用途、材料以及它在机器（或部件）中的位置和作用；然后对该零件进行结构分析和制造方法的大致分析。

7.7.1.2 确定视图表达方案
根据显示形状特征的原则，按零件的加工位置或工作位置确定主视图；再按零件的内外结构特点选用必要的其他视图、剖视、断面等表达方法。

7.7.1.3 绘制零件草图
套筒零件的草图绘制步骤，见图 7.72。

① 在图纸上定出各视图的位置。画出各视图的基准线、中心线，如图 7.72（a）所示。安排各视图的位置时，要考虑到各视图间应有标注尺寸的地方，右下角留有标题栏的位置。

② 详细地画出零件外部和内部的结构形状，如图 7.72（b）所示。

③ 注出零件各表面粗糙度符号，选择基准和画尺寸线、尺寸界线及箭头。经过仔细校核后，描深轮廓线，画好剖面线，如图 7.72（c）所示。

④ 测量尺寸，定出技术要求，并将尺寸数字、技术要求记入图中，如图 7.72（d）所示。

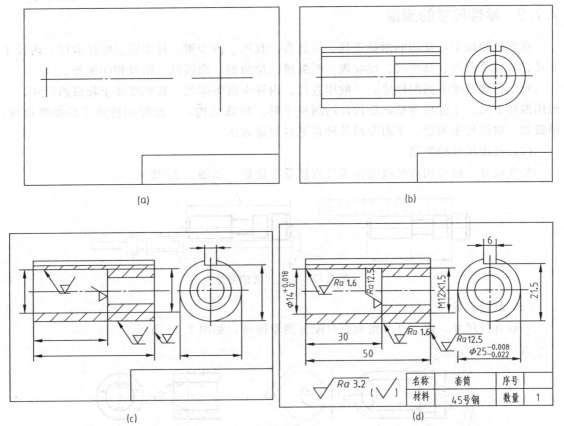

图 7.72　套筒零件的草图绘制步骤

7.7.2　画零件工作图的方法

零件草图是现场测绘的，所考虑的问题不一定完善。因此，在画零件工作图时，需要对草图再进行审核。有些需要设计、计算和选用，如表面粗糙度、尺寸公差、形位公差、材料及表面处理等；有些问题也需要重新加以考虑，如表达方案的选择、尺寸的标注等，经过复查、补充、修改后，方可画零件图。画零件图的方法和步骤如下。

（1）选好比例

根据零件的复杂程度选择比例，尽量选用1∶1。

（2）选择幅面

根据表达方案、比例、选择标准图幅。

（3）画底图

① 定出各视图的基准线；

② 画出图形；

③ 标出尺寸；

④ 注写技术要求，填写标题栏。

（4）校核

（5）描深

（6）审核

7.7.3　零件尺寸的测量

在零件测绘中，常用的测量工具、量具有：直尺、内卡钳、外卡钳、游标卡尺、内径千分尺、外径千分尺、高度尺、螺纹规、圆弧规、量角器、曲线尺、铅丝和印泥等。

对于精度要求不高的尺寸，一般用直尺、内外卡钳等即可，精确度要求较高的尺寸，一般用游标卡尺、千分尺等精确度较高的测量工具。特殊结构，一般要用特殊工具如螺纹规、圆弧规、曲线尺来测量。下面介绍几种常见的测量方法。

（1）长度尺寸的测量

长度尺寸一般可用直尺或游标卡尺直接量得读数，如图7.73所示。

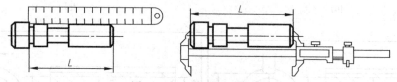

图 7.73　长度尺寸的测量

（2）测量直径

一般直径尺寸，内、外卡钳和直尺配合测量即可，如图7.74所示。

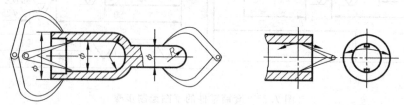

图 7.74　直径的测量

较精确的直径尺寸，多用游标尺或内、外千分尺测量。如图 7.75 所示。

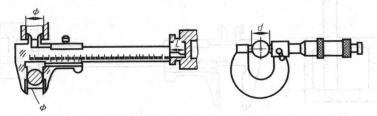

图 7.75　较精确的直径的测量

在测量内径时，如果孔口小不能取出卡钳，则可先在卡钳的两腿上任取 a、b 点，并量取 a、b 间的距离 L，如图 7.76（a）所示，然后合并钳腿取出卡钳，再将钳腿分开至 a、b 间距离为 L，这时在直尺上量得钳腿两端点的距离便是被测孔的直径，如图 7.76（b）所示。也可以用如图 7.76（c）所示的内外同值卡钳进行测量。

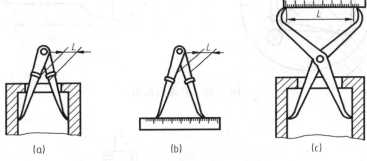

|(a)|(b)|(c)|

图 7.76　测量孔口较小的内径

（3）测量壁厚

若遇用卡钳或卡尺不能直接测出的壁厚时，可采用如图 7.77 所示的方法测量计算得出壁厚。

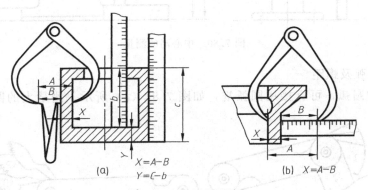

(a)　$X=A-B$　$Y=C-b$　　(b)　$X=A-B$

图 7.77　壁厚的测量

（4）测量深度

深度尺寸，可用游标卡尺或直尺进行测量。如图 7.78（a）、（b）所示。也可用专用的深度游标尺测量。

（5）测量孔距及中心高

测量孔距如图 7.79 所示，也可用游标卡尺测量。中心高，可用如图 7.80 所示的方法测量。

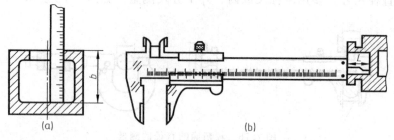

图 7.78　深度的测量

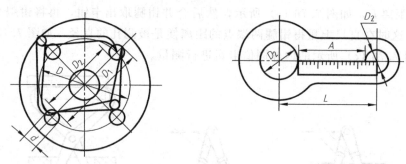

图 7.79　孔距的测量

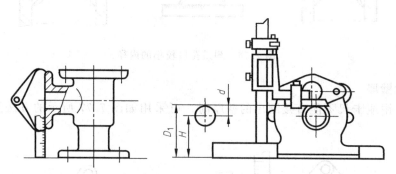

图 7.80　中心高的测量

（6）测量圆弧及螺距

测量较小的圆弧，可直接用圆弧规，如图 7.81（a）所示。测量大的圆弧，可用拓印

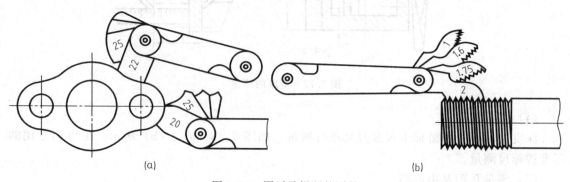

图 7.81　圆弧及螺距的测量

法、坐标法等。测量螺距，可用螺纹规直接测量，如图 7.81（b）所示。

（7）测量角度

测量角度可用游标量角器测量。如图 7.82 所示。

（8）测量曲线、曲面

测量平面曲线，可用纸拓印其轮廓，再测量其形状尺寸，如图 7.83 所示。

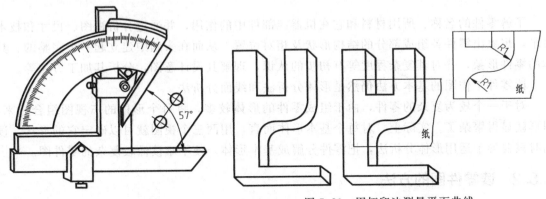

图 7.82　角度的测量　　　　　　　　图 7.83　用拓印法测量平面曲线

一般的曲线和曲面都可用直尺和三角板定出曲线或曲面上各点的坐标，作出曲线再测出其形状尺寸，如图 7.84 所示。

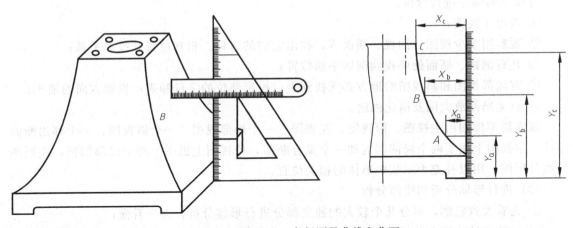

图 7.84　用直尺和三角板测量曲线和曲面

7.7.4　零件测绘时的注意事项

① 零件的制造缺陷，如砂眼、气孔、刀痕、磨损等，都不应画出。

② 因制造、装配需要而形成的工艺结构，如铸造圆角、倒角等必须画出。

③ 有配合关系的尺寸（如配合的孔与轴的直径），一般只要测出它的基本尺寸。其配合性质和相应的公差值，应在分析考虑后，再查阅有关手册确定。

④ 没有配合关系的尺寸或不重要的尺寸，允许将测量所得尺寸作适当调整。

⑤ 对螺纹、键槽、齿轮等标准结构的尺寸，应把测量的结果与标准值对照，一般均采用标准的结构尺寸，以利制造。

7.8 读零件图

7.8.1 读零件图的要求

了解零件的名称、所用材料和它在机器或部件中的作用，并通过分析视图、尺寸和技术要求，想象出零件各组成部分的结构形状及相对位置。从而在头脑中建立起一个完整的、具体的零件形象，并对其复杂程度等有初步的认识，理解其设计意图，分析其加工方法等。

读零件工作图的基本方法仍然是形体分析法和线面分析法。

对于一个较为复杂的零件，由于组成零件的形体较多，将每个形体的三视图组合起来，图形就显得繁杂了。实际上，对每个基本形体而言，用两三个视图就可以确定它的形状，读图时只要善于运用形体分析法，把零件分解成基本形体，便不难读懂较复杂的零件图。

7.8.2 读零件图的方法

（1）看标题栏

从标题栏中了解零件的名称（刹车支架）、材料（HT20～40）等。

（2）表达方案分析

可按下列顺序进行分析：

① 找出主视图；

② 观察用多少视图、剖视、断面等，找出它们的名称、相互位置和投影关系；

③ 凡有剖视、断面处要找到剖切平面位置；

④ 有局部视图和斜视图的地方必须找到表示投影部位的字母和表示投影方向的箭头；

⑤ 有无局部放大图及简化画法。

该支架零件图由主视图、俯视图、左视图、一个局部视图、一个斜视图、一个移出断面组成。主视图上用了两个局部剖视和一个重合断面，俯视图上也用了两个局部剖视，左视图只画外形图，用以补充表示某些形体的相关位置。

（3）进行形体分析和线面分析

① 先看大致轮廓，再分几个较大的独立部分进行形体分析，逐一看懂；

② 对外部结构逐个分析；

③ 对内部结构逐个分析；

④ 对不便于形体分析的部分进行线面分析。

（4）进行尺寸分析

① 形体分析和结构分析，了解定形尺寸和定位尺寸；

② 据零件的结构特点，了解基准和尺寸标注形式；

③ 了解功能尺寸与非功能尺寸；

④ 了解零件总体尺寸。

7.8.3 读油缸体零件图

【案例 7-1】 读如图 7.85 所示的油缸体零件图，说明看零件图的方法和步骤。

案例解析 （1）概括了解

首先，通过标题栏，了解零件名称、材料、绘图比例等，根据零件的名称想象零件的大致功能。并对全图作一大体观览，这样就可以对零件的大致形状以及在机器中的大致作用等有个初步认识。

该零件的名称为油缸体，属于箱体类零件。液压缸的缸体，材料为灰口铸铁（HT200），零件毛坯是铸造而成的，结构较复杂，加工工序较多。

（2）分析视图，想象零件形状

在纵览全图的基础上，详细分析视图，想象出零件的形状。要先看主要部分，后看次要部分；先看容易确定、能够看懂的部分，后看难以确定、不易看懂的部分；先看整体轮廓，后看细节形状。即应用形体分析的方法，抓特征部分，分别将组成零件各个形体的形状想象出来。对于局部投影难解之处，要用线面分析的方法仔细分析，辨别清楚。最后将其综合起来，搞清它们之间的相对位置，想象出零件的整体形状。

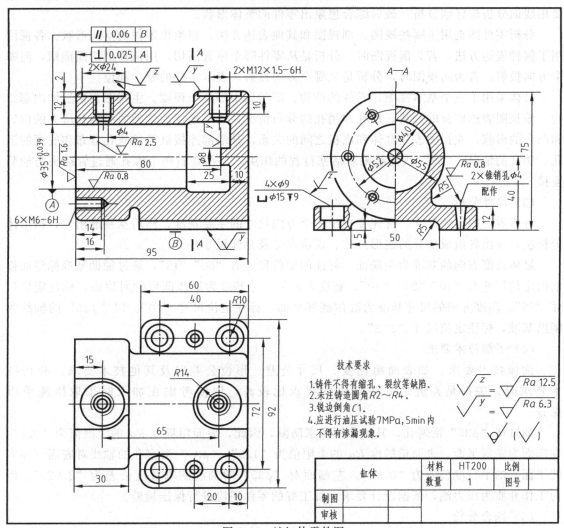

图 7.85　油缸体零件图

可按下列顺序进行分析。

① 找出主视图。

② 观察用多少视图、剖视、断面等，找出它们的名称、相互位置和投影关系。

③ 凡有剖视、断面处要找到剖切平面位置。

④ 有局部视图和斜视图的地方必须找到表示投影部位的字母和表示投射方向的箭头。

⑤ 有无局部放大图及简化画法。

在这一过程中，既要熟练地运用形体分析法，弄清楚零件的主体结构形状，又要依靠对典型局部功能结构（如螺纹、齿轮、键槽等）和典型局部工艺结构（如倒角、退刀槽等）规定画法的熟练掌握，弄清楚零件上的相应结构。

既要利用视图进行投影分析，又要注意尺寸标注（如 R、S、SR 等）和典型结构规定注法的"定形"作用。既要看图想物，又要量图确定投影关系。

在进行分析时要注意先看整体轮廓，后看细致结构；先看主要结构，后看次要结构；先看易确定、易懂的结构，后看较难确定和难懂的结构。

用形体分析法分析各基本形体，想象出各部分的形状。对于投影关系较难理解的局部，要用线面分析法仔细分析。最后综合想象出零件的整体形状。

分析零件图选用了哪些视图、剖视图和其他表达方法，想象出零件的空间形状。各视图用了何种表达方法，若为剖视图时，分析是从零件哪个位置剖切，用何种剖切面剖切，向哪个方向投射；若为向视图时，分析是从哪个方向投射，表示零件的哪个部位。

缸体采用了三个基本视图，零件的结构、形状属中等复杂程度。主视图表达缸体内部结构。俯视图表达底板的形状，螺孔和销孔的分布情况，以及连接油管的两个螺孔所在的位置和凸台的形状。左视图表达缸体和底板之间的关系，其端部连接缸盖的螺孔分布和底板的沉孔、销孔的情况。"φ8"凸台起限制活塞行程的作用，上部左右两个螺孔通过管接头与油管连接。

（3）尺寸分析

分析零件图上的尺寸，首先要找出三个方向尺寸的主要基准，然后从基准出发，按形体分析法，找出各组成部分的定形尺寸、定位尺寸及总体尺寸。

缸体长度方向的基准为左端面，标注的定位尺寸有"80""15"，通过辅助基准标注底板上的定位尺寸有"10""20""40"。宽度方向的尺寸基准为缸体前后的对称面，标注定位尺寸"72"。高度方向的尺寸基准为缸体底部平面，标注定位尺寸"40"。以"φ35"的轴线为辅助基准，标注定位尺寸"φ52"。

（4）了解技术要求

读懂技术要求，如表面粗糙度、尺寸公差、形位公差以及其他技术要求。分析技术要求时，关键是弄清楚哪些部位的要求比较高，以便考虑在加工时采取措施予以保证。

油缸体"φ35"活塞孔，其工作面要求防漏，因此，表面粗糙度 Ra 的上限值为"0.8"，左端面为密封平面，表面粗糙度 Ra 的上限值为"1.6"。"φ35"活塞孔的轴线对底面（即安装平面）的平行度公差为"0.06"，左端面对"φ35"的轴线的垂直度公差为"0.025"。因为工作介质为压力油，依据设计要求，加工好的零件还应进行保压检验。

（5）综合分析

把零件的结构形状、尺寸标注、工艺和技术要求等内容综合起来，就能了解零件的全貌，也就读懂了零件图。有时为了读懂一些较复杂的零件图，还要参考有关资料，全面掌握技术要求、制造方法和加工工艺，综合起来就能得出零件的总体概念。

7.8.4 读蜗轮箱体零件

【案例 7-2】 读如图 7.86 所示的蜗轮箱体零件图，说明看零件图的方法和步骤。

案例解析

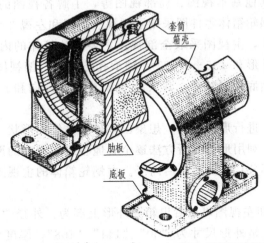

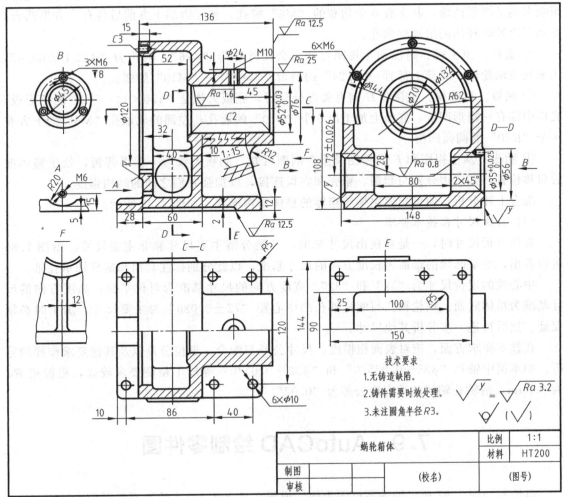

图 7.86 蜗轮箱体零件图

（1）看标题栏，概括了解

由图 7.86 可知该零件名称为蜗轮箱体，是蜗轮减速器中的主要零件，因而即可知蜗轮箱体主要起支撑、包容蜗轮蜗杆等的作用。该零件为铸件，因此，应具有铸造工艺结构的特点。

（2）视图分析

首先找出主视图及其他基本视图、局部视图等，了解各视图的作用以及它们之间的关系、表达方法和内容。蜗轮箱体零件图采用了主视、俯视和左视 3 个基本视图、4 个局部视图和一个重合剖面。其中，主视图采取全剖视，主要表达箱体的内形；左视图为 $D—D$ 局部剖视图，表达左端面外形和 $\phi35+0.025/0$ 轴承孔结构等；俯视图为 $C—C$ 半剖视图，与 E 向视图相配合，以表达底板形状等。其余 A 向、B 向、E 向和 F 向局部视图均可在相应部位找到其投影方向。

（3）根据投影关系，进行形体分析，想象出零件整体结构形状

以结构分析为线索，利用形体分析方法逐个看懂各组成部分的形状和相对位置。一般先看主要部分，后看次要部分，先外形，后内形。由蜗轮箱体的主视图分析，大致可分成如下 4 个组成部分。

① 箱壳。从主、俯和左视图可以看出箱壳外形上部为：外径"$\phi144$"、内径"$R62$"的半圆形壳体，下部大体上是外形尺寸为"60""144""108"，厚度为"10"的长方形壳体；箱壳左端是圆形凸缘，其上有 6 个均布的"M6"螺孔，箱壳内部下方前后各有一方形凸台，并加工出装蜗杆用的滚动轴承孔。

② 套筒。由主视、俯视和左视图可知，套筒外径为"$\phi76$"，内孔为"$\phi52+0.03/0$"，用来安装蜗轮轴，套筒上部有一"$\phi24$"的凸台，其中有一"M10"的螺孔。

③ 底板。据俯视、主视和 E 向有关部分分析，底板大体是"$150\times144\times12$"的矩形板，底板中部有一矩形凹坑，底板上加工出 6 个"$\phi10$"的通孔；左部的放油孔"M6"的下方有一个"$R20$"的圆弧凹槽。

④ 肋板。从主视图和 F 向视图及重合剖面可知，肋板大致为一梯形薄板，处于箱体前后对称位置，其三边分别与套筒、箱壳和底板连接，以加强它们之间的结构强度。

综合上述分析，便可想象出蜗轮箱体的整体结构形状，如图 7.86 所示。

（4）分析尺寸和技术要求

看图分析尺寸时，一是要找出尺寸基准，二是分清主要尺寸和非主要尺寸。由图 7.86 可以看出，左端凸缘的端面为长度方向的尺寸基准，以此分别标注套筒和蜗杆轴承孔轴。

中心线的定位尺寸为"52"和"32"。宽度方向的尺寸基准为对称平面；高度方向的尺寸基准为箱体底面。蜗轮轴孔与蜗杆轴孔的中心距"72 ± 0.026"为主要尺寸，加工时必须保证。然后再进一步分析其他尺寸。

在技术要求方面，应对表面粗糙度、尺寸公差与配合、形位公差以及其他要求作详细分析。如本例中轴孔"$\phi35+0.025/0$"和"$\phi52+0.03/0$"等加工精度要求较高，粗糙度 Ra 为 $0.8\mu m$，两轴孔轴线的垂直度公差为"0.02"。

◀━━━ 7.9 AutoCAD 绘制零件图 ▶━━━

以绘制如图 7.87 所示轴的零件图为例，说明在 AutoCAD 中绘制零件图的方法。

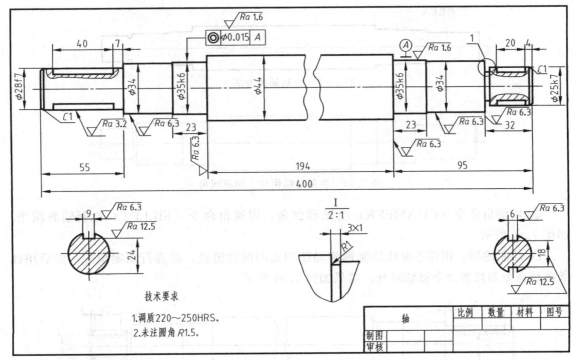

图 7.87 轴的零件图

（1）调用样板图，开始绘新图

① 在绘制一幅新图之前应根据所绘图形的大小及个数，确定绘图比例和图纸尺寸，建立或调用符合国家机械制图标准的样板图。绘图应尽量采用 1∶1 的比例。

② 如果没有所需样板图，则应先设置绘图环境。设置包括绘图界限、单位、图层、颜色和线型、文字及尺寸样式等内容。本例选择 A3 图纸，绘图比例 1∶1。

③ 用 "SAVERS" 命令指定路径保存图形文件，文件名为 "轴零件图.dwg"。

（2）绘制图形

绘图前应先分析图形，设计好绘图顺序，合理布置图形，在绘图过程中要充分利用缩放、对象捕捉、极轴追踪等辅助绘图工具，并注意切换图层。

① 绘制主视图。轴的零件图具有一对称轴，且整个图形沿轴线方向排列，大部分线条与轴线平行或垂直。根据图形这一特点，可先画出轴的上半部分，然后用镜像命令复制出轴的下半部分。

方法 1：用偏移（OFFSET）、修剪（TRIM）命令绘图。根据各段轴径和长度，平移轴线和左端面垂线，然后修剪多余线条绘制各轴段，如图 7.88 所示。

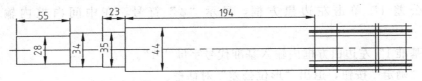

图 7.88 绘制轴的方法 1

方法 2：用直线（LINE）命令，结合极轴追踪、自动追踪功能先画出轴外部轮廓线，如图 7.89 所示，再补画其余线条。

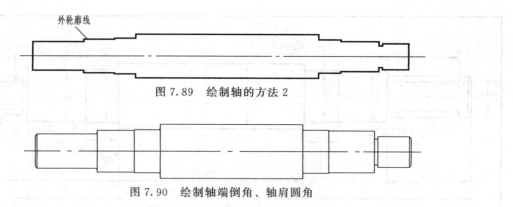

图 7.89　绘制轴的方法 2

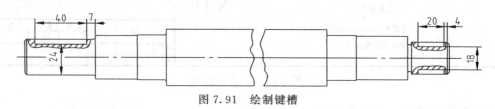

图 7.90　绘制轴端倒角、轴肩圆角

②用倒角命令（CHAMFER）绘轴端倒角，用圆角命令（FILLET）绘制轴肩圆角，如图 7.90 所示。

③绘制键槽。用样条曲线绘制键槽局部剖面图的波浪线，并进行图案填充。然后用样条曲线命令和修剪命令将轴断开，结果如图 7.91 所示。

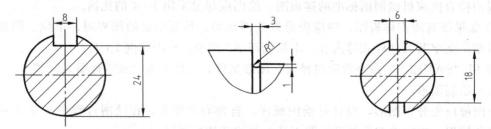

图 7.91　绘制键槽

④绘制键槽剖面图和轴肩局部视图，如图 7.92 所示。

图 7.92　绘制键槽剖面图和轴角局部视图

⑤整理图形，修剪多余线条，将图形调整至合适位置。

（3）标注尺寸和形位公差

①选择"标注""公差"后，弹出"形位公差"对话框，如图 7.93 所示。

②单击"符号"按钮，选取"同轴度"符号"◎"。

③在"公差 1"单击左边黑方框，显示"ϕ"符号，在中间白框内输入公差值"0.015"。

④在"基准 1"左边白方框内输入基准代号字母"A"。

⑤单击"确定"按钮，退出"形位公差"对话框。

⑥用旁注线命令（LEADER）绘指引线，结果如图 7.94 所示。

（4）书写标题栏、技术要求中的文字

至此，轴零件图绘制完成。

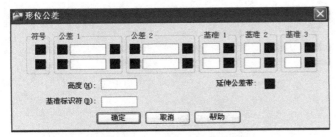

图 7.93 "形位公差"对话框

图 7.94 形位公差

■ 技能训练

1. 动动脑

(1) 零件图在生产中起什么作用？包括哪些内容？

(2) 选择零件的主视图应考虑哪些原则？

(3) 产品设计中常见典型零件的视图表达有哪些特点？

(4) 何谓主要尺寸基准和辅助尺寸基准？二者之间是否应有尺寸联系？

(5) 标注零件图的尺寸时应注意哪些问题？

(6) 试述尺寸公差与配合的概念。

(7) 举例说明标准公差和基本偏差的含义。

(8) 举例说明孔和轴的公差带代号的注写方法。

(9) 尺寸"$\phi42^{+0.025}_{0}$"和"$\phi42$"比较哪个精度高些？为什么？

(10) 何为形位公差？形位公差的标注应注意什么问题？

(11) 试解释$\sqrt{Ra1.6}$的含义。

(12) 零件的铸造和机械加工分别对零件有哪些工艺结构要求？

(13) 如何阅读零件图？

(14) 简述零件测绘的步骤。

(15) 用计算机绘制零件图应注意哪些事项？

2. 动动手

(1) 尺寸分析及标注。完成配套《习题指导》中的 7-1、7-2、7-3。

(2) 标注零件表面粗糙度。完成配套《习题指导》中的 7-4。

(3) 查表并标注配合。完成配套《习题指导》中的 7-5、7-6。

(4) 标注形状和位置公差。完成配套《习题指导》中的 7-7。

(5) 读零件图，补画视图或回答问题。完成配套《习题指导》中的 7-8、7-9、7-10、7-11、7-12 和 7-13。

(6) 用 CAD 软件抄画如图 7.1 所示轴的零件图。

单元八

装 配 图

【学习目标】

通过本单元的学习，应了解装配图表达出的装配关系和零件的主要结构形状，以及在装配、检验、安装时所需要的尺寸数据和技术要求；掌握装配图常用的表达方法及装配体的视图选择原则；能正确阅读和绘制中等复杂程度的装配图。

【学习导读】

在进行设计、装配、调整、检验、安装、使用和维修时都需要装配图。本单元将讨论装配图的内容、装配图的特殊表示法、装配图的画法和尺寸标注、看装配图和由装配图拆画零件图的方法等内容。

8.1 认识装配图

8.1.1 装配图的作用与内容

表达机器或部件的组成及装配关系的图样称为装配图。装配图用来指导机器装配、检验、安装、调试和维修。如图 8.1 所示为由 9 种零件组成的千斤顶立体图，而图 8.2 为其装配图。从中可见装配图的内容一般包括以下四个方面。

（1）一组视图

用来表示装配体的结构特点、各零件的装配关系和主要零件的重要结构形状。

（2）必要的尺寸

表示装配体的规格、性能，装配、安装和总体尺寸等。

（3）技术要求

在装配图的空白处（一般在标题栏、明细栏的上方或左面），用文字、符号等说明对装配体的工作性能、装配要求、试验或使用等方面的有关条件或要求。

（4）标题栏、零件序号和明细栏

说明装配体及其各组成零件的名称、数量和材料等一般概况。

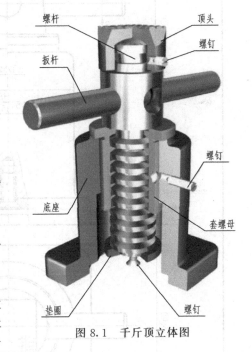

图 8.1 千斤顶立体图

8.1.2 装配图的表达方法

零件的各种表达方法同样适用于画装配图，但装配图以表达装配体的工作原理、装配关系和主要零件的主要结构形状为主。因此国家标准对绘制装配图制定了规定画法、特殊画法和简化画法。

8.1.2.1 规定画法

（1）接触面和配合面的画法

两个零件的接触面和配合面只画一条线，如图 8.3 所示"1"所指部位。

两个基本尺寸不相同的不接触表面和非配合表面，即使其间隙很小，也必须画两条线，如图 8.4 所示"2"所指部位。

（2）剖面线的画法

在剖视图或断面图中，相邻两个零件的剖面线倾斜方向应相反，或方向一致而间隔不同。但在同一张图样上同一个零件在各个视图中的剖面线方向、间隔必须一致，如图 8.5 所示"3"所指情况。

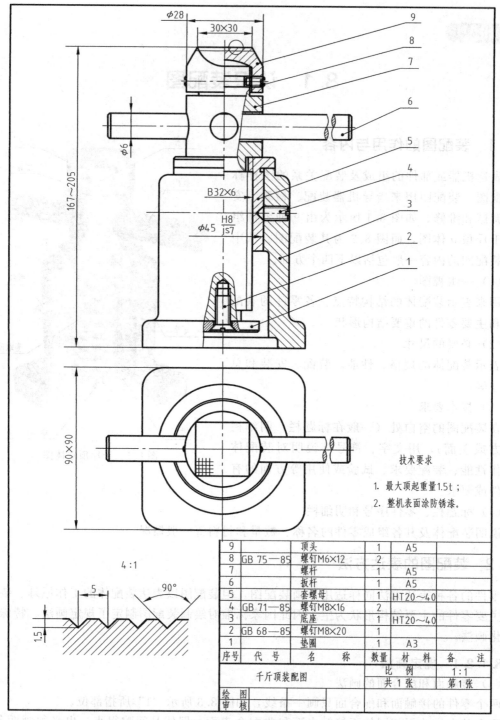

9		顶头	1	A5	
8	GB 75—85	螺钉M6×12	2	A5	
7		螺杆	1	A5	
6		扳杆	1	A5	
5		套螺母	1	HT20~40	
4	GB 71—85	螺钉M8×16	2		
3		底座	1	HT20~40	
2	GB 68—85	螺钉M8×20	1		
1		垫圈	1	A3	
序号	代 号	名 称	数量	材 料	备 注

千斤顶装配图	比 例	1:1
	共 1 张	第 1 张

绘 图		
审 核		

图 8.2 千斤顶装配图

当装配图中零件的面厚度小于 2mm 时，可用涂黑代替剖面符号，如图 8.6 所示"4"箭头所指部位。

（3）实心件和某些标准件的画法

在装配图中，对于紧固件以及轴、连杆、球、勾子、键、销等实心零件，若按纵向剖

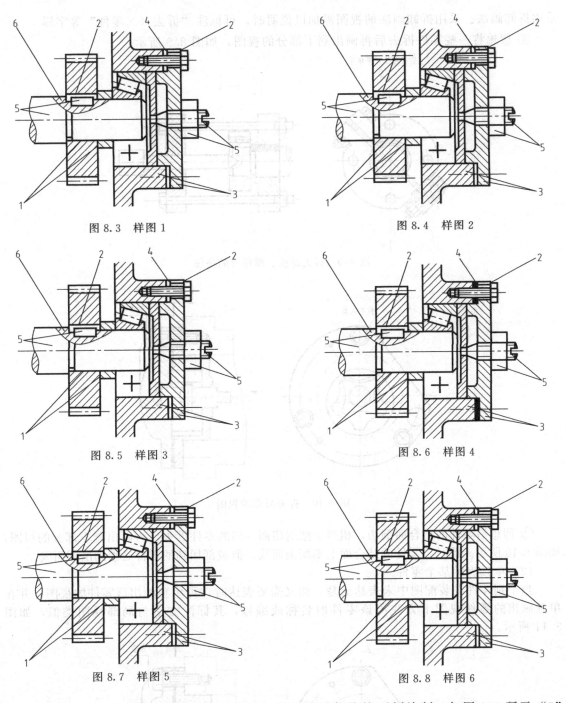

图 8.3　样图 1

图 8.4　样图 2

图 8.5　样图 3

图 8.6　样图 4

图 8.7　样图 5

图 8.8　样图 6

切，且剖切平面通过其对称平面或轴线时，则这些零件均按不剖绘制，如图 8.7 所示"5"
所指情况。

　　当需要特别表明轴等实心零件上的凹坑、凹槽、键槽、销孔等结构时，可采用局部剖视
来表达，如图 8.8 所示"6"所指部位。

8.1.2.2　特殊画法

（1）拆卸画法

装配体上零件间往往有重叠现象，当某些零件遮住了需要表达的结构与装配关系时，可

采用拆卸画法。采用拆卸画法的视图需加以说明时，可标注"拆去××零件"等字样。

① 假想将一些零件拆去后再画出剩下部分的视图，如图 8.9 所示。

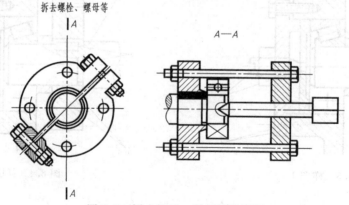

图 8.9　拆去螺栓、螺母等的视图

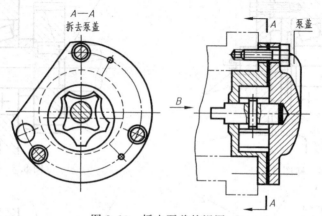

图 8.10　拆去泵盖的视图

② 假想沿零件的结合面剖切，相当于把剖切面一侧的零件拆去，再画出剩下部分的视图，如图 8.10 所示。此时，零件的结合面上不画剖面线，但被剖切到的零件必须画出剖面线。

（2）单独表示某个零件

当个别零件在装配图中未表达清楚，而又需要表达时，可单独画出该零件的视图，并在单独画出的零件视图上方注出该零件的名称或编号，其标注方法与局部视图类似，如图 8.11 所示。

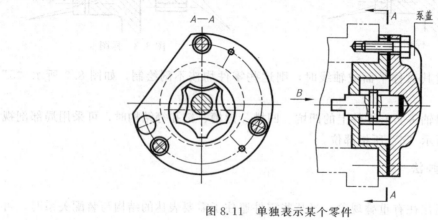

图 8.11　单独表示某个零件

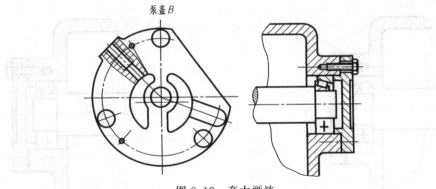

图 8.12　夸大画法

（3）夸大画法

在装配图中，对于一些薄片零件、细丝弹簧、小的间隙和小的锥度等，可不按其实际尺寸作图，而适当地夸大画出。如图 8.12 所示垫片的表示。

（4）假想画法

① 对于运动零件，当需要表明其运动极限位置时，可以在一个极限位置上画出该零件，而在另一个极限位置用双点画线来表示。如图 8.13 所示手柄另一位置的表示法。

② 为了表明本部件与其他相邻部件或零件的装配关系，可用双点画线画出该件的轮廓线。如图 8.14 所示辅助相邻零件的表示。

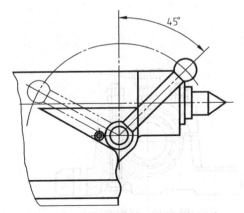

图 8.13　运动零件的极限位置的画法

图 8.14　辅助相邻零件的画法

（5）简化画法

① 装配图中，零件的工艺结构，如小圆角、倒角、退刀槽等可不画出，如图 8.15 所示"1"所指部位的退刀槽、圆角及轴端倒角都未画出。

② 装配图中，螺栓、螺母等可按简化画法画出，即螺栓上螺纹一端的倒角可不画出，螺栓头部及螺母的倒角也不画出，如图 8.16 所示"2"所指部分。

③ 对于装配图中若干相同的零件组，如螺栓、螺母、垫圈等，可只详细地画出一组或几组，其余只用点画线表示出装配位置即可，如图 8.17 所示。

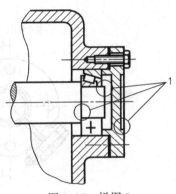

图 8.15　样图 1

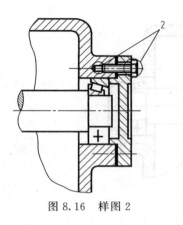

图 8.16　样图 2

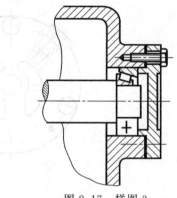

图 8.17　样图 3

④ 装配图中的滚动轴承，可只画出一半，另一半按规定示意画法画出，如图 8.18 中"1"所示。

⑤ 装配图中，当剖切平面通过的某些组件为标准产品，或该组件已由其他图形表达清楚时，则该组件可按不剖绘制，如图 8.19 所示"2"所指部分。

⑥ 装配图中，在不致引起误解，不影响看图的情况下，剖切平面后不需表达的部分可省略不画。如图 8.20 所示剖面 A—A 中上部的螺纹紧固件及与其接触的夹板可见部分都被省略了。

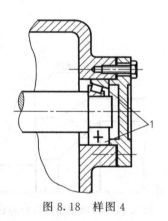

图 8.18　样图 4

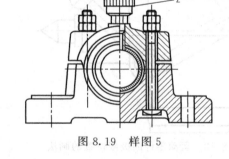

图 8.19　样图 5

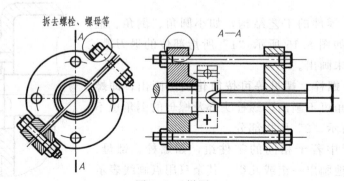

图 8.20　样图 6

8.2　装配图的尺寸标注、序号及明细栏

装配图与零件图在生产中的作用不同，对标注尺寸的要求也不同。装配图一般只标注与部件的规格、性能、装配、检验、安装、运输及使用等有关的尺寸。

8.2.1　装配图的尺寸标注

（1）性能（规格）尺寸

表示装配体的性能、规格或特征的尺寸。它常常是设计或选择使用装配体的依据。如图8.2所示千斤顶装配图中的螺纹尺寸 B32×16，如图8.21所示滑动轴承装配图中的轴孔尺寸"$\phi 50H8$"。

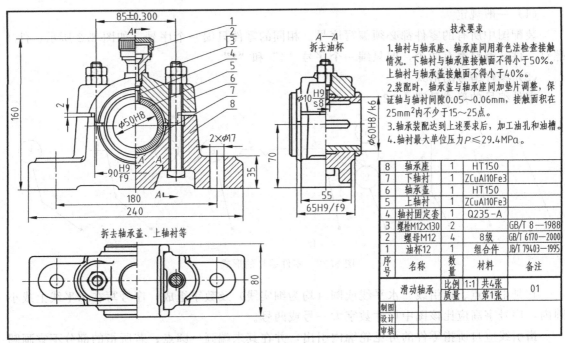

技术要求

1.轴衬与轴承座、轴承座间用着色法检查接触情况。下轴衬与轴承座接触面不得小于50%。上轴衬与轴承盖接触面不得小于40%。
2.装配时，轴承盖与轴承座间加垫片调整，保证轴与轴衬间隙0.05～0.06mm，接触面积在25mm²内不少于15～25点。
3.轴承装配达到上述要求后，加工油孔和油槽。
4.轴衬最大单位压力$P \le 29.4$MPa。

8	轴承座	1	HT150	
7	下轴衬	1	ZCuAl10Fe3	
6	轴承盖	1	HT150	
5	上轴衬	1	ZCuAl10Fe3	
4	轴衬固定套	1	Q235-A	
3	螺栓M12×130	2		GB/T 8—1988
2	螺母M12	4	8级	GB/T 6170—2000
1	油杯12		组合件	JB/T 79403—1995
序号	名称	数量	材料	备注

滑动轴承	比例 1:1	共4张	01
	质量	第1张	
制图			
设计			
审核			

图8.21　滑动轴承装配图

（2）装配尺寸

表示装配体中各零件之间相互配合关系和相对位置的尺寸。这种尺寸是保证装配体装配性能和质量的尺寸。

① 配合尺寸。表示零件间配合性质的尺寸，如图8.2所示的尺寸"$\phi 45\dfrac{H8}{js7}$"，如图8.21所示的"$\phi 60H8/k6$"。

② 相对位置尺寸。表示装配体在装配时需要保证的零件间较重要的距离尺寸和间隙尺寸，如图8.21所示轴承盖与轴承座之间的非接触面间距尺寸"2"。

（3）安装尺寸

表示将装配体安装到其他装配体上或地基上所需的尺寸。如图8.21所示的孔"2×

$\phi17$"和孔心距尺寸"180"。

（4）外形尺寸

表示装配体外形的总体尺寸，即总的长、宽、高。它反映了装配体的大小，提供了装配体在包装、运输和安装过程中所占的空间尺寸。如图 8.21 所示的尺寸"240""80""160"。

（5）其他重要尺寸

根据装配体的结构特点和需要，必须标注的尺寸，如运动件的极限位置尺寸、零件间的主要定位尺寸、设计计算尺寸等。如图 8.2 所示尺寸"167～205"即为运动件的极限尺寸，件 6 扳杆直径"$\phi8$"，件 9 顶头的尺寸"$\phi23$"等均为重要尺寸。

总之，在装配图上标注尺寸时要根据情况作具体分析。

8.2.2 装配图的序号及明细栏

8.2.2.1 零件序号

（1）一般规定

装配图中所有的零件都必须编写序号。相同的零件只编一个序号。如图 8.2 所示，件 4 螺钉、件 8 螺钉都有两个，但只编一个序号"4"和"8"。

（2）零件编号的形式

零件编号的形式见图 8.22。

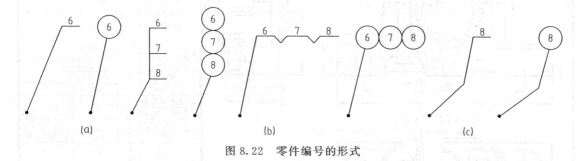

图 8.22 零件编号的形式

它是由圆点、指引线、水平线或圆（均为细实线）及数字组成，序号写在水平线上或小圆内，序号字高应比该图中尺寸数字大一号或两号。

指引线应自所指零件的可见轮廓内引出，并在其末端画一圆点；若所指的部分不宜画圆点，如很薄的零件或涂黑的剖面等，可在指引线的末端画一箭头，并指向该部分的轮廓。

如果是一组紧固件，以及装配关系清楚的零件组，可以采用公共指引线，如图 8.22（b）所示。指引线应尽可能分布均匀且不要彼此相交，也不要过长。指引线通过有剖面线的区域时，要尽量不与剖面线平行，必要时可画成折线，但只允许折一次，如图 8.22（c）所示。

（3）序号编排方法

序号应按水平或垂直方向排列整齐，并按逆时针或顺时针方向顺序编号，见图 8.2、图 8.21。

8.2.2.2 明细栏和标题栏

在装配图的右下角必须设置标题栏和明细栏。明细栏位于标题栏的上方，并和标题栏紧连在一起。如图 8.23 所示的内容和格式可供学习作业中使用。

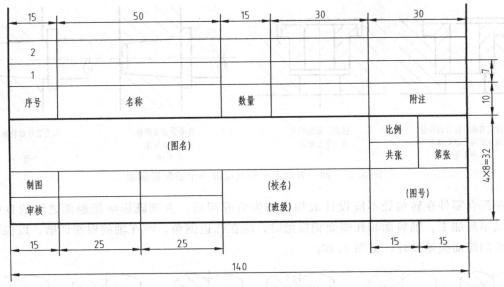

图 8.23　标题栏及明细栏格式

明细栏是装配体全部零件的目录，其序号填写的顺序要由下而上。如位置不够时，可移至标题栏的左边继续编写，见图 8.24。

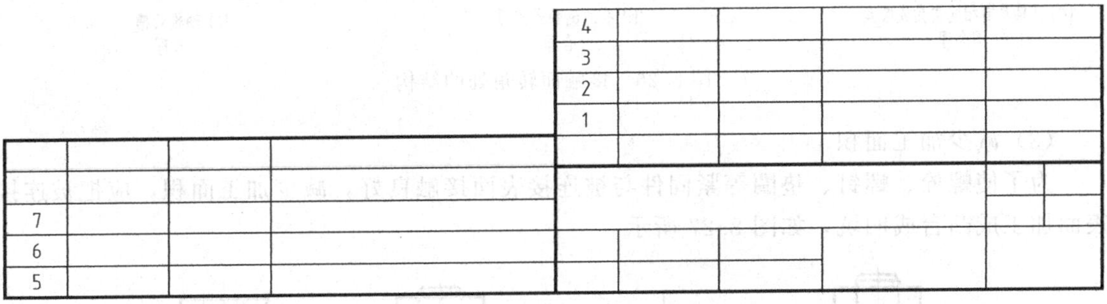

图 8.24　明细栏位置不够时的格式

8.2.2.3　技术要求

在装配图中，还应在图的右下方空白处，写出部件在装配、安装、检验及使用过程等方面的技术要求，见图 8.2 所注。

8.3　装配体的工艺结构

零件除了应根据设计要求确定其结构外，还要考虑加工和装配的合理性，否则就会给装配工作带来困难，甚至不能满足设计要求。下面介绍几种最常见的装配工艺结构。

（1）两零件接触面的数量

两零件装配时，在同一方向上，一般只宜有一个接触面，否则就会给制造和配合带来困难，见图 8.25。

（2）接触面转角处的结构

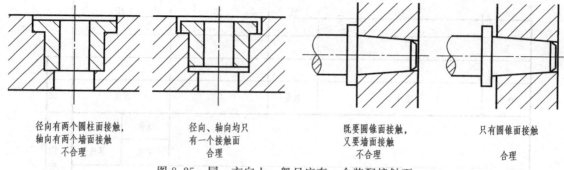

径向有两个圆柱面接触，　　　径向、轴向均只　　　既要圆锥面接触，　　　只有圆锥面接触
轴向有两个墙面接触　　　　　有一个接触面　　　　又要墙面接触
不合理　　　　　　　　　　　合理　　　　　　　　不合理　　　　　　　合理

图 8.25　同一方向上一般只应有一个装配接触面

　　两配合零件在转角处不应设计成相同的尖角或圆角，否则既影响接触面之间的良好接触，又不易加工。轴肩面和孔端面相接触时，应在孔边倒角，或在轴的根部切槽，以保证轴肩与孔的端面接触良好，见图 8.26。

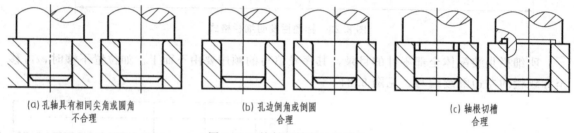

(a)孔轴具有相同尖角或圆角　　　(b)孔边倒角或倒圆　　　(c)轴根切槽
不合理　　　　　　　　　　　合理　　　　　　　　合理

图 8.26　接触面转角处的结构

（3）减少加工面积

　　为了使螺栓、螺钉、垫圈等紧固件与被连接表面接触良好，减少加工面积，应把被连接表面加工成凸台或凹坑，如图 8.27 所示。

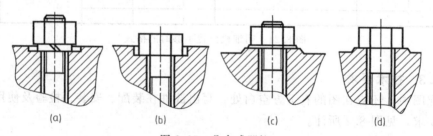

(a)　　　　　　(b)　　　　　　(c)　　　　　　(d)

图 8.27　凸台或凹坑

（4）密封装置的结构

　　在一些部件或机器中，常需要有密封装置，以防止液体外流或灰尘进入。如图 8.28 所示的密封装置是用在泵和阀上的常见结构。通常用浸油的石棉绳或橡胶作填料，拧紧压盖螺母，通过填料压盖即可将填料压紧，起到密封作用。但填料压盖与阀体端面之间必须留有一定间隙，才能保证将填料压紧，而轴与填料之间应有一定的间隙，以免转动时产生摩擦。

（5）零件在轴向的定位结构

　　装在轴上的滚动轴承及齿轮等一般都要有轴向定位结构，以保证能在轴线方向不发生移动。如图 8.29 所示，轴上的滚动轴承及齿轮是靠轴的台肩来定位的，齿轮的一端用螺母、垫圈来压紧，垫圈与轴肩的台阶面间应留有间隙，以便压紧。

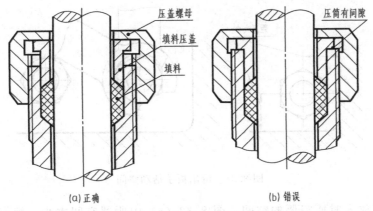

(a) 正确   (b) 错误

图 8.28　填料与密封装置

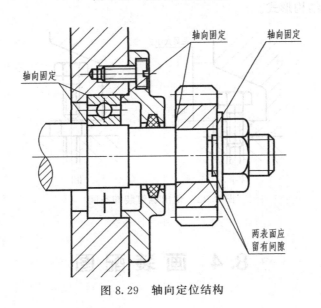

图 8.29　轴向定位结构

（6）考虑维修、安装、拆卸的方便

如图 8.30 所示，滚动轴承装在箱体轴承孔及轴上的情形右边是合理的，若设计成左边图，将无法拆卸。

在安排螺钉位置时，应考虑扳手的空间活动范围，图 8.31（a）中所留空间太小，扳手无法使用，图 8.31（b）是正确的结构形式。

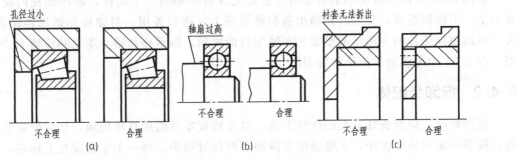

图 8.30　滚动轴承和衬套的定位结构

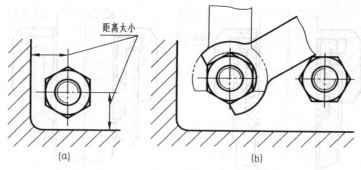

图 8.31　留出扳手活动空间

应考虑螺钉放入时所需要的空间，图 8.32（a）中所留空间太小，螺钉无法放入，图 8.32（b）是正确的结构形式。

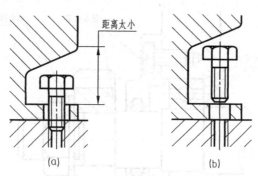

图 8.32　留出螺钉装卸空间

8.4　画装配图

8.4.1　了解和分析装配体

要正确地表达一个装配体，必须首先了解和分析它的用途、工作原理、结构特点以及装拆顺序等情况。对于这些情况的了解，除了观察实物、阅读有关技术资料和类似产品图样外，还可以向有关人员学习和了解。

如图 8.33 所示为滑动轴承装配图，它是支撑传动轴的一个部件，轴在轴瓦内旋转。轴瓦由上、下两块组成，分别嵌在轴承盖和轴承座上，座和盖用一对螺栓和螺母连接在一起。为了可以用加垫片的方法来调整轴瓦和轴配合的松紧，轴承座和轴承盖之间应留有一定的间隙。图 8.34 为滑动轴承的分解轴测图。

8.4.2　拆卸装配体

在拆卸前，应准备好有关的拆卸工具，以及放置零件的用具和场地，然后根据装配的特点，按照一定的拆卸次序，正确地依次拆卸。拆卸过程中，每一个零件应扎上标签，记好编号。拆下的零件要分区分组放在适当的地方，以免混乱和丢失。这样，也便于测绘后的重新

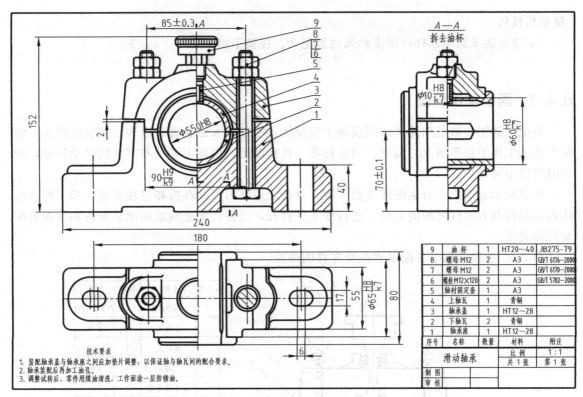

9	油杯	1	HT20~40	JB275-79
8	螺母 M12	2	A3	GB/T 6176-2000
7	螺母 M12	2	A3	GB/T 6170-2000
6	螺栓 M12×120	2	A3	GB/T 5782-2000
5	轴衬固定套	1	A3	
4	上轴瓦	1	青铜	
3	轴承盖	1	HT12~28	
2	下轴瓦	2	青铜	
1	轴承座	1	HT12~28	
序号	名称	数量	材料	附注

滑动轴承		比 例	1:1
		共 1 张	第 1 张
制 图			
审 核			

技术要求

1. 装配轴承盖与轴承座之间应加垫片调整，以保证轴与轴瓦间的配合要求。
2. 轴承装配后再加工油孔。
3. 调整试转后，零件用煤油清洗，工作面涂一层防锈油。

图 8.33　滑动轴承装配图

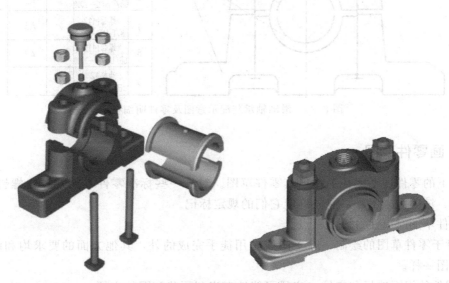

图 8.34　滑动轴承的分解轴测图

装配。

对不可拆卸连接的零件和过盈配合的零件应不拆卸，以免损坏零件。

如图 8.34 所示滑动轴承的拆卸次序可以这样进行：①拧下油杯；②用扳手分别拧下两组螺栓连接的螺母，取出螺栓，此时盖和座即分开；③从盖上取出上轴瓦，从座上取出下轴瓦。拆卸完毕。

8.4.3　画装配示意图

装配示意图一般是用简单的图线画出装配体各零件的大致轮廓，以表示其装配位置、装配关系和工作原理等情况的简图。国家标准《机械制图》中规定了一些零件的简单符号，画图时可以参考使用。

画装配示意图应在对装配体全面了解、分析之后画出，并在拆卸过程中进一步了解装配体内部结构和各零件之间的关系，进行修正、补充，以备将来正确地画出装配图和重新装配装配体之用。

图 8.35 为滑动轴承装配示意图及零件明细栏。

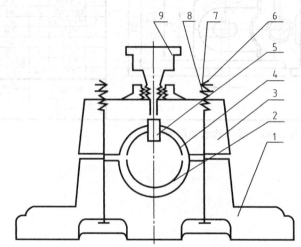

序号	名称	数量	材料
1	轴承座	1	HT12~28
2	下轴瓦	1	青铜
3	轴承盖	1	HT12~28
4	上轴瓦	1	青铜
5	轴衬固定套	1	A3
6	螺栓M12×120 GB/T 5782—2000	2	A3
7	螺母M12 GB/T 6170—2000	2	A3
8	螺母M12 GB/T 6170—2000	2	A3
9	油杯12 JB 275—79	1	

图 8.35　滑动轴承装配示意图及零件明细栏

8.4.4　画零件草图

把拆下的零件逐个地徒手画出其零件草图。对于一些标准零件，如螺栓、螺钉、螺母、垫圈、键、销等可以不画，但需确定它们的规定标记。

画零件草图时应注意以下三点。

① 对于零件草图的绘制，除了图线是用徒手完成的外，其他方面的要求均和画正式的零件工作图一样。

② 零件的视图选择和安排，应尽可能地考虑到画装配图的方便。

③ 零件间有配合、连接和定位等关系的尺寸，在相关零件上应注的相同。

8.4.5　画装配图

根据装配体各组成件的零件草图和装配示意图就可以画出装配图。

8.4.5.1　拟定表达方案

表达方案应包括选择主视图、确定视图数量和各视图的表达方法。

（1）选择主视图

一般按装配体的工作位置选择，并使主视图能够反映装配体的工作原理、主要装配关系和主要结构特征。如图 8.33 所示滑动轴承，因其正面能反映其主要结构特征和装配关系，故选择正面作为主视图，又由于该轴承内外结构形状都对称，故画成半剖视图。

（2）确定视图数量和表达方法

主视图选定之后，一般地只能把装配体的工作原理、主要装配关系和主要结构特征表示出来，但是，只靠一个视图是不能把所有的情况全部表达清楚的。因此，就需要有其他视图作为补充，并应考虑以何种表达方法最能做到易读易画。如图 8.33 所示滑动轴承的俯视图表示了轴承顶面的结构形状。为了更清楚地表示下轴瓦和轴承座之间的接触情况，以及下轴瓦的油槽形状，所以在俯视图右边采用了拆卸剖视。在左视图中，由于该图形亦是对称的，故取 A—A 半剖视。这样既完善了对上轴瓦和轴承盖及下轴瓦和轴承座之间装配关系的表达，也兼顾了轴承侧向外形的表达。又由于件 9 油杯属于标准件，在主视图中已有表示，故在左视图中予以拆掉不画。

8.4.5.2 画装配图的步骤

① 根据所确定的视图数目、图形的大小和采用的比例，选定图幅；并在图纸上进行布局。在布局时，应留出标注尺寸、编注零件序号、书写技术要求、画标题栏和明细栏的位置。

② 画出图框、标题栏和明细栏。

③ 画出各视图的主要中心线、轴线、对称线及基准线等，如图 8.36 所示。

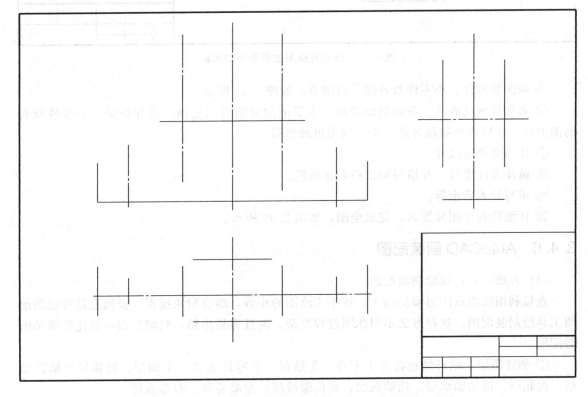

图 8.36　画出各视图的主要中心线、轴线、对称线及基准线

④ 画出各视图主要部分的底稿，如图 8.37 所示。通常可以先从主视图开始。根据各视图所表达的主要内容不同，可采取不同的方法着手。如果是画剖视图，则应从内向外画。这样被遮住的零件的轮廓线就可以不画。如果画的是外形视图，一般则是从大的或主要的零件着手。

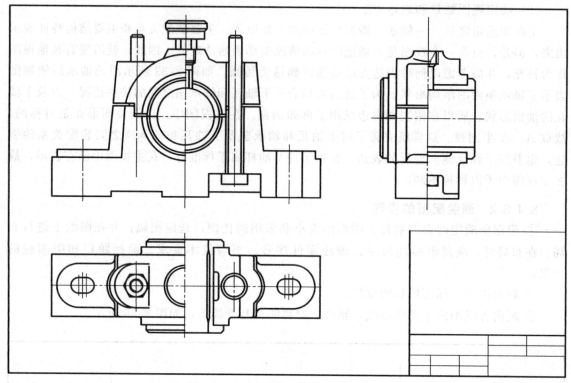

图 8.37　画出各视图主要部分的底稿

⑤ 画次要零件、小零件及各部分的细节，如图 8.38 所示。

⑥ 加深并画剖面线。在画剖面线时，主要的剖视图可以先画。最好画完一个零件所有的剖面线，然后再开始画另外一个，以免出现错误。

⑦ 注出必要的尺寸。

⑧ 编注零件序号，并填写明细栏和标题栏。

⑨ 填写技术要求等。

⑩ 仔细检查全图并签名，完成全图，如图 8.39 所示。

8.4.6　AutoCAD 画装配图

（1）方法一：直接绘制装配图

直接利用绘图及图形编辑命令，按手工绘图的步骤，结合对象捕捉、极轴追踪等辅助绘图工具绘制装配图。这种方法不但作图过程繁杂，而且容易出错，只能绘制一些比较简单的装配图。

① 创建图层。蜗杆轴包含 8 个零件，先给每一个零件建立一个图层：箱体层、蜗杆轴层、齿轮层、滚动轴承层、挡油盘层、定位螺母层、左端盖层、右端盖层。

② 绘制蜗杆轴：切换到"蜗杆轴"层，绘制蜗杆轴。注意要将零件的主要结构准确地

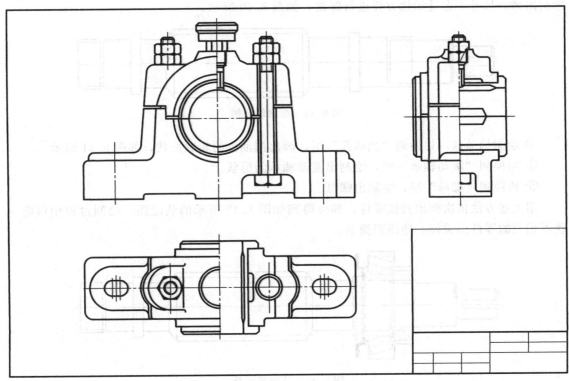

图 8.38　画次要零件、小零件及各部分的细节

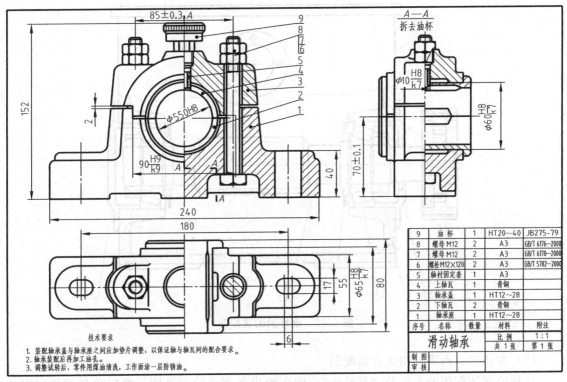

9	油杯	1	HT20~40	JB275-79
8	螺母 M12	2	A3	GB/T 6176-2000
7	螺母 M12	2	A3	GB/T 6170-2000
6	螺栓 M12×120	2	A3	GB/T 5782-2000
5	轴衬固定套	1	A3	
4	上轴瓦	1	青铜	
3	轴承盖	1	HT12~28	
2	下轴瓦	2	青铜	
1	轴承座	1	HT12~28	
序号	名称	数量	材料	附注

滑动轴承

		比例	1:1
		共 1 张	第 1 张
制 图			
审 核			

技术要求
1. 装配轴承盖与轴承座之间应加垫片调整，以保证轴与轴瓦间的配合要求。
2. 轴承装配后再加工油孔。
3. 调整试转后，零件用煤油清洗，工作面涂一层防锈油。

图 8.39　完成全图

绘制出来，尺寸不合适的地方要进行圆整，如图 8.40 所示。

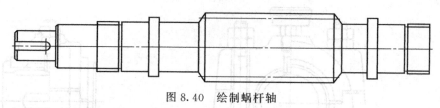

图 8.40　绘制蜗杆轴

③ 绘制挡油盘：切换到"挡油盘"层，画出挡油盘的轮廓形状，如图 8.41 所示。

④ 切换到"滚动轴承"层，绘制出滚动轴承的形状。

⑤ 切换到"螺母"层，绘制出螺母。

用上述方法依次画出其他零件，即可得到如图 8.42 所示的装配图。绘制过程中可将一些不相关的零件层关掉，使图面简洁。

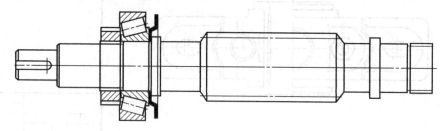

图 8.41　绘制挡油盘

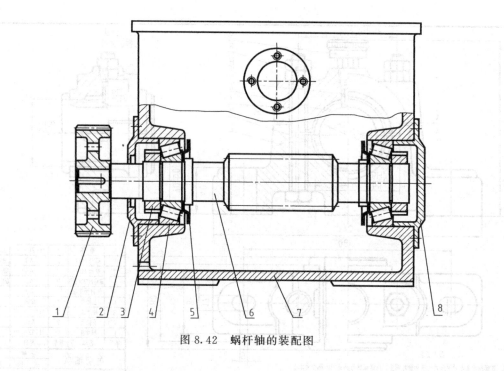

图 8.42　蜗杆轴的装配图

（2）方法二：由零件图组合装配图

这种绘制装配图的方法是"拼装法"。即先绘出各零件的零件图，然后将各零件以图块的形式"拼装"在一起，构成装配图。下面利用 AutoCAD 提供的集成化图形组织和管理工

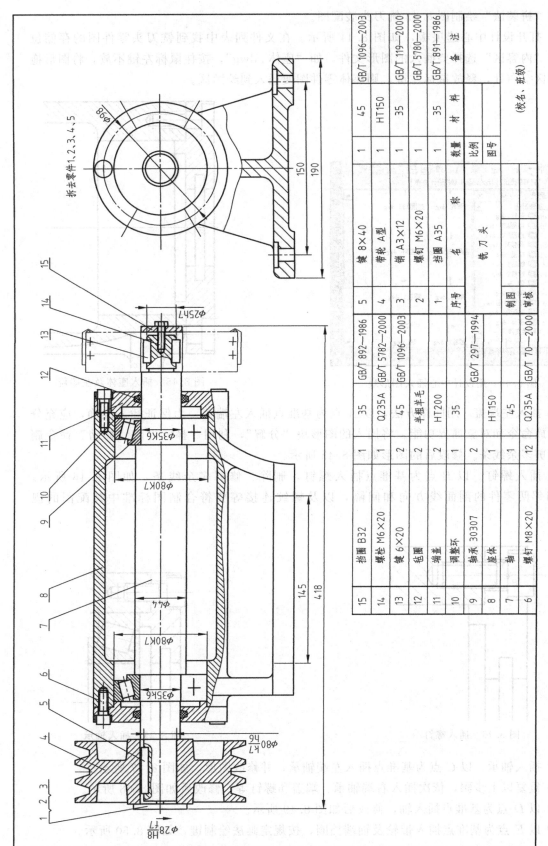

图 8.43 铣刀头装配图

15	挡圈 B32	1	35	GB/T 892—1986		5	键 8×40	1	45	GB/T 1096—2003
14	螺栓 M6×20	1	Q235A	GB/T 5782—2000		4	带轮 A型	1	HT150	
13	键 6×20	2	45	GB/T 1096—2003		3	销 A3×12	1	35	GB/T 119—2000
12	毡圈	2	半粗羊毛			2	螺钉 M6×20	1		GB/T 5780—2000
11	端盖	2	HT200			1	挡圈 A35	1	35	GB/T 891—1986
10	调整环	1	35			序号	名 称	数量	材 料	备 注
9	轴承 30307	2		GB/T 297—1994		比例				
8	座体	1	HT150			图号				
7	轴	1	45			制图			(校名、班级)	
6	螺钉 M8×20	12	Q235A	GB/T 70—2000		审核				

具，用"拼装法"绘制图 8.43 铣刀头装配图。

① 打开设计中心选项板，如图 8.44 所示。在文件列表中找到铣刀头零件图的存储位置，在"内容区"选择要插入的图形文件，如"座体.dwg"，按住鼠标左键不放，将图形拖入绘图区空白处，释放鼠标左键，则座体零件图便插入到绘图区。

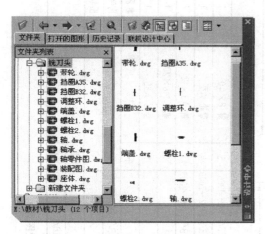

图 8.44　用设计中心插入图形块

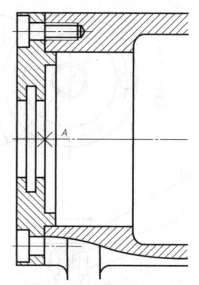

图 8.45　插入座体及左端盖

② 插入左端盖。用同样方法，以 A 点为基准点插入左端盖。为保证插入准确，应充分使用缩放命令和对象捕捉功能。将插入的图形块"分解"，利用"擦除"和"修剪"命令删除或修剪多余线条。修改后的图形如图 8.45 所示。

③ 插入螺钉。以 B 点为基准点插入螺钉，删除、修剪多余线条，如图 8.46 所示。注意相邻两零件的剖面线方向和间隔，以及螺纹连接等要符合制图标准中装配图的规定画法。

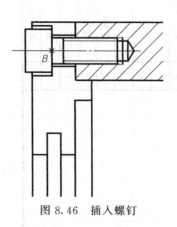

图 8.46　插入螺钉

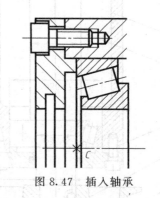

图 8.47　插入轴承

④ 插入轴承。以 C 点为基准点插入左端轴承，并修改图形，如图 8.47 所示。

⑤ 重复以上步骤，依次插入右端轴承、端盖和螺钉等，修改后如图 8.48 所示。

⑥ 以 D 点为基准点插入轴，修改后如图 8.49 所示。

⑦ 以 E 点为基准点插入带轮及轴端挡圈，按规定画法绘制键，如图 8.50 所示。

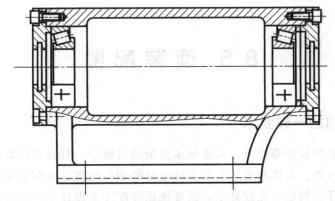

图 8.48　插入右端轴承、端盖、螺钉等

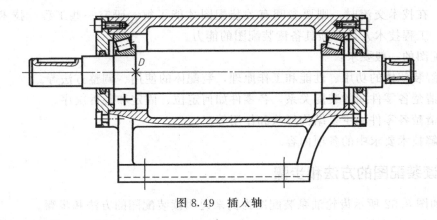

图 8.49　插入轴

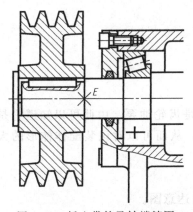

图 8.50　插入带轮及轴端挡圈

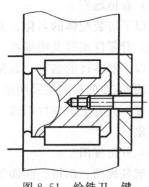

图 8.51　绘铣刀、键

⑧ 绘制铣刀、键，插入轴端挡板等，如图 8.51 所示。

⑨ 画油封并对图形局部进行修改。

⑩ 标注装配图尺寸。装配图的尺寸标注一般只标注性能、装配、安装和其他一些重要尺寸，如图 8.43 所示。

⑪ 编写序号。装配图中的所有零件都必须编写序号，其中相同的零件采用同样的序号，且只编写一次。装配图中的序号应与明细表中的序号一致。

⑫ 绘制明细栏，明细栏中的序号自下而上填写。最后书写技术要求，填写标题栏，如

图 8.43 所示。

8.5 读装配图

8.5.1 读装配图的一般要求

在装配机器、维护和保养设备、从事技术改造的过程中，都需要读装配图。其目的是了解装配体的规格、性能、工作原理，各个零件之间的相互位置、装配关系、传动路线及各零件的主要结构形状等。例如，在设计中，需要依据装配图来设计零件并画出零件图；在装配机器时，需根据装配图将零件组装成部件或机器；在设备维修时，需参照装配图进行拆卸和重新装配；在技术交流时，则要参阅有关装配图才能了解、研究一些工程、技术等有关问题。因此，工程技术人员必须具备读装配图的能力。

读装配图的一般要求：

① 了解装配体的功用、性能和工作原理，装配体的使用、调整方法等。

② 弄清楚各零件间的装配关系，各零件如何定位、固定和装拆次序。

③ 弄清楚各零件的主要结构形状和作用等。

④ 了解技术要求中的各项内容。

8.5.2 读装配图的方法和步骤

现以如图 8.52 所示齿轮油泵装配图为例来说明读装配图的方法和步骤。

8.5.2.1 概括了解装配图的内容

（1）看标题栏

可以了解装配体的名称、大致用途及图的比例等。

（2）看零件编号及明细栏

可以了解零件的名称、数量及在装配体中的位置。

在图 8.52 的标题栏及明细栏中，注明了该装配体是齿轮油泵。由此可以知道它是一种供油装置，共有十个零件组成。已知图的比例为 1：1，从而可以对该装配体体形的大小有一个印象。

（3）分析视图

了解各视图、剖视、断面等相互间的投影关系及表达意图。

在装配图中，主视图采用 A—A 剖视，表达了齿轮泵的装配关系。左视图沿左泵盖与泵体结合面剖开，并采用了局部剖视，表达了一对齿轮的啮合情况及进出口油路。由于油泵在此方向内、外结构形状对称，故此视图采用了一半拆卸剖视和一半外形视图的表达方法。俯视图是齿轮油泵顶视方向的外形视图，因其前后对称，为使图纸合理利用和整个图面布局合理，故只画了略大于一半的图形。

8.5.2.2 分析工作原理及传动关系

分析装配体的工作原理，一般应从传动关系入手，分析视图及参考说明书进行了解。例如齿轮油泵：当外部动力经齿轮传至件 4 主动齿轮轴时，即产生旋转运动。当主动齿轮轴按

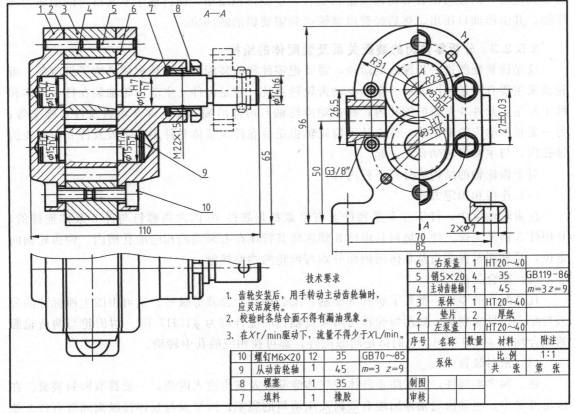

技术要求

1. 齿轮安装后，用手转动主动齿轮轴时，应灵活旋转。
2. 校验时各结合面不得有漏油现象。
3. 在 X r/min 驱动下，流量不得少于 X L/min。

10	螺钉M6×20	12	35	GB70~85
9	从动齿轮轴	1	45	$m=3\ z=9$
8	螺塞	1	35	
7	填料	1	橡胶	
6	右泵盖	1	HT20~40	
5	销5×20	4	35	GB119-86
4	主动齿轮轴	1	45	$m=3\ z=9$
3	泵体	1	HT20~40	
2	垫片	2	厚纸	
1	左泵盖	1	HT20~40	
序号	名称	数量	材料	附注

泵体		比例	1:1
制图		共 张	第 张
审核			

图 8.52　齿轮油泵装配图

逆时针方向（从主视图观察）旋转时，件 9 从动齿轮轴则按顺时针方向旋转，如图 8.53 所示为齿轮油泵工作原理。此时右边啮合的轮齿逐步分开，空腔体积逐渐扩大，油压降低，因而油池中的油在大气压力的作用下，沿吸油口进入泵腔中。齿槽中的油随着齿轮的继续旋转

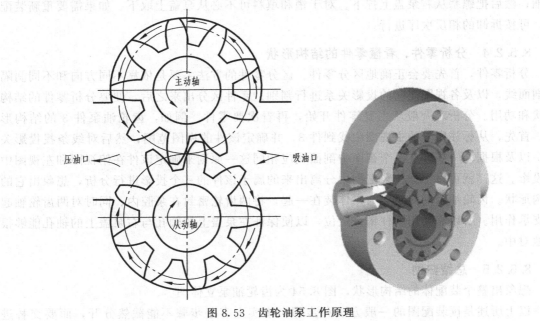

图 8.53　齿轮油泵工作原理

被带到左边；而左边的各对轮齿又重新啮合，空腔体积缩小，使齿槽中不断挤出的油成为高压油，并由压油口压出，然后经管道被输送到需要供油的部位。

8.5.2.3 分析零件间的装配关系及装配体的结构

这是读装配图进一步深入的阶段，需要把零件间的装配关系和装配体结构了解清楚。齿轮油泵主要有两条装配线：一条是主动齿轮轴系统。它是由件 4 主动齿轮轴装在件 3 泵体和件 1 左泵盖及件 6 泵盖的轴孔内；在主动齿轮轴右边伸出端，装有件 7 填料及件 8 螺塞等；另一条是从动齿轮轴系统，件 9 从动齿轮轴也是装在件 3 泵体和件 1 左泵盖及件 6 右泵盖的轴孔内，与主动齿轮啮合在一起。

对于齿轮轴的结构可分析下列内容：

(1) 连接和固定方式

在齿轮油泵中，件 1 左泵盖和件 6 右泵盖都是靠件 10 内六角螺钉与件 3 泵体连接的，并用件 5 销来定位。件 7 填料是由件 8 螺塞将其拧压在右泵盖的相应的孔槽内。两齿轮轴向定位，是靠两泵盖端面及泵体两侧面分别与齿轮两端面接触。

(2) 配合关系

凡是配合的零件，都要了解其基准制、配合种类、公差等级等。这可由图上所标注的公差与配合代号来判别。如两齿轮轴与两泵盖轴孔的配合均为 $\phi15H7/h6$。两齿轮与两齿轮腔的配合均为 $\phi33H7/h6$。它们都是间隙配合，都可在相应的孔中转动。

(3) 密封装置

泵、阀之类部件，为了防止液体或气体泄漏以及灰尘进入内部，一般都有密封装置。在齿轮油泵中，主动齿轮轴伸出端有填料及压填料的螺塞；两泵盖与泵体接触面间放有件 2 垫片，它们都是防油泄漏的密封装置。

(4) 装配体的结构设计

装配体在结构设计上都应有利于各零件能按一定的顺序进行装拆。齿轮油泵的拆卸顺序是：先拧下左、右泵盖上各六个螺钉，两泵盖、泵体和垫片即可分开；再从泵体中抽出两齿轮轴；然后把螺塞从右泵盖上拧下。对于销和填料可不必从泵盖上取下。如果需要重新装配上，可按拆卸的相反次序进行。

8.5.2.4 分析零件，看懂零件的结构形状

分析零件，首先要会正确地区分零件。区分零件的方法主要是依靠不同方向和不同间隔的剖面线，以及各视图之间的投影关系进行判别。零件区分出来之后，便要分析零件的结构形状和功用。分析时一般从主要零件开始，再看次要零件。例如，齿轮油泵件 3 的结构形状。首先，从标注序号的主视图中找到件 3，并确定该件的视图范围；然后对线条找投影关系，以及根据同一零件在各个视图中剖面线应相同这一原则来确定该件在俯视图和左视图中的投影。这样就可以根据从装配图中分离出来的属于该件的三个投影进行分析，想象出它的结构形状。齿轮油泵的两泵盖与泵体装在一起，将两齿轮密封在泵腔内；同时对两齿轮轴起着支承作用。所以需要用圆柱销来定位，以便保证左泵盖上的轴孔与右泵盖上的轴孔能够很好地对中。

8.5.2.5 总结归纳

想象出整个装配体的结构形状，图 8.54 为齿轮油泵立体图。

以上所述是读装配图的一般方法和步骤，事实上有些步骤不能截然分开，而要交替进

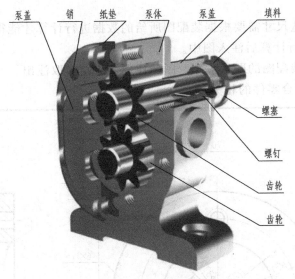

泵盖　　销　　纸垫　　泵体　　泵盖　　填料

螺塞

螺钉

齿轮

齿轮

图 8.54　齿轮油泵立体图

行。再者，读图总有一个具体的重点目的，在读图过程中应该围绕着这个重点目的去分析、研究。只要这个重点目的能够达到，就可以不拘一格，灵活地解决问题。

8.5.3　由装配图拆画零件图

在设计过程中，先是画出装配图，然后再根据装配图画出零件图。所以，由装配图拆画零件图是设计工作中的一个重要环节。

拆图前必须认真读懂装配图。一般情况下，主要零件的结构形状在装配图上已表达清楚，而且主要零件的形状和尺寸还会影响其他零件。因此，可以从拆画主要零件开始。对于一些标准零件，只需要确定其规定标记，可以不拆画零件图。

在拆画零件图的过程中，要注意处理好下列几个问题。

（1）对于视图的处理

装配图的视图选择方案，主要是从表达装配体的装配关系和整个工作原理来考虑的；而零件图的视图选择，则主要是从表达零件的结构形状这一特点来考虑的。由于表达的出发点和主要要求不同，所以在选择视图方案时，就不应强求与装配图一致，即零件图不能简单地照抄装配图上对于该零件的视图数量和表达方法，而应该重新确定零件图的视图选择和表达方案。

（2）零件结构形状的处理

在装配图中对零件上某些局部结构可能表达不完全，而且对一些工艺标准结构还允许省略（如圆角、倒角、退刀槽、砂轮越程槽等）。但在画零件图时均应补画清楚，不可省略。

（3）零件图上的尺寸处理

拆画零件时应按零件图的要求注全尺寸。

① 装配图已注的尺寸，在有关的零件图上应直接注出。对于配合尺寸，一般应注出偏差数值。

② 对于一些工艺结构，如圆角、倒角、退刀槽、砂轮越程槽、螺栓通孔等，应尽量选用标准结构，查有关标准尺寸标注。

③ 对于与标准件相连接的有关结构尺寸，如螺孔、销孔等的直径，要从相应的标准中

查取注入图中。

④ 有的零件的某些尺寸需要根据装配图所给的数据进行计算才能得到（如齿轮分度圆、齿顶圆直径等），应进行计算后注入图中。

⑤ 一般尺寸均按装配图的图形大小、图的比例，直接量取注出。

应该特别注意，配合零件的相关尺寸不可互相矛盾。

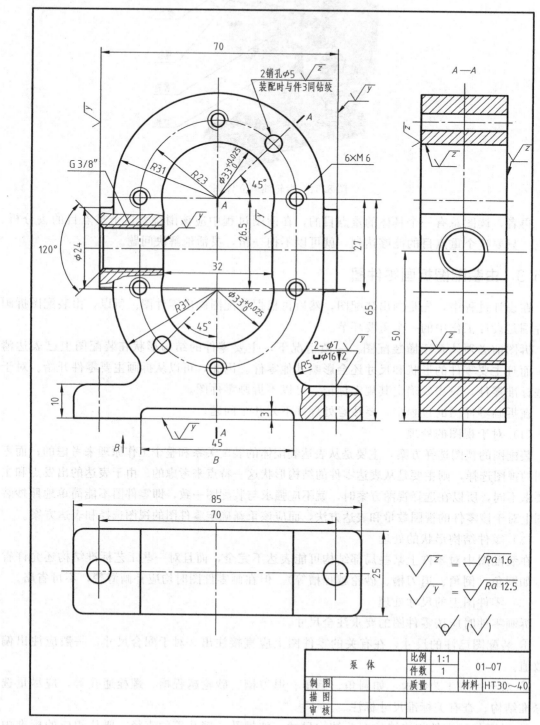

图 8.55　泵体

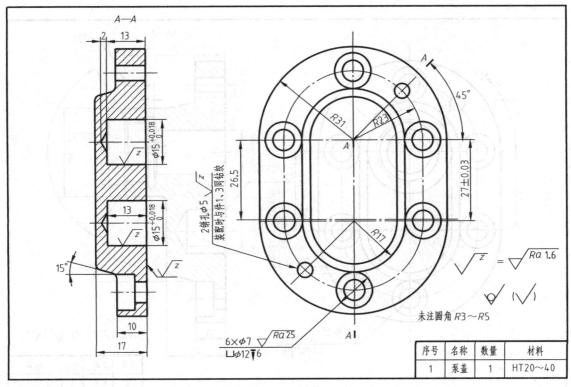

图 8.56 泵盖 1

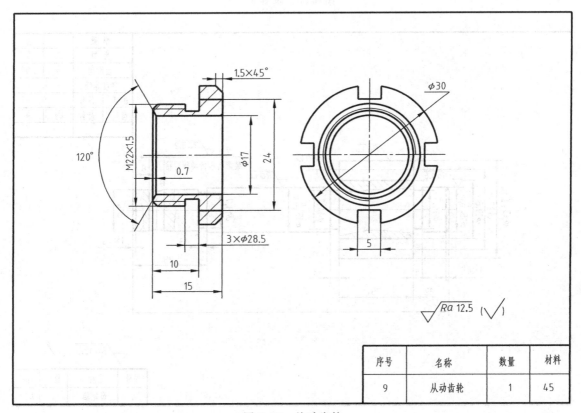

图 8.57 从动齿轮

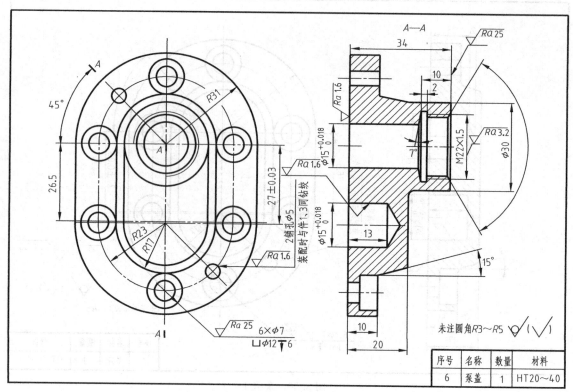

图 8.58　泵盖 6

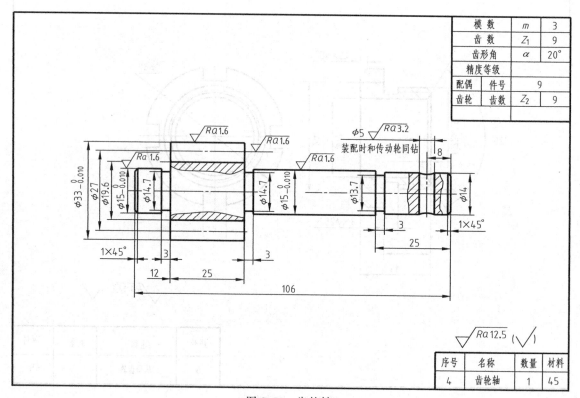

图 8.59　齿轮轴

（4）对于零件图中技术要求等的处理

要根据零件在装配体中的作用和与其他零件的装配关系，以及工艺结构等要求，标注出该零件的表面粗糙度等方面的技术要求。

在标题栏中填写零件的材料时，应和明细栏中的一致。

图 8.55 泵体、图 8.56 泵盖 1、图 8.57 从动齿轮、图 8.58 泵盖 6、图 8.59 齿轮轴和图 8.60 螺塞零件图是根据图 8.52 齿轮油泵装配图所拆画的六个零件图。

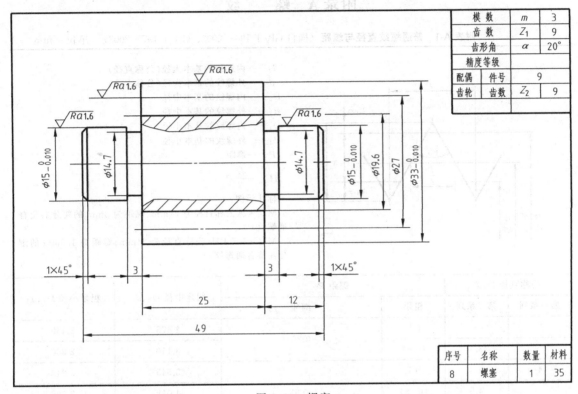

图 8.60　螺塞

技能训练

1. 动动脑

（1）装配图的作用和内容有哪些？

（2）装配图有哪些规定画法和特殊画法？

（3）装配图上应标注哪些尺寸？

（4）画装配图的方法和步骤有哪些？

（5）读装配图的方法和步骤有哪些？

（6）怎样进行部件测绘？

（7）部件测绘应注意哪些问题？

（8）怎样进行由装配图拆画零件图？

2. 动动手

（1）根据装配示意图和零件图，绘制其装配图。完成配套《习题指导》中的 8-1、8-2、8-3。

（2）读装配图，拆画零件图或回答问题。完成配套《习题指导》中的 8-4、8-5。

附　　录

附录A　螺　纹

附表 A-1　普通螺纹直径与螺距（摘自 GB/T 196—2003、GB/T 197—2003）　单位：mm

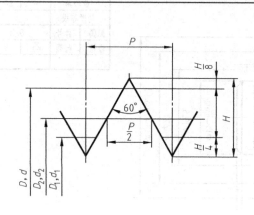

D——内螺纹的基本大径（公称直径）

d——外螺纹的基本大径（公称直径）

D_2——内螺纹的基本中径

d_2——外螺纹的基本中径

D_1——内螺纹的基本小径

d_1——外螺纹的基本小径

P——螺距

H——$\dfrac{\sqrt{3}}{2}P$

标注示例：

M24×3(公称直径为 24mm、螺距为 3mm 的粗牙右旋普通螺纹)

M24×1.5-LH(公称直径为 24mm、螺距为 1.5mm 的细牙左旋普通螺纹)

公称直径 D、d		螺距 P		粗牙中径 D_2、d_2	粗牙小径 D_1、d_1
第一系列	第二系列	粗牙	细牙		
3	—	0.5	0.35	2.675	2.459
—	3.5	(0.6)		3.110	2.850
4	—	0.7	0.5	3.545	3.242
—	4.5	(0.75)		4.013	3.688
5	—	0.8		4.480	4.134
6	—	1	0.75(0.5)	5.350	4.917
8	—	1.25	1,0.75,(0.5)	7.188	6.647
10	—	1.5	1.25,1,0.75,(0.5)	9.026	8.376
12	—	1.75	1.5,1.25,1,0.75,(0.5)	10.863	10.106
—	14	2	1.5,(1.25),1,(0.75),(0.5)	12.701	11.835
16	—	2	1.5,1,(0.75),(0.5)	14.701	13.835
—	18	2.5	1.5,1,(0.75),(0.5)	16.376	15.294
20	—	2.5		18.376	17.294
—	22	2.5	2,1.5,1,(0.75),(0.5)	20.376	19.294
24	—	3	2,1.5,1,(0.75)	22.051	20.752
—	27	3	2,1.5,1,(0.75)	25.051	23.752
30	—	3.5	(3),2,1.5,1,(0.75)	27.727	26.211

注：1. 优先选用第一系列，括号内尺寸尽可能不用，第三系列未列入。

2. M14×1.25 仅用于火花塞。

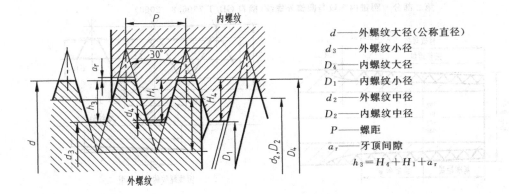

标记示例：

Tr40×7-7H（单线梯形内螺纹、公称直径 $d=40$，螺距 $P=7$、右旋、中径公差带为 7H、中等旋合长度）

Tr60×18(P9)LH-8e-L（双线梯形外螺纹、公称直径 $d=60$、导程 $ph=18$、螺距 $P=9$、左旋、中径公差带为 8e、长旋合长度）

梯形螺纹的基本尺寸

| 公称直径 d | | 螺距 | 中径 | 大径 | 小径 | | 公称直径 d | | 螺距 | 中径 | 大径 | 小径 | |
第一系列	第二系列	P	$d_2=D_2$	D_4	d_3	D_1	第一系列	第二系列	P	$d_2=D_2$	D_4	d_3	D_1
8	—	1.5	7.25	8.3	6.2	6.5	32	—		29.0	33	25	26
—	9		8.0	9.5	6.5	7	—	34	6	31.0	35	27	28
10	—	2	9.0	10.5	7.5	8	36	—		33.0	37	29	30
—	11		10.0	11.5	8.5	9	—	38		34.5	39	30	31
12	—	3	10.5	12.5	8.5	9	40	—	7	36.5	41	32	33
—	14		12.5	14.5	11	11	—	42		38.5	43	34	35
16	—		14.0	16.5	11.5	12	44	—		40.5	45	36	37
—	18	4	16.0	18.5	13.5	14	—	46		42.0	47	37	38
20	—		18.0	20.5	15.5	16	48	—	8	44.0	49	39	40
—	22		19.5	22.5	16.5	17	—	50		46.0	51	41	42
24	—	5	21.5	24.5	18.5	19	52	—		48.0	53	43	44
—	26		23.5	26.5	20.5	21	—	55		50.5	56	45	46
28	—		25.5	28.5	22.5	23	60	—	9	55.5	61	50	51
—	30	6	27.0	31.0	23.0	24	—	65	10	60.0	66	54	55

注：1. 优先选用第一系列的直径。

2. 表中所列的螺距和直径，是优先选择的螺距及与之对应的直径。

第 1 部分　圆柱内螺纹与圆锥外螺纹（摘自 GB/T 7306.1—2000）

第 2 部分　圆锥内螺纹与圆锥外螺纹（摘自 GB/T 7306.2—2000）

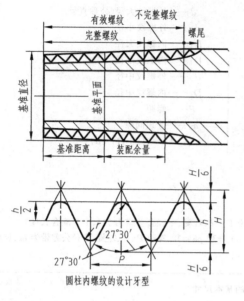

圆柱内螺纹的设计牙型

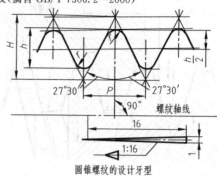

圆锥螺纹的设计牙型

标注示例：

GB/T 7306.1—2000

$R_p3/4$（尺寸代号 3/4，右旋，圆柱内螺纹）

R_13（尺寸代号 3，右旋，圆锥外螺纹）

$R_p3/4LH$（尺寸代号 3/4，左旋，圆柱内螺纹）

R_p/R_13（右旋圆锥螺纹、圆柱内螺纹螺纹副）

GB/T 7306.2—2000

$R_c3/4$（尺寸代号 3/4，右旋，圆锥内螺纹）　　R_23（尺寸代号 3，右旋，圆锥内螺纹）

$R_c3/4LH$（尺寸代号 3/4，左旋，圆锥内螺纹）　　R_2/R_23（右旋圆锥内螺纹、圆锥外螺纹螺纹副）

尺寸代号	每 25.4mm 内所含的牙数 n	螺距 P /mm	牙高 h /mm	基准平面内的基本直径			基准距离 （基本） /mm	外螺纹的有效螺纹不小于/mm
				大径（基准直径）$d=D$/mm	中径 $d_2=D_2$ /mm	小径 $d_1=D_1$ /mm		
1/16	28	0.907	0.581	7.723	7.142	6.561	4	6.5
1/8	28	0.907	0.581	9.728	9.147	8.566	4	6.5
1/4	19	1.337	0.856	13.157	12.301	11.445	6	9.7
3/8	19	1.337	0.856	16.662	15.806	14.950	6.4	10.1
1/2	14	1.814	1.162	20.955	19.793	18.631	8.2	13.2
3/4	14	1.814	1.162	26.441	25.279	24.117	9.5	14.5
1	11	2.309	1.479	33.249	31.770	30.291	10.4	16.8
1 1/14	11	2.309	1.479	41.910	40.431	38.952	12.7	19.1
1 1/12	11	2.309	1.479	47.803	46.324	44.845	12.7	19.1
2	11	2.309	1.479	59.614	58.135	56.656	15.9	23.4
2 1/2	11	2.309	1.479	75.184	73.705	72.226	17.5	26.7
3	11	2.309	1.479	87.884	86.405	84.926	20.6	29.8
4	11	2.309	1.479	113.030	111.551	110.072	25.4	35.8
5	11	2.309	1.479	138.430	136.951	135.472	28.6	40.1
6	11	2.309	1.479	163.830	162.351	160.872	28.6	40.1

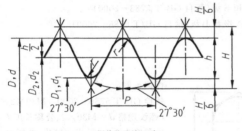

螺纹的设计牙型

标注示例：
G2(尺寸代号 2,右旋,圆柱内螺纹)
G3A(尺寸代号 3,右旋,A 级圆柱外螺纹)
G2-LH(尺寸代号 2,左旋,圆柱外螺纹)
G4B-LH(尺寸代号 4,左旋,B 级圆柱外螺纹)
注：$r = 0.137329P$
　　$P = 25.4/n$
　　$H = 0.960401P$

尺寸代号	每 25.4mm 内所含的牙数 n	螺距 P/mm	牙高 h/mm	基本直径		
				大径 $d=D$/mm	中径 $d_2=D_2$/mm	小径 $d_1=D_1$/mm
1/16	28	0.907	0.581	7.723	7.142	6.561
1/8	28	0.907	0.581	9.728	9.147	8.566
1/4	19	1.337	0.856	13.157	12.301	11.445
3/8	19	1.337	0.856	16.662	15.806	14.950
1/2	14	1.814	1.162	20.955	19.793	18.631
3/4	14	1.814	1.162	26.441	25.279	24.117
1	11	2.309	1.479	33.249	31.770	30.291
1 1/4	11	2.309	1.479	41.910	40.431	38.952
1 1/2	11	2.309	1.479	47.803	46.324	44.845
2	11	2.309	1.479	59.614	58.135	56.656
2 1/2	11	2.309	1.479	75.184	73.705	72.226
3	11	2.309	1.479	87.884	86.405	84.926
4	11	2.309	1.479	113.030	111.551	110.072
5	11	2.309	1.479	138.430	136.951	135.472
6	11	2.309	1.479	163.830	162.351	160.872

附录 B　常用标准件

附表 B-1　六角头螺栓（一）　　　　　　单位：mm

六角头螺栓——A 级和 B 级(摘自 GB/T 5782—2000)
六角头螺栓——细牙——A 级和 B 级(摘自 GB/T 5785—2000)

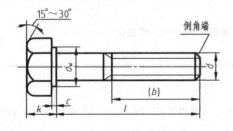

标记示例：
螺栓 GB/T 5782—2000　M12×100
(螺纹规格 d＝M12、公称长度 l＝100、
性能等级为 8.8 级、表面氧化、杆身半
螺纹、A 级的六角头螺栓)

六角头螺栓——全螺纹——A 级和 B 级(摘自 GB/T 5783—2000)

六角头螺栓——细牙——全螺纹——A 级和 B 级(摘自 GB/T 5786—2000)

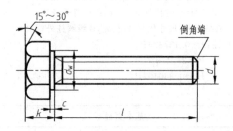

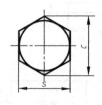

标记示例:

螺栓 GB/T 5786—2000　M30×2×80

(螺纹规格 d＝M30×2、公称长度 l＝80、性能等级为 8.8 级、表面氧化、全螺纹、B 级的细牙六角头螺栓)

螺纹规格	d	M4	M5	M6	M8	M10	M12	M16	M20	M24	M30	M36	M42	M48
	$D \times P$	—	—	—	M8× 1	M10× 1	M12× 15	M16× 15	M20× 2	M24× 2	M30× 2	M36× 3	M42× 3	M48× 3
b参考	$l \leqslant 125$	14	16	18	22	26	30	38	46	54	66	78	—	—
	$125 < l \leqslant 200$	—	—	—	28	32	36	44	52	60	72	84	96	108
	$l > 200$	—	—	—	—	—	—	57	65	73	85	97	109	121
c_{max}		0.4	0.5		0.6				0.8				1	
k公称		2.8	3.5	4	5.3	6.4	7.5	10	12.5	15	18.7	22.5	26	30
s_{max}＝公称		7	8	10	13	16	18	24	30	36	46	55	65	75
e_{min}	A	7.66	8.79	11.05	14.38	17.77	20.03	26.75	33.53	39.98	—	—	—	—
	B	—	8.63	10.89	14.2	17.59	19.85	26.17	32.95	39.55	50.85	60.79	72.02	82.6
$d_{w\,min}$	A	5.9	6.9	8.9	11.6	14.6	16.6	22.5	28.2	33.6	—	—	—	—
	B	—	6.7	8.7	11.4	14.4	16.4	22	27.7	33.2	42.7	51.1	60.6	69.4
l范围	GB 5782 —2000	25~ 40	25~ 50	30~ 60	35~ 80	40~ 100	45~ 120	55~ 160	65~ 200	80~ 240	90~ 300	110~ 360	130~ 400	140~ 400
	GB 5785 —2000											110~ 300		
	GB 5783 —2000	8~ 40	10~ 50	12~ 60	16~ 80	20~ 100	25~ 100	35~ 100	40~100				80~ 500	100~ 500
	GB 5786 —2000						25~ 120	35~ 160	40~200				90~ 400	100~ 500
l系列	GB 5782 —2000	20~65(5 进位)、70~160(10 进位)、180~400(20 进位)												
	GB 5785 —2000													
	GB 5783 —2000	6、8、10、12、16、18、20~65(5 进位)、70~160(10 进位)、180~500(20 进位)												
	GB 5786 —2000													

注:1. P—螺距。

2. 螺纹公差:6g;机械性能等级:8.8。

3. 产品等级:A 级用于 $d \leqslant 24$ 和 $l \leqslant 10d$ 或 $\leqslant 150$mm (按较小值);B 级用于 $d > 24$ 和 $l > 10d$ 或 > 150mm (按较小值)。

六角头螺栓——C 级（摘自 GB/T 5780—2000）

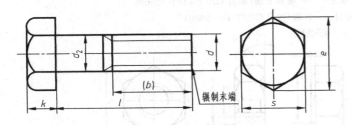

标记示例：

螺栓　GB/T 5780—2000　M20×100

（螺纹规格 d＝M20、公称长度 l＝100、性能等级为 4.8 级、不经表面处理、杆身半螺纹、C 级的六角头螺栓）

六角头螺栓——全螺纹——C 级（摘自 GB/T 5781—2000）

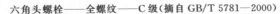

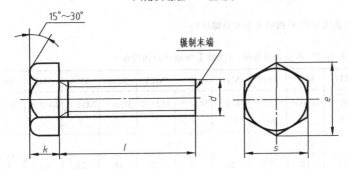

标记示例：

螺栓　GB/T 5781　M12×80

（螺纹规格 d＝M12、公称长度 l＝80、性能等级为 4.8 级、不经表面处理、全螺纹、C 级的六角头螺栓）

螺纹规格 d		M5	M6	M8	M10	M12	M16	M20	M24	M30	M36	M42	M48
b 参考	l≤125	16	18	22	26	30	38	40	54	66	78	—	—
	125<l≤1200	—	—	28	32	36	44	52	60	72	84	96	108
	l>200	—	—	—	—	—	57	65	73	85	97	109	121
k 公称		3.5	4.0	5.3	6.4	7.5	10	12.5	15	18.7	22.5	26	30
s max		8	10	13	16	18	24	30	36	46	55	65	75
e min		8.63	10.9	14.2	17.6	19.9	26.2	33.0	39.6	50.9	60.8	72.0	82.6
d min		5.48	6.48	8.58	10.6	12.7	16.7	20.8	24.8	30.8	37.0	45.0	49.0
l 范围	GB/T 5780—2000	25～50	30～60	35～80	40～100	45～120	55～160	65～200	80～240	90～300	110～300	160～420	180～480
	GB/T 5781—2000	10～40	12～50	16～65	20～80	25～100	35～100	40～100	50～100	60～100	70～100	80～420	90～480
l 系列		10、12、16、20～50(5 进位)、(55)、60、(65)、70～160(10 进位)、180、220～500(20 进位)											

注：1. 括号内的规格尽可能不用。

2. 螺纹公差：8g（GB/T 5780—2000）；6g（GB/T 5781—2000）；机械性能等级：4.6、4.8；产品等级：C。

Ⅰ型六角螺母——A 级和 B 级（摘自 GB/T 6170—2000）
Ⅰ型六角头螺母——细牙——A 级和 B 级（摘自 GB/T 6171—2000）
Ⅰ型六角螺母——C 级（摘自 GB/T 41—2000）

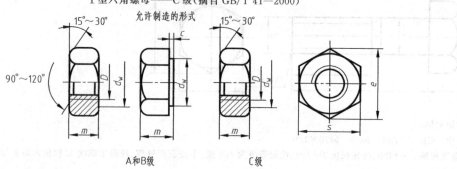

标记示例：

螺母 GB/T 41—2000　M12

（螺纹规格 D＝M12、性能等级为 5 级、不经表面处理、C 级的Ⅰ型六角螺母）

螺母 GB/T 6171—2000　M24×2

（螺纹规格 D＝M24、螺距 P＝2、性能等级为 10 级、不经表面处理、B 级的Ⅰ型细牙六角螺母）

螺纹规格	D	M4	M5	M6	M8	M10	M12	M16	M20	M24	M30	M36	M42	M48
	$D×P$	—	—	—	M8×1	M10×1	M12×1.5	M16×1.5	M20×2	M24×2	M30×2	M36×3	M42×3	M48×3
c		0.4	0.5		0.6				0.8			1		
s_{max}		7	8	10	13	16	18	24	30	36	46	55	65	75
e_{min}	A、B 级	7.66	8.79	11.05	14.38	17.77	20.03	26.75	32.95	39.95	50.85	60.79	72.02	82.6
	C 级	—	8.63	10.89	14.2	17.59	19.85	26.17						
m_{max}	A、B 级	3.2	4.7	5.2	6.8	8.4	10.8	14.8	18	21.5	25.6	31	34	38
	C 级	—	5.6	6.1	7.9	9.5	12.2	15.9	18.7	22.3	26.4	31.5	34.9	38.9
d_{wmin}	A、B 级	5.9	6.9	8.9	11.6	14.6	16.6	22.5	27.7	33.2	42.7	51.1	60.6	69.4
	C 级	—	6.9	8.7	11.5	14.5	16.5	22						

注：1. P—螺距。

2. A 级用于 D≤16 的螺母；B 级用于 D＞16 的螺母；C 级用于 D≥5 的螺母。

3. 螺纹公差：A、B 级为 6H，C 级为 7H；机械性能等级；A、B 级为 6、8、10 级，C 级为 4、5 级。

附表 B-4　双头螺柱（摘自 GB/T 897—1988、GB/T 900—1988）　　　单位：mm

b_m＝1d（GB/T 897—1988）；　　　b_m＝1.25d（GB/T 898—1988）；　　　b_m＝1.5d（GB/T 899—1988）；
b_m＝2d（GB/T 900—1988）

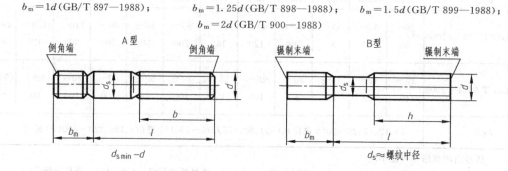

标记示例：

螺柱 GB/T 900—1988 M10×50

（两端均为粗牙普通螺纹、$d=10$、$l=50$、性能等级为 4.8 级、不经表面处理、B 型、$b_m=2d$ 的双头螺柱）

螺柱 GB/T 900—1988 AM10-10×1×50

（旋入机体一端为粗牙普通螺纹、旋螺母端为螺距 $P=1$ 的细牙普通螺纹、$d=10$、$l=50$、性能等级为 4.8 级、不经表面处理、A 型、$b_m=2d$ 的双头螺柱）

螺纹规格 d	b_m（旋入机体端长度）				l/b（螺柱长度/旋螺母端长度）					
	GB/T 897—2000	GB/T 898—2000	GB/T 899—2000	GB/T 900—2000						
M4	—	—	6	8	$\frac{16\sim22}{8}$	$\frac{25\sim40}{14}$				
M5	5	6	8	10	$\frac{16\sim22}{10}$	$\frac{25\sim50}{16}$				
M6	6	8	10	12	$\frac{20\sim22}{10}$	$\frac{25\sim30}{14}$	$\frac{32\sim75}{18}$			
M8	8	10	12	16	$\frac{20\sim22}{12}$	$\frac{25\sim30}{16}$	$\frac{32\sim90}{22}$			
M10	10	12	15	20	$\frac{25\sim28}{14}$	$\frac{30\sim38}{16}$	$\frac{40\sim120}{26}$	$\frac{130}{32}$		
M12	12	15	18	24	$\frac{25\sim30}{14}$	$\frac{32\sim40}{16}$	$\frac{45\sim120}{26}$	$\frac{130\sim180}{32}$		
M16	16	20	24	32	$\frac{30\sim38}{16}$	$\frac{40\sim55}{20}$	$\frac{60\sim120}{30}$	$\frac{130\sim200}{36}$		
M20	20	25	30	40	$\frac{35\sim40}{20}$	$\frac{45\sim65}{30}$	$\frac{70\sim120}{38}$	$\frac{130\sim200}{44}$		
(M24)	24	30	36	48	$\frac{45\sim50}{25}$	$\frac{55\sim75}{35}$	$\frac{80\sim120}{46}$	$\frac{130\sim200}{52}$		
(M30)	30	38	45	60	$\frac{60\sim65}{40}$	$\frac{70\sim90}{50}$	$\frac{95\sim120}{66}$	$\frac{130\sim200}{72}$	$\frac{210\sim250}{85}$	
M36	36	45	54	72	$\frac{65\sim75}{45}$	$\frac{80\sim110}{60}$	$\frac{120}{78}$	$\frac{130\sim200}{84}$	$\frac{210\sim300}{97}$	
M42	42	52	63	84	$\frac{70\sim80}{50}$	$\frac{85\sim110}{70}$	$\frac{120}{90}$	$\frac{130\sim200}{96}$	$\frac{210\sim300}{109}$	
M48	48	60	72	96	$\frac{80\sim90}{60}$	$\frac{95\sim110}{80}$	$\frac{120}{102}$	$\frac{130\sim200}{108}$	$\frac{210\sim300}{121}$	
l系列	12、(14)、16、(18)、20、(22)、25、(28)、30、(32)、35、(38)、40、45、50、55、60、(65)、70、75、80、(85)、90、(95)、100～260(10 进位)、280、300									

注：1. 尽可能不采用括号内的规格。

2. $b_m=1d$，一般用于钢对钢；$b_m=(1.25-1.5)d$，一般用于钢对铸铁；$b_m=2d$，一般用于钢对铝合金。

附表 B-5　螺钉（一）

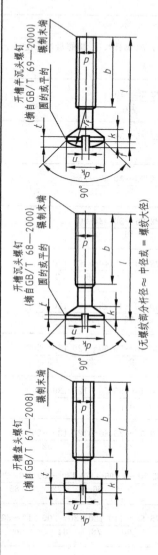

开槽盘头螺钉
（摘自 GB/T 67—2008）

开槽沉头螺钉
（摘自 GB/T 68—2000）

开槽半沉头螺钉
（摘自 GB/T 69—2000）

辗制末端　圆的或平的
（无螺纹部分杆径≈中径或＝螺纹大径）

标记示例：

螺钉 GB/T 67—2008　M5×60

（螺纹规格 d＝M5，l＝60，性能等级为 4.8 级，不经表面处理的开槽盘头螺钉）

螺纹规格 d	P	b_{min}	n 公称	f GB/T 69—2000	r_f GB/T 69—2000	k_{max} GB/T 67—2008	k_{max} GB/T 68—2000 GB/T 69—2000	d_{kmax} GB/T 67—2008	d_{kmax} GB/T 68—2000 GB/T 69—2000	t_{min} GB/T 67—2008	t_{min} GB/T 68—2000	t_{min} GB/T 69—2000	l 范围 GB/T 67—2008	l 范围 GB/T 68—2000 GB/T 69—2000	全螺纹时最大长度 GB/T 67—2008	全螺纹时最大长度 GB/T 68—2000 GB/T 69—2000
M2	0.4	25	0.5	4	0.5	1.3	1.2	4	3.8	0.5	0.4	0.8	2.5~20	3~20	30	30
M3	0.5	25	0.8	6	0.7	1.8	1.65	5.6	5.5	0.7	0.6	1.2	4~30	5~30	30	30
M4	0.7	25	1.2	9.5	1	2.4	2.7	8	8.4	1	1	1.6	5~40	6~40	30	30
M5	0.8	25	1.2	9.5	1.2	3	2.7	9.5	9.3	1.2	1.1	2	6~50	8~50	30	30
M6	1	38	1.6	12	1.4	3.6	3.3	12	12	1.4	1.2	2.4	8~60	8~60	30	30
M8	1.25	38	2	16.5	2	4.8	4.65	16	16	1.9	1.8	3.2	10~80	10~80	40	45
M10	1.5	38	2.5	19.5	2.3	6	5	20	20	2.4	2	3.8	10~80	10~80	40	45

l 系列 2、2.5、3、4、5、6、8、10、12、(14)、16、20~50(5 进位)、(55)、60、(65)、70、(75)、80

注：螺纹公差：6g；机械性能等级：4.8、5.8；产品等级：A。

开槽锥端紧定螺钉
（摘自 GB/T 71—1985）

开槽平端紧定螺钉
（摘自 GB/T 73—1985）

开槽长圆柱端紧定螺钉
（摘自 GB/T 75—1985）

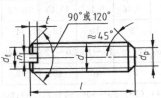
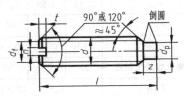

标记示例：

螺钉 GB/T 71　M5×20

（螺纹规格 d＝M5、公称长度 l＝20、性能等级为 14H 级、表面氧化的开槽锥端紧定螺钉）

螺纹规格 d	P	d_f	d_{max}	d_{pmax}	n公称	t_{max}	z_{max}	l范围		
								GB/T 71	GB/T 73	GB/T 75
M2	0.4		0.2	1	0.25	0.84	1.25	3～10	2～10	3～10
M3	0.5		0.3	2	0.4	1.05	1.75	4～16	3～16	5～16
M4	0.7		0.4	2.5	0.6	1.42	2.25	6～20	4～20	6～20
M5	0.8	螺纹小径	0.5	3.5	0.8	1.63	2.75	8～25	5～25	8～25
M6	1		1.5	4	1	2	3.25	8～30	6～30	8～30
M8	1.25		2	5.5	1.2	2.5	4.3	10～40	8～40	10～40
M10	1.5		2.5	7	1.6	3	5.3	12～50	10～50	12～50
M12	1.75		3	8.5	2	3.6	6.3	14～60	12～60	14～60
l系列		2、2.5、3、4、5、6、8、10、12、(14)、16、20、25、30、35、40、45、50、(55)、60								

注：螺纹公差：6g；机械性能等级：14H、22H；产品等级：A。

附表 B-7　内六角圆柱头螺钉（摘自 GB/T 70.1—2008）　　　　　单位：mm

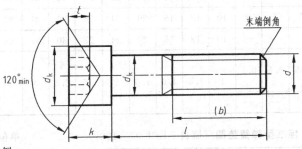
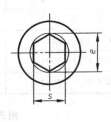

标记示例：

螺钉 GB/T 70.1—2008 M5×20

（螺纹规格 d＝M5、公称长度 l＝20、性能等级为 8.8 级、表面氧化的内六角圆柱头螺钉）

螺纹规格 d		M4	M5	M6	M8	M10	M12	(M14)	M16	M20	M24	M30	M36
螺距 P		0.7	0.8	1	1.25	1.5	1.75	2	2	2.5	3	3.5	4
b参考		20	22	24	28	32	36	40	44	52	60	72	84
d_{kmax}	光滑头部	7	8.5	10	13	16	18	21	24	30	36	45	54
	滚花头部	7.22	8.72	10.22	13.27	16.27	18.27	21.33	24.33	30.33	36.39	45.39	54.46
k_{max}		4	5	6	8	10	12	14	16	20	24	30	36

t_{min}	2	2.5	3	4	5	6	7	8	10	12	15.5	19
s公称	3	4	5	6	8	10	12	14	17	19	22	27
e_{min}	3.44	4.58	5.72	6.86	9.15	11.43	13.72	16	19.44	21.73	25.15	30.35
d_{smax}	4	5	6	8	10	12	14	16	20	24	30	36
l范围	6~40	8~50	10~60	12~80	16~100	20~120	25~140	25~160	30~200	40~200	45~200	55~200
全螺纹时最大长度	25	25	30	35	40	45	55	55	65	80	90	100
l系列	6、8、10、12、(14)、(16)、20~50(5 进位)、(55)、60、(65)、70~160(10 进位)、180、200											

注：1. 括号内的规格尽可能不用。末端按 GB/T 2—2000 规定。

2. 机械性能等级：8.8 级、12.9 级。

3. 螺纹公差：机械性能等级 8.8 级时为 6g，12.9 级时为 5g、6g。

4. 产品等级：A。

附表 B-8　垫圈　　　　　　　　　　　　　　　　　　单位：mm

小垫圈——A 级(GB/T 848—2002)

平垫圈——A 级(GB/T 97.1—2002)

平垫圈——倒角型——A 级(GB/T 97.2—2002)

标记示例：

垫圈 GB/T 97.1—2002

（标准系列、规格 8、性能等级为 140HV 级、不经表面处理的平垫圈）

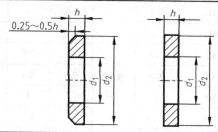

尺寸 螺纹规格 d		1.6	2	2.5	3	4	5	6	8	10	12	14	16	20	24	30	36
d_1	GB/T 848—2002	1.7	2.2	2.7	3.2	4.3	5.3	6.4	8.4	10.5	13	15	17	21	25	31	37
	GB/T 97.1—2002																
	GB/T 97.2—2002	—	—	—	—	—											
d_2	GB/T 848—2002	3.5	4.5	5	6	8	9	11	15	18	20	24	28	34	39	50	60
	GB/T 97.1—2002	4	5	6	7	9	10	12	16	20	24	28	30	37	44	56	66
	GB/T 97.2—2002	—	—	—	—	—	10	12	16	20	24	28	30	37	44	56	66
h	GB/T 848—2002	0.3	0.3	0.5	0.5	0.5	1	1.6	1.6	1.6	2	2.5	2.5	3	4	4	5
	GB/T 97.1—2002																
	GB/T 97.2—2002	—	—	—	—	—											

附表 B-9　标准型弹簧垫圈（摘自 GB/T 97—1987）　　　　　　单位：mm

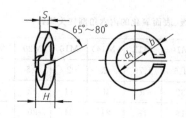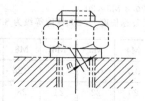

标记示例：

垫圈 GB/T 93—1987 10

（规格 10、材料为 65Mn、表面氧化的标准型弹簧垫圈）

规格（螺纹大径）	4	5	6	8	10	12	16	20	24	30	36	42	48
d_{1min}	4.1	5.1	6.1	8.1	10.2	12.2	16.2	20.2	24.5	30.5	36.5	42.5	48.5
$S=b_{公称}$	1.1	1.3	1.6	2.1	2.6	3.1	4.1	5	6	7.5	9	10.5	12
$m\leqslant$	0.55	0.65	0.8	1.05	1.3	1.55	2.05	2.5	3	3.75	4.5	5.25	6
H_{max}	2.75	3.25	4	5.25	6.5	7.75	10.25	12.5	15	18.75	22.5	26.25	30

注：m 应大于零。

附表 B-10 圆柱销（摘自 GB/T 119.1—2000）　　　　单位：mm

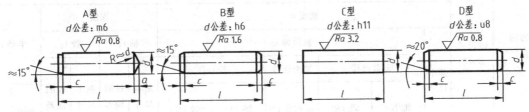

标记示例：

销 GB/T 119.1 6 m6×30

（公称直径 $d=6$、公差为 m6、公称长度 $l=30$、材料为钢、不经表面处理的圆柱销）

销 GB/T119.1 6 m6×30-A1

（公称直径 $d=6$、公差为 m6、公称长度 $l=30$、材料为 A1 组奥氏体不锈钢、表面简单处理的圆柱销）

d（公称） m6/h8	2	3	4	5	6	8	10	12	16	20	25
$a\approx$	0.25	0.40	0.50	0.63	0.80	1.0	1.2	1.6	2.0	2.5	3.0
$c\approx$	0.35	0.50	0.63	0.8	1.2	1.6	2	2.5	3	3.5	4
$l_{范围}$	6～20	8～30	8～40	10～50	12～60	14～80	18～95	22～140	26～180	35～200	50～200
$l_{系列}$（公称）	2、3、4、5、6～32(2 进位)、35～100(5 进位)、120～≥200(按 20 递增)										

附表 B-11 圆锥销（摘自 GB/T 117—2000）　　　　单位：mm

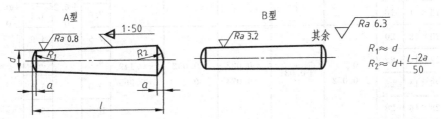

$$R_1\approx d$$
$$R_2\approx d+\frac{l-2a}{50}$$

标记示例：

销 GB/T 117—2000 10×60

（公称直径 $d=10$、长度 $l=60$、材料为 35 钢、热处理硬度 28～38HRC、表面氧化处理的 A 型圆锥销）

$d_{公称}$	2	2.5	3	4	5	6	8	10	12	16	20	25
$a\approx$	0.25	0.3	0.4	0.5	0.63	0.8	1.0	1.2	1.6	2.0	2.5	3.0
$l_{范围}$	10～35	10～35	12～45	14～55	18～60	22～90	22～120	26～160	32～180	40～200	45～200	50～200
$l_{系列}$	2、3、4、5、6～32(2 进位)、35～100(5 进位)、120～200(20 进位)											

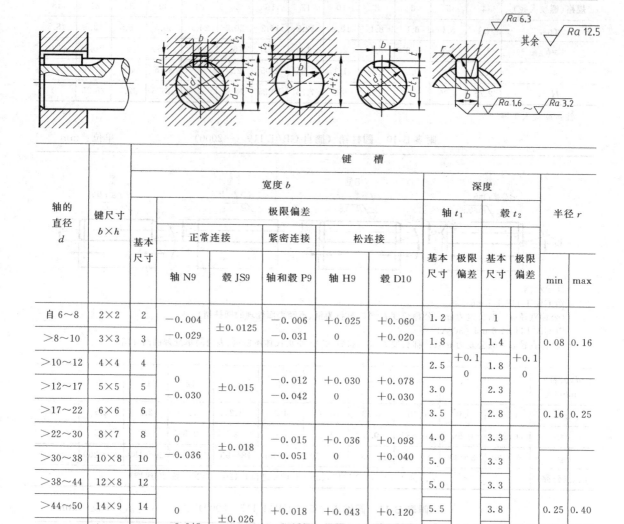

轴的直径 d	键尺寸 $b \times h$	键槽										
		宽度 b						深度				半径 r
		基本尺寸	极限偏差					轴 t_1		毂 t_2		
			正常连接		紧密连接	松连接		基本尺寸	极限偏差	基本尺寸	极限偏差	
			轴 N9	毂 JS9	轴和毂 P9	轴 H9	毂 D10					min	max
自 6～8	2×2	2	−0.004 −0.029	±0.0125	−0.006 −0.031	+0.025 0	+0.060 +0.020	1.2	+0.1 0	1	+0.1 0	0.08	0.16
>8～10	3×3	3						1.8		1.4		
>10～12	4×4	4	0 −0.030	±0.015	−0.012 −0.042	+0.030 0	+0.078 +0.030	2.5		1.8		
>12～17	5×5	5						3.0		2.3		
>17～22	6×6	6						3.5		2.8		0.16	0.25
>22～30	8×7	8	0 −0.036	±0.018	−0.015 −0.051	+0.036 0	+0.098 +0.040	4.0		3.3		
>30～38	10×8	10						5.0		3.3		
>38～44	12×8	12						5.0		3.3		
>44～50	14×9	14	0 −0.043	±0.026	+0.018 −0.061	+0.043 0	+0.120 +0.050	5.5		3.8		0.25	0.40
>50～58	16×10	16						6.0		4.3		
>58～65	18×11	18						7.0	+0.2 0	4.4	+0.2 0	
>65～75	20×12	20						7.5		4.9		
>75～85	22×14	22	0 −0.052	±0.031	+0.022 −0.074	+0.052 0	+0.149 +0.065	9.0		5.4		0.40	0.60
>85～95	25×14	25						9.0		5.4		
>95～110	28×16	28						10.0		6.4		
>110～130	32×18	32						11.0		7.4		
>130～150	36×20	36	0 −0.062	±0.037	−0.026 −0.088	+0.062 0	+0.180 +0.080	12.0		8.4		0.70	1.0
>150～170	40×22	40						13.0	+0.3 0	9.4	+0.3 0	
>170～200	45×25	45						15.0		10.4		

注：1.（$d-t_1$）和（$d+t_2$）两组组合尺寸的极限偏差按相应的 t_1 和 t_2 的极限偏差选取，但（$d-t_1$）极限偏差应取负号（−）。

2. 在工作图中，轴槽深用 t_1 或（$d-t_1$）标注，轮毂键槽深用（$d+t_2$）标注。

附表 B-13　普通平键的尺寸与公差　　　　单位：mm

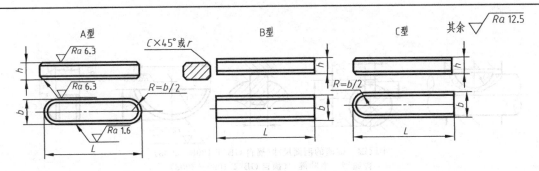

标记示例：

圆头普通平键（A 型）、$b=18$、$h=11$、$L=100$；GB/T 1096—2003 键 18×11×100

平头普通平键（B 型）、$b=18$、$h=11$、$L=100$；GB/T 1096—2003 键 B 18×11×100

单圆头普通平键（C 型）、$b=18$、$h=11$、$L=100$；GB/T 1096—2003 键 C 18×11×100

宽度 b	基本尺寸	2	3	4	5	6	8	10	12	14	16	18	20	22
	极限偏差	0		0			0		0			0		
	（h8）	−0.014		−0.018			−0.022		−0.027			−0.033		

高度 h		基本尺寸	2	3	4	5	6	7	8	8	9	10	11	12	14
	极限偏差	矩形（h11）								0				0	
			—							−0.090				−0.010	—
		方形（h8）	0		0										
			−0.014		−0.018										

倒角或圆角 s	0.16～0.25	0.25～0.40	0.40～0.60	0.60～0.80

长度 L

基本尺寸	极限偏差（h14）
6	0
8	−0.36
10	
12	0
14	−0.48
16	
18	
20	0
22	−0.52
25	
28	
32	0
36	−0.62
40	
45	
50	
56	0
63	−0.74
70	
80	
90	0
100	−0.87
110	
125	0
140	−1.00
160	
180	
200	0
220	−1.15
250	

（标准长度范围）

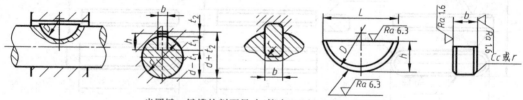

半圆键 键槽的剖面尺寸(摘自 GB/T 1098—2003)
普通型 半圆键 (摘自 GB/T 1099—2003)

标注示例：
宽度 $b=6$，高度 $h=10$，直径 $D=25$，普通型半圆键的标记为：
GB/T 1099.1—2003 键 $6\times10\times25$

键尺寸				键槽				
b	h(h11)	D(h12)	c	轴		轮毂		半径 r
				t_1	极限偏差	t_2	极限偏差	
1.0	1.4	4	0.16～0.25	1.0	$+0.1$ 0	0.6	$+0.1$ 0	0.16～0.25
1.5	2.6	7		2.0		0.8		
2.0	2.6	7		1.8		1.0		
2.0	3.7	10		2.9		1.0		
2.5	3.7	10		2.7		1.2		
3.0	5.0	13		3.8		1.4		
3.0	6.5	16		5.3		1.4		
4.0	6.5	16		5.0	$+0.2$ 0	1.8		
4.0	7.5	19		6.0		1.8		
5.0	6.5	16	0.25～0.40	4.5		2.3		0.25～0.40
5.0	7.5	19		5.5		2.3		
5.0	9.0	22		7.0		2.3		
6.0	9.0	22		6.5		2.8		
6.0	10.0	25		7.5	$+0.3$ 0	2.8		
8.0	11.0	28	0.40～0.60	8.0		3.3	$+0.2$ 0	0.40～0.60
10.0	13.0	32		10.0		3.3		

注：1. 在图样中，轴槽深用 t_1 或 $(d-t_1)$ 标注，轮毂槽深用 $(d+t_2)$ 标注。$(d-t_1)$ 和 $(d+t_2)$ 的两个组合尺寸的极限偏差按相应 t_1 和 t_2 的极限偏差选取，但 $(d-t_1)$ 极限偏差应为负偏差。
2. 键长 L 的两端允许倒成圆角，圆角半径 $r=0.5～1.5$mm。
3. 键宽 b 的下偏差统一为 "-0.025"。

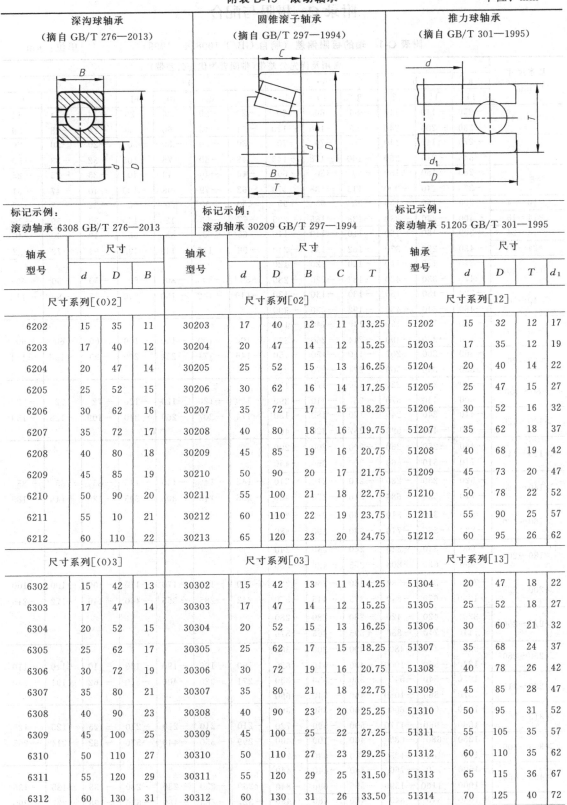

| 深沟球轴承
（摘自 GB/T 276—2013） | | | | 圆锥滚子轴承
（摘自 GB/T 297—1994） | | | | | | 推力球轴承
（摘自 GB/T 301—1995） | | | | |

标记示例：

滚动轴承 6308 GB/T 276—2013　　　　滚动轴承 30209 GB/T 297—1994　　　　滚动轴承 51205 GB/T 301—1995

轴承 型号	尺寸			轴承 型号	尺寸					轴承 型号	尺寸			
	d	D	B		d	D	B	C	T		d	D	T	d_1
尺寸系列[(0)2]				尺寸系列[02]						尺寸系列[12]				
6202	15	35	11	30203	17	40	12	11	13.25	51202	15	32	12	17
6203	17	40	12	30204	20	47	14	12	15.25	51203	17	35	12	19
6204	20	47	14	30205	25	52	15	13	16.25	51204	20	40	14	22
6205	25	52	15	30206	30	62	16	14	17.25	51205	25	47	15	27
6206	30	62	16	30207	35	72	17	15	18.25	51206	30	52	16	32
6207	35	72	17	30208	40	80	18	16	19.75	51207	35	62	18	37
6208	40	80	18	30209	45	85	19	16	20.75	51208	40	68	19	42
6209	45	85	19	30210	50	90	20	17	21.75	51209	45	73	20	47
6210	50	90	20	30211	55	100	21	18	22.75	51210	50	78	22	52
6211	55	10	21	30212	60	110	22	19	23.75	51211	55	90	25	57
6212	60	110	22	30213	65	120	23	20	24.75	51212	60	95	26	62
尺寸系列[(0)3]				尺寸系列[03]						尺寸系列[13]				
6302	15	42	13	30302	15	42	13	11	14.25	51304	20	47	18	22
6303	17	47	14	30303	17	47	14	12	15.25	51305	25	52	18	27
6304	20	52	15	30304	20	52	15	13	16.25	51306	30	60	21	32
6305	25	62	17	30305	25	62	17	15	18.25	51307	35	68	24	37
6306	30	72	19	30306	30	72	19	16	20.75	51308	40	78	26	42
6307	35	80	21	30307	35	80	21	18	22.75	51309	45	85	28	47
6308	40	90	23	30308	40	90	23	20	25.25	51310	50	95	31	52
6309	45	100	25	30309	45	100	25	22	27.25	51311	55	105	35	57
6310	50	110	27	30310	50	110	27	23	29.25	51312	60	110	35	62
6311	55	120	29	30311	55	120	29	25	31.50	51313	65	115	36	67
6312	60	130	31	30312	60	130	31	26	33.50	51314	70	125	40	72

注：圆括号中的尺寸系列代号在轴承代号中省略。

附录 C 极限与配合

附表 C-1 轴的极限偏差（摘自 GB/T 1008.4—1999）　　　　单位：μm

基本尺寸 /mm	常用及优先公差带(带圈者为优先公差带)												
	a	b		c			d				e		
	11	11	12	9	10	⑪	8	⑨	10	11	7	8	9
>0~3	−270	−140	−140	−60	−60	−60	−20	−20	−20	−20	−14	−14	−14
	−330	−200	−240	−85	−100	−120	−34	−45	−60	−80	−24	−28	−39
>3~6	−270	−140	−140	−70	−70	−70	−30	−30	−30	−30	−20	−20	−20
	−345	−215	−260	−100	−118	−145	−48	−60	−78	−105	−32	−38	−50
>6~10	−280	−150	−150	−80	−80	−80	−40	−40	−40	−40	−25	−25	−25
	−370	−240	−300	−116	−138	−170	−62	−79	−98	−130	−40	−47	−61
>10~14	−290	−150	−150	−95	−95	−95	−50	−50	−50	−50	−32	−32	−32
>14~18	−400	−260	−330	−138	−165	−205	−77	−93	−120	−160	−50	−59	−75
>18~24	−300	−160	−160	−110	−110	−110	−65	−65	−65	−65	−40	−40	−40
>24~30	−430	−290	−370	−162	−194	−240	−98	−117	−149	−195	−61	−73	−92
>30~40	−310	−170	−170	−120	−120	−120	−80	−80	−80	−80	−50	−50	−50
	−470	−330	−420	−182	−220	−280							
>40~50	−320	−180	−180	−130	−130	−130							
	−480	−340	−430	−192	−230	−290	−119	−142	−180	−240	−75	−89	−112
>50~65	−340	−190	−190	−140	−140	−140	−100	−100	−100	−100	−60	−60	−60
	−530	−380	−490	−214	−260	−330							
>65~80	−360	−200	−200	−150	−150	−150							
	−550	−390	−500	−224	−270	−340	−146	−174	−220	−290	−90	−106	−134
>80~100	−380	−200	−220	−170	−170	−170	−120	−120	−120	−120	−72	−72	−72
	−600	−440	−570	−257	−310	−390							
>100~120	−410	−240	−240	−180	−180	−180							
	−630	−460	−590	−267	−320	−400	−174	−207	−260	−340	−109	−126	−159
>120~140	−460	−260	−260	−200	−200	−200							
	−710	−510	−660	−300	−360	−450							
>140~160	−520	−280	−280	−210	−210	−210	−145	−145	−145	−145	−85	−85	−85
	−770	−530	−680	−310	−370	−460	−208	−245	−305	−395	−125	−148	−185
>160~180	−580	−310	−310	−230	−230	−230							
	−830	−560	−710	−330	−390	−480							
>180~200	−660	−340	−340	−240	−240	−240							
	−950	−630	−800	−355	−425	−530							
>200~225	−740	−380	−380	−260	−260	−260	−170	−170	−170	−170	−100	−100	−100
	−1030	−670	−840	−375	−445	−550	−242	−285	−355	−460	−146	−172	−215
>225~250	−820	−420	−420	−280	−280	−280							
	−1110	−710	−880	−395	−465	−570							
>250~280	−920	−480	−480	−300	−300	−300	−190	−190	−190	−190	−110	−110	−110
	−1240	−800	−1000	−430	−510	−620							
>280~315	−1050	−540	−540	−330	−330	−330							
	−1370	−860	−1060	−460	−540	−650	−271	−320	−400	−510	−162	−191	−240
>315~355	−1200	−600	−800	−360	−360	−360	−210	−210	−210	−210	−125	−125	−125
	−1560	−960	−1170	−500	−590	−720							
>355~400	−1350	−680	−680	−400	−400	−400							
	−1710	−1040	−1250	−540	−630	−760	−299	−350	−440	−570	−182	−214	−265
>400~450	−1500	−760	−760	−440	−440	−440	−230	−230	−230	−230	−135	−135	−135
	−1900	−1160	−1390	−595	−690	−840							
>450~500	−1650	−840	−840	−480	−480	−480							
	−2050	−1240	−1470	−635	−730	−880	−327	−385	−480	−630	−198	−232	−290

基本尺寸 /mm	常用及优先公差带(带圈者为优先公差带)													
	f					g			h						
	5	6	⑦	8	9	5	⑥	7	5	⑥	⑦	8	⑨	10	⑪	12
>0~3	−6 −10	−6 −12	−6 −16	−6 −20	−6 −31	−2 −6	−2 −8	−2 −12	0 −4	0 −6	0 −10	0 −14	0 −25	0 −40	0 −60	0 −100
>3~6	−10 −15	−10 −18	−10 −22	−10 −28	−10 −40	−4 −9	−4 −12	−4 −16	0 −5	0 −8	0 −12	0 −18	0 −30	0 −48	0 −75	0 −120
>6~10	−13 −19	−13 −22	−13 −28	−13 −35	−13 −49	−5 −11	−5 −14	−5 −20	0 −6	0 −9	0 −15	0 −22	0 −36	0 −58	0 −90	0 −150
>10~14 >14~18	−16 −24	−16 −27	−16 −34	−16 −43	−16 −59	−6 −14	−6 −17	−6 −24	0 −8	0 −11	0 −18	0 −27	0 −43	0 −70	0 −110	0 −180
>18~24 >24~30	−20 −29	−20 −33	−20 −41	−20 −53	−20 −72	−7 −16	−7 −20	−7 −28	0 −9	0 −13	0 −21	0 −33	0 −52	0 −84	0 −130	0 −210
>30~40 >40~50	−25 −36	−25 −41	−25 −50	−25 −64	−25 −87	−9 −20	−9 −25	−9 −34	0 −11	0 −16	0 −25	0 −39	0 −62	0 −100	0 −160	0 −250
>50~65 >65~80	−30 −43	−30 −49	−30 −60	−30 −76	−30 −104	−10 −23	−10 −29	−10 −40	0 −13	0 −19	0 −30	0 −46	0 −74	0 −120	0 −190	0 −300
>80~100 >100~120	−36 −51	−36 −58	−36 −71	−36 −90	−36 −123	−12 −27	−12 −34	−12 −47	0 −15	0 −22	0 −35	0 −54	0 −87	0 −140	0 −220	0 −350
>120~140 >140~160 >160~180	−43 −61	−43 −68	−43 −83	−43 −106	−43 −143	−14 −32	−14 −39	−14 −54	0 −18	0 −25	0 −40	0 −63	0 −100	0 −160	0 −250	0 −400
>180~200 >200~225 >225~250	−50 −70	−50 −79	−50 −96	−50 −122	−50 −165	−15 −35	−15 −44	−15 −61	0 −20	0 −29	0 −46	0 −72	0 −115	0 −185	0 −290	0 −460
>250~280 >280~315	−56 −79	−56 −88	−56 −108	−56 −137	−56 −186	−17 −40	−17 −49	−17 −69	0 −23	0 −32	0 −52	0 −81	0 −130	0 −210	0 −320	0 −520
>315~355 >355~400	−62 −87	−62 −98	−62 −119	−62 −151	−62 −202	−18 −43	−18 −54	−18 −75	0 −25	0 −36	0 −57	0 −89	0 −140	0 −230	0 −360	0 −570
>400~450 >450~500	−68 −95	−68 −108	−68 −131	−68 −165	−68 −223	−20 −47	−20 −60	−20 −83	0 −27	0 −40	0 −63	0 −97	0 −155	0 −250	0 −400	0 −630

基本尺寸 /mm	常用及优先公差带(带圈者为优先公差带)														
	js			k			m			n			p		
	5	⑥	7	5	⑥	7	5	6	7	5	⑥	7	5	⑥	7
>0~3	±2	±3	±5	+4 / 0	+6 / 0	+10 / 0	+6 / +2	+8 / +2	+12 / +2	+8 / +4	+10 / +4	+14 / +4	+10 / +6	+12 / +6	+16 / +6
>3~6	±2.5	±4	±6	+6 / +1	+9 / +1	+13 / +1	+9 / +4	+12 / +4	+16 / +4	+13 / +8	+16 / +8	+20 / +8	+17 / +12	+20 / +12	+24 / +12
>6~10	±3	±4.5	±7	+7 / +1	+10 / +1	+16 / +1	+12 / +6	+15 / +6	+21 / +6	+16 / +10	+19 / +10	+25 / +10	+21 / +15	+24 / +15	+30 / +15
>10~14 >14~18	±4	±5.5	±9	+9 / +1	+12 / +1	+19 / +1	+15 / +7	+18 / +7	+25 / +7	+20 / +12	+23 / +12	+30 / +12	+26 / +18	+29 / +18	+36 / +18
>18~24 >24~30	±4.5	±6.5	±10	+11 / +2	+15 / +2	+23 / +2	+17 / +8	+21 / +8	+29 / +8	+24 / +15	+28 / +15	+36 / +15	+31 / +22	+35 / +22	+43 / +22
>30~40 >40~50	±5.5	±8	±12	+13 / +2	+18 / +2	+27 / +2	+20 / +9	+25 / +9	+34 / +9	+28 / +17	+33 / +17	+42 / +17	+37 / +26	+42 / +26	+51 / +26
>50~65 >65~80	±6.5	±9.5	±15	+15 / +2	+21 / +2	+32 / +2	+24 / +11	+30 / +11	+41 / +11	+33 / +20	+39 / +20	+50 / +20	+45 / +32	+51 / +32	+62 / +32
>80~100 >100~120	±7.5	±11	±17	+18 / +3	+25 / +3	+38 / +3	+28 / +13	+35 / +13	+48 / +13	+38 / +23	+45 / +23	+58 / +23	+52 / +37	+59 / +37	+72 / +37
>120~140 >140~160 >160~180	±9	±12.5	±20	+21 / +3	+28 / +3	+43 / +3	+33 / +15	+40 / +15	+55 / +15	+45 / +27	+52 / +27	+67 / +27	+61 / +43	+68 / +43	+83 / +43
>180~200 >200~225 >225~250	±10	±14.5	±23	+24 / +4	+33 / +4	+50 / +4	+37 / +17	+46 / +17	+63 / +17	+51 / +31	+60 / +31	+77 / +31	+70 / +50	+79 / +50	+96 / +50
>250~280 >280~315	±11.5	±16	±26	+27 / +4	+36 / +4	+56 / +4	+43 / +20	+52 / +20	+72 / +20	+57 / +34	+66 / +34	+86 / +34	+79 / +56	+88 / +56	+108 / +56
>315~355 >355~400	±12.5	±18	±28	+29 / +4	+40 / +4	+61 / +4	+46 / +21	+57 / +21	+78 / +21	+62 / +37	+73 / +37	+94 / +37	+87 / +62	+98 / +62	+119 / +62
>400~450 >450~500	±13.5	±20	±31	+32 / +5	+45 / +5	+68 / +5	+50 / +23	+63 / +23	+86 / +23	+67 / +40	+80 / +40	+103 / +40	+95 / +68	+108 / +68	+131 / +68

基本尺寸/mm	常用及优先公差带（带圈者为优先公差带）														
	r			s			t			u		v	x	y	z
	5	6	7	5	⑥	7	5	6	7	⑥	7	6	6	6	6
>0~3	+14/+10	+16/+10	+20/+10	+18/+14	+20/+14	+24/+14	—	—	—	+24/+18	+28/+18	—	+26/+20	—	+32/+26
>3~6	+20/+15	+23/+15	+27/+15	+24/+19	+27/+19	+31/+19	—	—	—	+31/+23	+35/+23	—	+36/+28	—	+43/+35
>6~10	+25/+19	+28/+19	+34/+19	+29/+23	+32/+23	+38/+23	—	—	—	+37/+28	+43/+28	—	+43/+34	—	+51/+42
>10~14	+31/+23	+34/+23	+41/+23	+36/+28	+39/+28	+46/+28	—	—	—	+44/+33	+51/+33	—	+51/+40	—	+61/+50
>14~18	+31/+23	+34/+23	+41/+23	+36/+28	+39/+28	+46/+28	—	—	—	+44/+33	+51/+33	+50/+39	+56/+45	—	+71/+60
>18~24	+37/+28	+41/+28	+49/+28	+44/+35	+48/+35	+56/+35	—	—	—	+54/+41	+62/+41	+60/+47	+67/+54	+76/+63	+86/+73
>24~30	+37/+28	+41/+28	+49/+28	+44/+35	+48/+35	+56/+35	+50/+41	+54/+41	+62/+41	+61/+48	+69/+48	+68/+55	+77/+64	+88/+75	+101/+88
>30~40	+45/+34	+50/+34	+59/+34	+54/+43	+59/+43	+68/+43	+59/+48	+64/+48	+73/+48	+76/+60	+85/+60	+84/+68	+96/+80	+110/+94	+128/+112
>40~50	+45/+34	+50/+34	+59/+34	+54/+43	+59/+43	+68/+43	+65/+54	+70/+54	+79/+54	+86/+70	+95/+70	+97/+81	+113/+97	+130/+114	+152/+136
>50~65	+54/+41	+60/+41	+71/+41	+66/+53	+72/+53	+83/+53	+79/+66	+85/+66	+96/+66	+106/+87	+117/+87	+121/+102	+141/+122	+163/+144	+191/+172
>65~80	+56/+43	+62/+43	+73/+43	+72/+59	+78/+59	+89/+59	+88/+75	+94/+75	+105/+75	+121/+102	+132/+102	+139/+120	+165/+146	+193/+174	+229/+210
>80~100	+66/+51	+73/+51	+86/+51	+86/+71	+93/+71	+106/+71	+106/+91	+113/+91	+126/+91	+146/+124	+159/+124	+168/+146	+200/+178	+236/+214	+280/+258
>100~120	+69/+54	+76/+54	+89/+54	+94/+79	+101/+79	+114/+79	+119/+104	+126/+104	+139/+104	+166/+144	+179/+144	+194/+172	+232/+210	+276/+254	+332/+310
>120~140	+81/+63	+88/+63	+103/+63	+110/+92	+117/+92	+132/+92	+140/+122	+147/+122	+162/+122	+195/+170	+210/+170	+227/+202	+273/+248	+325/+300	+390/+365
>140~160	+83/+65	+90/+65	+105/+65	+118/+100	+125/+100	+140/+100	+152/+134	+159/+134	+174/+134	+215/+190	+230/+190	+253/+228	+305/+280	+365/+340	+440/+415
>160~180	+86/+68	+93/+68	+108/+68	+126/+108	+133/+108	+148/+108	+164/+146	+171/+146	+186/+146	+235/+210	+250/+210	+277/+252	+335/+310	+405/+380	+490/+465
>180~200	+97/+77	+106/+77	+123/+77	+142/+122	+151/+122	+168/+122	+186/+166	+195/+166	+212/+166	+265/+236	+282/+236	+313/+284	+379/+350	+454/+425	+549/+520
>200~225	+100/+80	+109/+80	+126/+80	+150/+130	+159/+130	+176/+130	+200/+180	+209/+180	+226/+180	+287/+258	+304/+258	+339/+310	+414/+385	+499/+470	+604/+575
>225~250	+104/+84	+113/+84	+130/+84	+160/+140	+169/+140	+186/+140	+216/+196	+225/+196	+242/+196	+313/+284	+330/+284	+369/+340	+454/+425	+549/+520	+669/+640
>250~280	+117/+94	+126/+94	+146/+94	+181/+158	+190/+158	+210/+158	+241/+218	+250/+218	+270/+218	+347/+315	+367/+315	+417/+385	+507/+475	+612/+580	+742/+710
>280~315	+121/+98	+130/+98	+150/+98	+193/+170	+202/+170	+222/+170	+263/+240	+272/+240	+292/+240	+382/+350	+402/+350	+457/+425	+557/+525	+682/+650	+822/+790
>315~355	+133/+108	+144/+108	+165/+108	+215/+190	+226/+190	+247/+190	+293/+268	+304/+268	+325/+268	+426/+390	+447/+390	+511/+475	+626/+590	+766/+730	+936/+900
>355~400	+139/+114	+150/+114	+171/+114	+233/+208	+244/+208	+265/+208	+319/+294	+330/+294	+351/+294	+471/+435	+492/+435	+566/+530	+696/+660	+856/+820	+1036/+1000
>400~450	+153/+126	+166/+126	+189/+126	+259/+232	+272/+232	+295/+232	+357/+330	+370/+330	+393/+330	+530/+490	+553/+490	+635/+595	+780/+740	+960/+920	+1140/+1100
>450~500	+159/+132	+172/+132	+195/+132	+279/+252	+292/+252	+315/+252	+387/+360	+400/+360	+423/+360	+580/+540	+603/+540	+700/+660	+860/+820	+1040/+1000	+1290/+1250

注：基本尺寸小于1mm时，各级的 a 和 b 均不采用。

附表 C-2　孔的极限偏差（摘自 GB/T 1800.4—1999）　　　　单位：μm

基本尺寸/mm	常用及优先公差带（带圈者为优先公差带）													
	A	B	C		D				E		F			
	11	11	12	⑪	8	⑨	10	11	8	9	6	7	⑧	9
>0~3	+330 +270	+200 +140	+240 +140	+120 +60	+34 +20	+45 +20	+60 +20	+80 +20	+28 +14	+39 +14	+12 +6	+16 +6	+20 +6	+31 +6
>3~6	+345 +270	+215 +140	+260 +140	+145 +70	+48 +30	+60 +30	+78 +30	+105 +30	+38 +20	+50 +20	+18 +10	+22 +10	+28 +10	+40 +10
>6~10	+370 +280	+240 +150	+300 +150	+170 +80	+62 +40	+76 +40	+98 +40	+130 +40	+47 +25	+61 +25	+22 +13	+28 +13	+35 +13	+49 +13
>10~14	+400 +290	+260 +150	+330 +150	+205 +95	+77 +50	+93 +50	+120 +50	+160 +50	+59 +32	+75 +32	+27 +16	+34 +16	+43 +16	+59 +16
>14~18	+400 +290	+260 +150	+330 +150	+205 +95	+77 +50	+93 +50	+120 +50	+160 +50	+59 +32	+75 +32	+27 +16	+34 +16	+43 +16	+59 +16
>18~24	+430 +300	+290 +160	+370 +160	+240 +110	+98 +65	+117 +65	+149 +65	+195 +65	+73 +40	+92 +40	+33 +20	+41 +20	+53 +20	+72 +20
>24~30	+430 +300	+290 +160	+370 +160	+240 +110	+98 +65	+117 +65	+149 +65	+195 +65	+73 +40	+92 +40	+33 +20	+41 +20	+53 +20	+72 +20
>30~40	+470 +310	+330 +170	+420 +170	+280 +120	+119 +80	+142 +80	+180 +80	+240 +80	+89 +50	+112 +50	+41 +25	+50 +25	+64 +25	+87 +25
>40~50	+480 +320	+340 +180	+430 +180	+290 +130										
>50~65	+530 +340	+380 +190	+490 +190	+330 +140	+146 +100	+170 +100	+220 +100	+290 +100	+106 +60	+134 +60	+49 +30	+60 +30	+76 +30	+104 +30
>65~80	+550 +360	+390 +200	+500 +200	+340 +150										
>80~100	+600 +380	+440 +220	+570 +220	+390 +170	+174 +120	+207 +120	+260 +120	+340 +120	+126 +72	+159 +72	+58 +36	+71 +36	+90 +36	+123 +36
>100~120	+630 +410	+460 +240	+590 +240	+400 +180										
>120~140	+710 +460	+510 +260	+660 +260	+450 +200	+208 +145	+245 +145	+305 +145	+395 +145	+148 +85	+185 +85	+68 +43	+83 +43	+106 +43	+143 +43
>140~160	+770 +520	+530 +280	+680 +280	+460 +210										
>160~180	+830 +580	+560 +310	+710 +310	+480 +230										
>180~200	+950 +660	+630 +340	+800 +340	+530 +240	+242 +170	+285 +170	+355 +170	+460 +170	+172 +100	+215 +100	+79 +50	+96 +50	+122 +50	+165 +50
>200~225	+1030 +740	+670 +380	+840 +380	+550 +260										
>225~250	+1110 +820	+710 +420	+880 +420	+570 +280										
>250~280	+1240 +920	+800 +480	+1000 +480	+620 +300	+271 +190	+320 +190	+400 +190	+510 +190	+191 +110	+240 +110	+88 +56	+108 +56	+137 +56	+186 +56
>280~315	+1370 +1050	+860 +540	+1060 +540	+650 +330										
>315~355	+1560 +1200	+960 +600	+1170 +600	+720 +360	+299 +210	+350 +210	+440 +210	+570 +210	+214 +125	+265 +125	+98 +62	+119 +62	+151 +62	+202 +62
>355~400	+1710 +1350	+1040 +680	+1250 +680	+760 +400										
>400~450	+1900 +1500	+1160 +760	+1390 +760	+840 +440	+327 +230	+385 +230	+480 +230	+630 +230	+232 +135	+290 +135	+108 +68	+131 +68	+165 +68	+223 +68
>450~500	+2050 +1650	+1240 +840	+1470 +840	+880 +480										

基本尺寸 /mm	常用及优先公差带（带圈者为优先公差带）																
	G		H							J			K			M		
	6	⑦	6	⑦	⑧	⑨	10	⑪	12	6	7	8	6	⑦	8	6	7	8
>0~3	+8 +2	+12 +2	+6 0	+10 0	+14 0	+25 0	+40 0	+60 0	+100 0	±3	±5	±7	0 −6	0 −10	0 −14	−2 −8	−2 −12	−2 −16
>3~6	+12 +4	+16 +4	+8 0	+12 0	+18 0	+30 0	+48 0	+75 0	+120 0	±4	±6	±9	+2 −6	+3 −9	+5 −13	−1 −9	0 −12	+2 −16
>6~10	+14 +5	+20 +5	+9 0	+15 0	+22 0	+36 0	+58 0	+90 0	+150 0	±4.5	±7	±11	+2 −7	+5 −10	+6 −16	−3 −12	0 −15	+1 −21
>10~14	+17 +6	+24 +6	+11 0	+18 0	+27 0	+43 0	+70 0	+110 0	+180 0	±5.5	±9	±13	+2 −9	+6 −12	+8 −19	−4 −15	0 −18	+2 −25
>14~18																		
18~24	+20 +7	+28 +7	+13 0	+21 0	+33 0	+52 0	+84 0	+130 0	+210 0	±6.5	±10	±16	+2 −11	+6 −15	+10 −23	−4 −17	0 −21	+4 −29
24~30																		
>30~40	+25 +9	+34 +9	+16 0	+25 0	+39 0	+62 0	+100 0	+160 0	+250 0	±8	±12	±19	+3 −13	+7 −18	+12 −27	−4 −20	0 −25	+5 −34
>40~50																		
>50~65	+29 +10	+40 +10	+19 0	+30 0	+46 0	+74 0	+120 0	+190 0	+300 0	±9.5	±15	±23	+4 −15	+9 −21	+14 −32	−5 −24	0 −30	+5 −41
>65~80																		
>80~100	+34 +12	+47 +12	+22 0	+35 0	+54 0	+87 0	+140 0	+220 0	+350 0	±11	±17	±27	+4 −18	+10 −25	+16 −38	−6 −28	0 −35	+6 −48
>100~120																		
>120~140	+39 +14	+54 +14	+25 0	+40 0	+63 0	+100 0	+160 0	+250 0	+400 0	± 12.5	±20	±31	+4 −21	+12 −28	+20 −43	−8 −33	0 −40	+8 −55
>140~160																		
>160~180																		
>180~200	+44 +15	+61 +15	+29 0	+46 0	+72 0	+115 0	+185 0	+290 0	+460 0	± 14.5	±23	±36	+5 −24	+13 −33	+22 −50	−8 −37	0 −46	+9 −63
>200~225																		
>225~250																		
>250~280	+49 +17	+69 +17	+32 0	+52 0	+81 0	+130 0	+210 0	+320 0	+520 0	±16	±26	±40	+5 −27	+16 −36	+25 −56	−9 −41	0 −52	+9 −72
>280~315																		
>315~355	+54 +18	+75 +18	+36 0	+57 0	+89 0	+140 0	+230 0	+360 0	+570 0	±18	±28	±44	+7 −29	+17 −40	+28 −61	−10 −46	0 −57	+11 −78
>355~400																		
>400~450	+60 +20	+83 +20	+40 0	+63 0	+97 0	+155 0	+250 0	+400 0	+630 0	±20	±31	±48	+8 −32	+18 −45	+29 −68	−10 −50	0 −63	+11 −86
>450~500																		

基本尺寸 /mm	N			P		R		S		T		U
	6	⑦	8	6	⑦	6	7	6	⑦	6	7	⑦
>0~3	−4 −10	−4 −14	−4 −18	−6 −12	−6 −16	−10 −16	−10 −20	−14 −20	−14 −24	—	—	−18 −28
>3~6	−5 −13	−4 −16	−2 −20	−9 −17	−8 −20	−12 −20	−11 −23	−16 −24	−15 −27			−19 −31
>6~10	−7 −16	−4 −19	−3 −25	−12 −21	−9 −24	−16 −25	−13 −28	−20 −29	−17 −32			−22 −37
>10~14	−9 −20	−5 −23	−3 −30	−15 −26	−11 −29	−20 −31	−16 −34	−25 −36	−21 −39			−26 −44
>14~18												
>18~24	−11 −24	−7 −28	−3 −36	−18 −31	−14 −35	−24 −37	−20 −41	−31 −44	−27 −48	—	—	−33 −54
>24~30										−37 −50	−33 −54	−40 −61
>30~40	−12 −28	−8 −33	−3 −42	−21 −37	−17 −42	−29 −45	−25 −50	−38 −54	−34 −59	−43 −59	−39 −64	−51 −76
>40~50										−49 −65	−45 −70	−61 −86
>50~65	−14 −33	−9 −39	−4 −50	−26 −45	−21 −51	−35 −54	−30 −60	−47 −66	−42 −72	−60 −79	−55 −85	−76 −106
>65~80						−37 −56	−32 −62	−53 −72	−48 −78	−69 −88	−64 −94	−91 −121
>80~100	−16 −38	−10 −45	−4 −58	−30 −52	−24 −59	−44 −66	−38 −73	−64 −86	−58 −93	−84 −106	−78 −113	−111 −146
>100~120						−47 −69	−41 −76	−72 −94	−66 −101	−97 −119	−91 −126	−131 −166
>120~140	−20 −45	−12 −52	−4 −67	−36 −61	−28 −68	−56 −81	−48 −88	−85 −110	−77 −117	−115 −140	−107 −147	−155 −195
>140~160						−58 −83	−50 −90	−93 −118	−85 −125	−127 −152	−119 −159	−175 −215
>160~180						−61 −86	−53 −93	−101 −126	−93 −133	−139 −164	−131 −171	−195 −235
>180~200	−22 −51	−14 −60	−5 −77	−41 −70	−33 −79	−68 −97	−60 −106	−113 −142	−105 −151	−157 −186	−149 −195	−219 −265
>200~225						−71 −100	−63 −109	−121 −150	−113 −159	−171 −200	−163 −209	−241 −287
>225~250						−75 −104	−67 −113	−131 −160	−123 −169	−187 −216	−179 −225	−267 −313
>250~280	−25 −57	−14 −66	−5 −86	−47 −79	−36 −88	−85 −117	−74 −126	−149 −181	−138 −190	−209 −241	−198 −250	−295 −347
>280~315						−89 −121	−78 −130	−161 −193	−150 −202	−231 −263	−220 −272	−330 −382
>315~355	−26 −62	−16 −73	−5 −94	−51 −87	−41 −98	−97 −133	−87 −144	−179 −215	−169 −226	−257 −293	−247 −304	−369 −426
>355~400						−103 −139	−93 −150	−197 −233	−187 −244	−283 −319	−273 −330	−414 −471
>400~450	−27 −67	−17 −80	−6 −103	−55 −95	−45 −108	−113 −153	−103 −166	−219 −259	−209 −272	−317 −357	−307 −370	−467 −530
>450~500						−119 −159	−109 −172	−239 −279	−229 −279	−347 −387	−337 −400	−517 −580

注：基本尺寸小于1mm时，各级的 A 和 B 均不采用。

附表 C-3　形位公差的公差数值（摘自 GB/T 1184—1996）

公差项目	主参数 L/mm	1	2	3	4	5	6	7	8	9	10	11	12
		公差值/μm											
直线度、平面度	≤10	0.2	0.4	0.8	1.2	2	3	5	8	12	20	30	60
	>10~16	0.25	0.5	1	1.5	2.5	4	6	10	15	25	40	80
	>16~25	0.3	0.6	1.2	2	3	5	8	12	20	30	50	100
	>25~40	0.4	0.8	1.5	2.5	4	6	10	15	25	40	60	120
	>40~63	0.5	1	2	3	5	8	12	20	30	50	80	150
	>63~100	0.6	1.2	2.5	4	6	10	15	25	40	60	1001	200
	>100~160	0.8	1.5	3	5	8	12	20	30	50	80	20	250
	>160~250	1	2	4	6	10	15	25	40	60	100	150	300
圆度、圆柱度	≤3	0.2	0.3	0.5	0.8	1.2	2	3	4	6	10	14	25
	>3~6	0.2	0.4	0.6	1	1.5	2.5	4	5	8	12	18	30
	>6~10	0.25	0.4	0.6	1	1.5	2.5	4	6	9	15	22	36
	>10~18	0.25	0.5	0.8	1.2	2	3	5	8	11	18	27	43
	>18~30	0.3	0.6	1	1.5	2.5	4	6	9	13	21	33	52
	>30~50	0.4	0.6	1	1.5	2.5	4	7	11	16	25	39	62
	>50~80	0.5	0.8	1.2	2	3	5	8	13	19	30	46	74
	>80~120	0.6	1	1.5	2.5	4	6	10	15	22	35	54	87
	>120~180	1	1.2	2	3.5	5	8	12	18	25	40	63	100
	>180~250	1.2	2	3	4.5	7	10	14	20	29	46	72	115
平行度、垂直度、倾斜度	≤10	0.4	0.8	1.5	3	5	8	12	20	30	50	80	120
	>10~16	0.5	1	2	4	6	10	15	25	40	60	100	150
	>16~25	0.6	1.2	2.5	5	8	12	20	30	50	80	120	200
	>25~40	0.8	1.5	3	6	10	15	25	40	60	100	150	250
	>40~63	1	2	4	8	12	20	30	50	80	120	200	300
	>63~100	1.2	2.5	5	10	15	25	40	60	100	150	250	400
	>100~160	1.5	3	6	12	20	30	50	80	120	200	300	500
	>160~250	2	4	8	15	25	40	60	100	150	250	400	600
同轴度、对称度、圆跳动、全跳动	≤1	0.4	0.6	1.0	1.5	2.5	4	6	10	15	25	40	60
	>1~3	0.4	0.6	1.0	1.5	2.5	4	6	10	20	40	60	120
	>3~6	0.5	0.8	1.2	2	3	5	8	12	25	50	80	150
	>6~10	0.6	1	1.5	2.5	4	6	10	15	30	60	100	200
	>10~18	0.8	1.2	2	3	5	8	12	20	40	80	120	250
	>18~30	1	1.5	2.5	4	6	10	15	25	50	100	150	300
	>30~50	1.2	2	3	5	8	12	20	30	60	120	200	400
	>50~120	1.5	2.5	4	6	10	15	25	40	80	150	250	500
	>120~250	2	3	5	8	12	20	30	50	100	200	300	600

附表 C-4　基本尺寸小于 500mm 的标准公差　　单位：μm

基本尺寸/mm	IT1	IT0	IT1	IT2	IT3	IT4	IT5	IT6	IT7	IT8	IT9	IT10	IT11	IT12	IT13	IT14	IT15	IT16	IT17	IT18
≤3	0.3	0.5	0.8	1.2	2	3	4	6	10	14	25	40	60	100	140	250	400	600	1000	1400
>3~6	0.4	0.6	1	1.5	2.5	4	5	8	12	18	30	48	75	120	180	300	480	750	1200	1800
>6~10	0.4	0.6	1	1.5	2.5	4	6	9	15	22	36	58	90	150	220	360	580	900	1500	2200
>10~18	0.5	0.8	1.2	2	3	5	8	11	18	27	43	70	110	180	270	430	700	1100	1800	2700
>18~30	0.6	1	1.5	2.5	4	6	9	13	21	33	52	84	130	210	330	520	840	1300	2100	3300
>30~50	0.7	1	1.5	2.5	4	7	11	16	25	39	62	100	160	250	390	620	1000	1600	2500	3900
>50~80	0.8	1.2	2	3	5	8	13	19	30	46	74	120	190	300	460	740	1200	1900	3000	4600
>80~120	1	1.5	2.5	4	6	10	15	22	35	54	87	140	220	350	540	870	1400	2200	3500	5400
>120~180	1.2	2	3.5	5	8	12	18	25	40	63	100	160	250	400	630	1000	1600	2500	4000	6300
>180~250	2	3	4.5	7	10	14	20	29	46	72	115	185	290	460	720	1150	1850	2900	4600	7200
>250~315	2.5	4	6	8	12	16	23	32	52	81	130	210	320	520	810	1300	2100	3200	5200	8100
>315~400	3	5	7	9	13	18	25	36	57	89	140	230	360	570	890	1400	2300	3600	5700	8900
>400~500	4	6	8	10	15	20	27	40	68	97	155	250	400	630	970	1550	2500	4000	6300	9700

附录D 标准结构

附表 D-1 中心孔表示法（摘自 GB/T 4459.5—1999） 单位：mm

	R型	A型	B型	C型
型式及标记示例	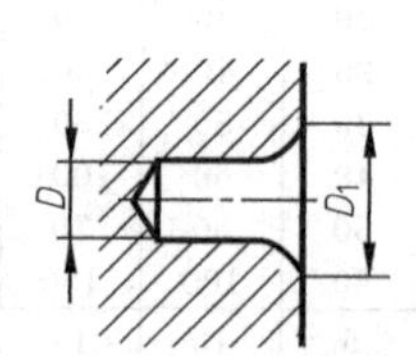 GB/T 4459.5—1999-R3.15/6.7 （$D=3.15$ $D_1=6.7$）	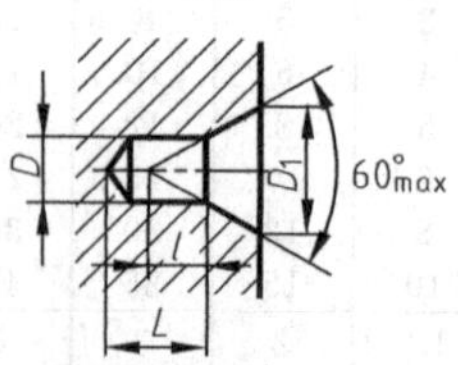 GB/T 4459.5—1999-A4/8.5 （$D=4$ $D_1=8.5$）	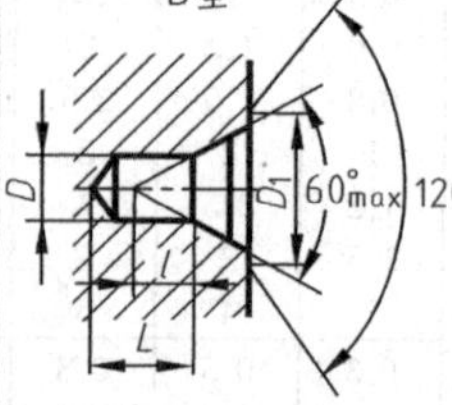 GB/T 4459.5—1999-B2.5/8 （$D=2.5$ $D_1=8$）	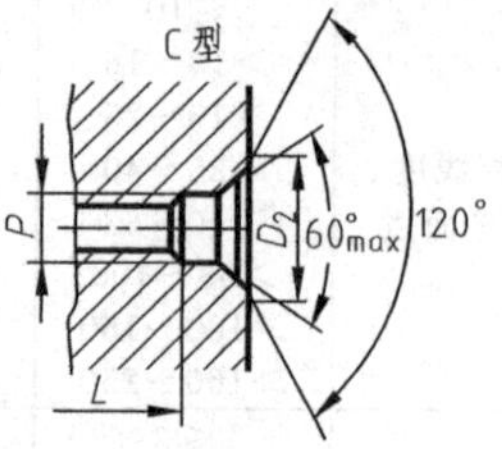 GB/T 4459.5—1999-CM10L30/16.3 （D=M10 $L=30$ $D_2=6.7$）
用途	通常用于需要提高加工精度的场合	通常用于加工后可以保留的场合（此种情况占绝大多数）	通常用于加工后必须要保留的场合	通常用于一些需要带压紧装置的零件

	要求	规定表示法	简化表示法	说明
中心孔表示法	在完工的零件上要求保留中心孔	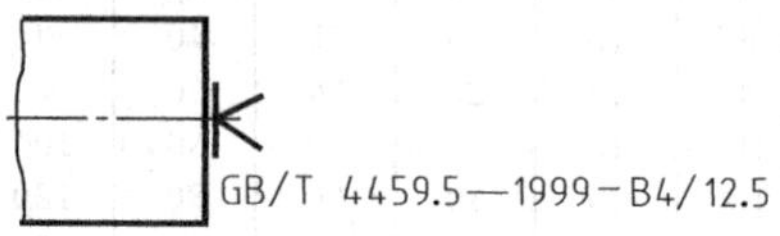	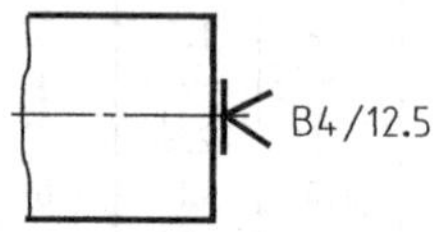	采用B型中心孔 $D=4, D_1=12.5$
	在完工的零件上可以保留中心孔（是否保留都可以，多数情况如此）	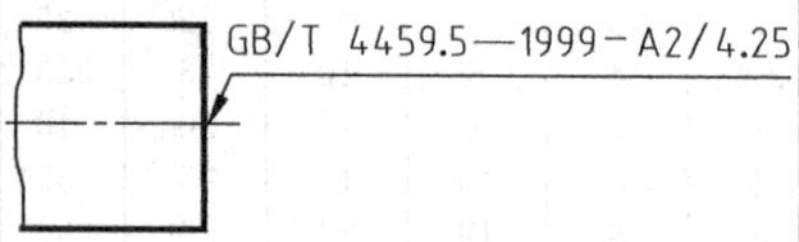	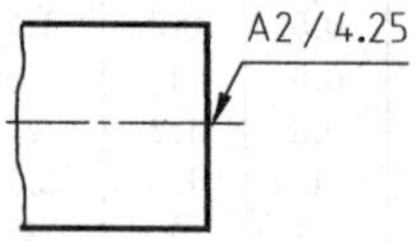	采用A型中心孔 $D=2$ $D_1=4.25$ 一般情况下，均采用这种方式
		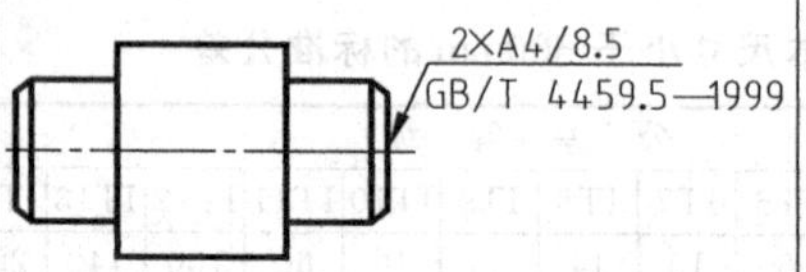	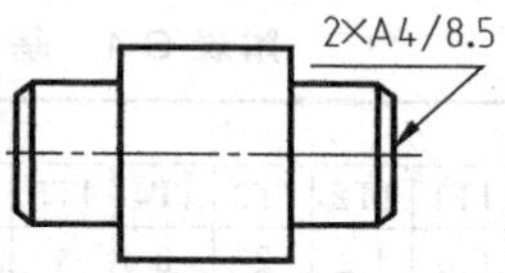	采用A型中心孔 $D=4$ $D_1=8.5$ 轴的两端中心孔相同，可只在一端注出
	在完工的零件上不允许保留中心孔	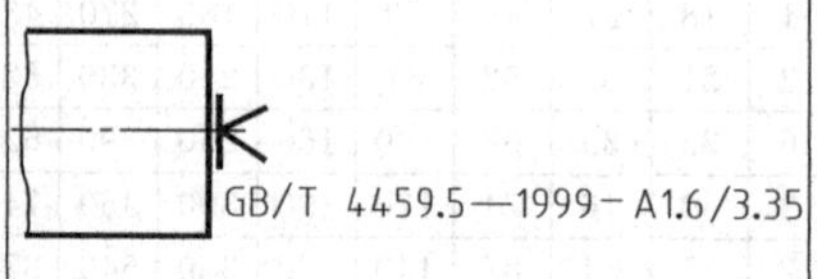	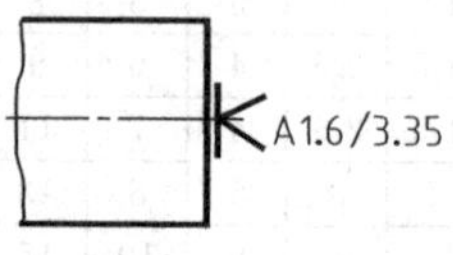	采用A型中心孔 $D=1.6$ $D_1=3.35$

注：1. 对标准中心孔，在图样中可不绘制其详细结构；

2. 简化标注时，可省略标准编号；

3. 尺寸 L 取决于零件的功能要求。

导向孔直径 D（公称尺寸）	R 型	A 型		B 型		C 型	
	锥孔直径 D_1	锥孔直径 D_1	参照尺寸 t	锥孔直径 D_1	参照尺寸 t	公称尺寸 D	锥孔直径 D_2
1	2.12	2.12	0.9	3.15	0.9	M3	5.8
1.6	3.35	3.35	1.4	5	1.4	M4	7.4
2	4.25	4.25	1.8	6.3	1.8	M5	8.8
2.5	5.3	5.3	2.2	8	2.2	M6	10.5
3.15	6.7	6.7	2.8	10	2.8	M8	13.2
4	8.5	8.5	3.5	12.5	3.5	M10	16.3
(5)	10.6	10.6	4.4	16	4.4	M12	19.8
6.3	13.2	13.2	5.5	18	5.5	M16	25.3
(8)	17	17	7	22.4	7	M20	31.3
10	21.2	21.2	8.7	28	8.7	M24	38

中心孔的尺寸参数

注：尽量避免选用括号中的尺寸。

附表 D-2　零件倒角与倒圆（摘自 GB/T 6403.4—2008）　　　单位：mm

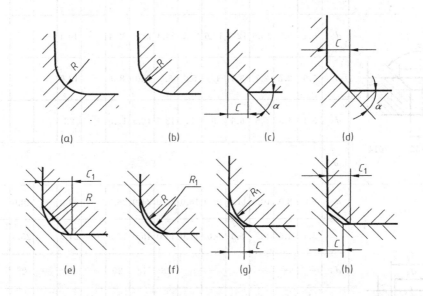

（a）　　　　　（b）　　　　　（c）　　　　　（d）

（e）　　　　　（f）　　　　　（g）　　　　　（h）

Φ	—3	>3～6	>6～10	>10～18	>18～30	>30～50
C 或 R	0.2	0.4	0.6	0.8	1.0	1.6
Φ	>50～80	>80～120	>120～180	>180～250	>250～320	>320～400
C 或 R	2.0	2.5	3.0	4.0	5.0	6.0
Φ	>400～500	>500～630	>630～800	>800～1000	>1000～1250	>1250～1600
C 或 R	8.0	10	12	16	20	25

注：1. 内角倒圆，外角倒角时，$C_1>R$，见图（e）。

2. 内角倒圆，外角倒圆时，$R_1>R$，见图（f）。

3. 内角倒角，外角倒圆时，$C<0.58R_1$，见图（g）。

4. 内角倒角，外角倒角时，$C_1>C$，见图（h）。

附表 D-3　紧固件通孔（摘自 GB/T 5277—1985）及沉头座尺寸

（摘自 GB/T 152.2—2014、GB/T 152.3—1988、GB/T 152.4—1988）　单位：mm

螺纹规格 d			3	4	5	6	8	10	12	14	16	18	20	22	24	27	30	36
通孔直径 GB/T 5277—1985		精装配	3.2	4.3	5.3	6.4	8.4	10.5	13	15	17	19	21	23	25	28	31	37
		中等装配	3.4	4.5	5.5	6.6	9	11	13.5	15.5	17.5	20	22	24	26	30	33	39
		粗装配	3.6	4.8	5.8	7	10	12	14.5	16.5	18.5	21	24	26	28	32	35	42
六角头螺栓和六角螺母用沉孔 GB/T 152.4—1988		d_2	9	10	11	13	18	22	26	30	33	36	40	43	48	53	61	适用于六角头螺栓和六角螺母
		d_3	—	—	—	—	—	—	16	18	20	22	24	26	28	33	36	
		d_1	3.4	4.5	5.5	6.6	9.0	11.0	13.5	15.5	17.5	20.0	22.0	24	26	30	33	
沉头用沉孔 GB/T 152.2—2014		d_2	6.4	9.6	10.6	12.8	17.6	20.3	24.4	28.4	32.4	—	40.4	—	—	—	—	适用于沉头及半沉头螺钉
		t	1.6	2.7	2.7	3.3	4.6	5.0	6.0	7.0	8.0	—	10.0	—	—	—	—	
		d_1	3.4	4.5	5.5	6.6	9	11	13.5	15.5	17.5	—	22	—	—	—	—	
		α					$90°^{-2°}_{-4°}$											
圆柱头用沉孔 GB/T 152.3—1988		d_2	6.0	8.0	10.0	11.0	15.0	18.0	20.0	24.0	26.0	—	33.0	—	40.0	—	48.0	适用于内六角圆柱头螺钉
		t	3.4	4.6	5.7	6.8	9.0	11.0	13.0	15.0	17.5	—	21.5	—	25.5	—	32.0	
		d_3	—	—	—	—	—	—	16	18	20	—	24	—	28	—	36	
		d_1	3.4	4.5	5.5	6.6	9.0	11.0	13.5	15.5	17.5	—	22.0	—	26.0	—	33.0	
		d_2	—	8	10	11	15	18	20	24	26	—	33	—	—	—	—	适用于开槽圆柱头螺钉
		t	—	3.2	4.0	4.7	6.0	7.0	8.0	9.0	10.5	—	12.5	—	—	—	—	
		d_3	—	—	—	—	—	—	16	18	20	—	24	—	—	—	—	
		d_1	—	4.5	5.5	6.6	9.0	11.0	13.5	15.5	17.5	—	22.0	—	—	—	—	

注：对螺栓和螺母用沉孔的尺寸 t，只要能制出与通孔轴线垂直的圆平面即可，即刮平圆平面为止，常称锪平。表中尺寸 d_1，d_2，t 的公差带都是 H13。

附录E 常用材料

附表E-1 常用黑色金属材料

名称	牌号		应用举例	说明
碳素结构钢	Q195	—	用于金属结构构件、拉杆、心轴、垫圈、凸轮等	1. 新旧牌号对照: Q215→A2; Q235→A3; Q275→A5 2. A级不做冲击试验; B级做常温冲击试验; C、D级重要焊接结构用
	Q215	A		
		B		
	Q235	A	用于金属结构构件、吊钩、拉杆、套、螺栓、螺母、楔、盖、焊、拉件等	
		B		
		C		
		D		
	Q255	A		
		B		
	Q275	—	用于轴、轴销、螺栓等强度较高件	
优质碳素钢	10		屈服点和抗拉强度比值较低,塑性和韧性均高,在冷状态下,容易模压成形。一般用于拉杆、卡头、钢管垫片、垫圈、铆钉。这种钢焊接性甚好	牌号的两位数字表示平均含碳量,45号钢即表示平均含碳量为0.45%。含锰量较高的钢,须加注化学元素符号"Mn"。含碳量≤0.25%的碳钢是低碳钢(渗碳钢)。含碳量在0.25%~0.60%之间的碳钢是中碳钢(调质钢)。含碳量大于0.60%的碳钢是高碳钢
	15		塑性、韧性、焊接性和冷冲性均极良好,但强度较低。用于制造受力不大、韧性要求较高的零件、紧固件、冲模锻件及不要热处理的低负荷零件,如螺栓、螺钉、拉条、法兰盘及化工储器、蒸汽锅炉等	
	35		具有良好的强度和韧性,用于制造曲轴、转轴、轴销、杠杆、连杆、横梁、星轮、圆盘、套筒、钩环、垫圈、螺钉、螺母等。一般不作焊接用	
	45		用于强度要求较高的零件,如汽轮机的叶轮、压缩机、泵的零件等	
	60		强度和弹性相当高,用于制造轧辊、轴、弹簧圈、弹簧、离合器、凸轮、钢绳等	
	65Mn		性能与15号钢相似,但其淬透性、强度和塑性比15号钢都高些。用于制造中心部分的机械性能要求较高且须渗透碳的零件。这种钢焊接性好	
	15Mn		强度高,淬透性较大,脱碳倾向小。但有过热敏感性,易产生淬火裂纹,并有回火脆性。适宜作大尺寸的各种扁、圆弹簧,如座板簧、弹簧发条	
灰铸铁	HT100		属低强度铸铁,用于铸盖、手把、手轮等不重要的零件	"HT"是灰铸铁的代号,是由表示其特征的汉语拼音字的第一个大写正体字母组成。代号后面的一组数字,表示抗拉强度值(N/mm²)
	HT150		属中等强度铸铁,用于一般铸铁如机床座、端盖、皮带轮、工作台等	
	HT200 HT250		属高强铸铁,用于较重要铸件,如汽缸、齿轮、凸轮、机座、床身、飞轮、皮带轮、齿轮箱、阀壳、联轴器、衬筒、轴承座等	
	HT300 HT350		属高强度、高耐磨铸铁,用于重要的铸件如齿轮、凸轮、床身、高压液压筒、液压泵和滑阀的壳体、车床卡盘等	
球墨铸铁	QT700-2		用于曲轴、缸体、车轮等	"QT"是球墨铸铁代号,是表示"球铁"的汉语拼音的第一个字母,它后面的数字表示强度和延伸率的大小
	QT600-3			
	QT500-7		用于阀体、气缸、轴瓦等	
	QT450-10		用于减速机箱体、管路、阀体、盖、中低压阀体等	
	QT400-15			

附表 E-2　常用有色金属材料

类别	名称与牌号	应用举例
加工青铜	4-4-4 锡青铜 QSn4-4-4	一般摩擦条件下的轴承、轴套、衬套、圆盘及衬套内垫
	7-0.2 锡青铜 QSn7-0.2	中负荷、中等滑动速度下的摩擦零件,如抗磨垫圈、轴承、轴套、蜗轮等
	9-4 铝青铜 QAl9-4	高负荷下的抗磨、耐蚀零件。如轴承、轴套、衬套、阀座、齿轮、蜗轮等
	10-3-1.5 铝青铜 QAl10-3-1.5	高温下工作的耐磨零件,如齿轮、轴承、衬套、圆盘、飞轮等
	10-4-4 铝青铜 QAl10-4-4	高强度耐磨件及高温下工作零件,如轴衬、轴套、齿轮、螺母、法兰盘、滑座等
	2 铍青铜 QBe2	高速、高温、高压下工作的耐磨零件,如轴承、衬套等
铸造铜合金	5-5-5 锡青铜 ZCuSn5Pb5Zn5	用于较高负荷、中等滑动速度下工作的耐磨,耐蚀零件,如轴瓦、衬套、油塞、蜗轮等
	10-1 锡青铜 ZCuSn10P1	用于小于 20MPa 和滑动速度小于 8m/s 条件下工作的耐磨零件,如齿轮、蜗轮、轴瓦、套等
	10-2 锡青铜 ZCuSn10Zn2	用于中等负荷和小滑动速度下工作的管配件及阀、旋塞、泵体、齿轮、蜗轮、叶轮等
	8-13-3-2 铝青铜 ZCuAl8Mn13Fe3Ni2	用于强度高耐蚀重要零件,如船舶螺旋桨、高压阀体、泵体、耐压耐磨的齿轮、蜗轮、法兰、衬套等
	9-2 铝青铜 ZCuAl9Mn2	用于制造耐磨结构简单的大型铸件,如衬套、蜗轮及增压器内气封等
	10-3 铝青铜 ZCuAl10Fe3	制造强度高、耐磨、耐蚀零件,如蜗轮、轴承、衬套、管嘴、耐热管配件
	9-4-4-2 铝青铜 ZCuAl9Fe4Ni4Mn2	制造高强度重要零件,如船舶螺旋桨,耐磨及 400℃ 以下工作的零件,如轴承、齿轮、蜗轮、螺母、法兰、阀体、导向套管等
	25-6-3-3 铝黄铜 ZCuZn25Al6Fe3Mn3	适于高强耐磨零件,如桥梁支承板、螺母、螺杆、耐磨板、滑块、蜗轮等
	38-2-2 锰黄铜 ZCuZn38Mn2Pb2	一般用途结构件,如套筒、衬套、轴瓦、滑块等
铸造铝合金	ZL301 ZL102 ZL401	用于受大冲击负荷、高耐蚀的零件 用于汽缸活塞以及高温工作的复杂形状零件 适用于压力铸造的高强度铝合金

附表 E-3　常用非金属材料

类别	名称	代号	说明及规格		应用举例
工业用橡胶板	普通橡胶板	1608 1708 1613	**厚度/mm** 0.5、1、1.5、2、2.5、 3、4、5、6、8、10、 12、14、16、18、20、 22、25、30、40、50	**宽度/mm** 500~2000	能在 −30~+60℃ 的空气中工作,适于冲制各种密封、缓冲胶圈、垫板及铺设工作台、地板
	耐油橡胶板	3707 3807 3709 3809			可在温度 −30~80℃ 之间的机油、汽油、变压器油等介质中工作,适于冲制各种形状的垫圈
尼龙	尼龙 66 尼龙 1010		有高的抗拉强度和良好的冲击韧性,一定的耐热性(可在 100℃ 以下使用),能耐弱酸、弱碱,耐油性良好		用以制作机械传动零件,有良好的灭声性,运转时噪声小,常用来做齿轮等零件

类别	名称	代号	说明及规格	应用举例
石棉制品	耐油橡胶石棉板		有厚度为 0.4~0.3mm 的十种规格	供航空发动机的煤油、润滑油及冷气系统结合处的密封衬垫材料
	油浸石棉盘根	YS450	盘根形状分 F(方形)、Y(圆形)、N(扭制)三种,按需选用	适用于回转轴、往复活塞或阀门杆上作密封材料,介质为蒸汽、空气、工业用水、重质石油产品
	橡胶石棉盘根	XS450	该牌号盘根只有 F(方形)形	适用于作蒸汽机、往复泵的活塞。和阀门杆上作密封材料
	毛毡	112-32~44(细毛) 122-30~38(半粗毛) 132-32~36(粗毛)	厚度为 1.5~25mm	用作密封、防漏油、防震、缓冲衬垫等。按需要选用细毛、半粗毛、粗毛
	软钢板纸		厚度为 0.5~3.0mm	用作密封连接处垫片
	聚四氟乙烯	SFL-4~13	耐腐蚀、耐高温(+250℃)并具有一定的强度,能切削加工成各种零件	用于腐蚀介质中,起密封和减磨作用,用作垫圈等
	有机玻璃板		耐盐酸、硫酸、草酸、烧碱和纯碱等一般酸碱以及二氧化硫、臭氧等气体腐蚀	适用于耐腐蚀和需要透明的零件

附表 E-4　常用的热处理和表面处理名词解释

名词		代号及标注示例	说　明	应　用
退火		Th	将钢件加热到临界温度以上(一般是710~715℃,个别合金钢 800~900℃)30~50℃,保温一段时间,然后缓慢冷却(一般在炉中冷却)	用来消除铸、锻、焊零件的内应力、降低硬度,便于切削加工,细化金属晶粒,改善组织、增加韧性
正火		Z	将钢件加热到临界温度以上,保温一段时间,然后用空气冷却,冷却速度比退火为快	用来处理低碳和中碳结构钢及渗碳零件,使其组织细化,增加强度与韧性,减少内应力,改善切削性能
淬火		C C48(淬火回火 45~50HRC)	将钢件加热到临界温度以上,保温一段时间,然后在水、盐水或油中(个别材料在空气中)急速冷却,使其得到高硬度	用来提高钢的硬度和强度极限。但淬火会引起内应力使钢变脆,所以淬火后必须回火
回火		回火	回火是将淬硬的钢件加热到临界点以下的温度,保温一段时间,然后在空气中或油中冷却下来	用来消除淬火后的脆性和内应力,提高钢的塑性和冲击韧性
调质		T T235(调质至 HB220~250)	淬火后在 450~650℃进行高温回火,称为调质	用来使钢获得高的韧性和足够的强度。重要的齿轮、轴及丝杆等零件是调质处理的
表面淬火	火焰淬火	H54 火焰淬火后,回火到 HRC52~58	用火焰或高频电流将零件表面迅速加热至临界温度以上,急速冷却	使零件表面获得高硬度,而内部保持一定的韧性,使零件既耐磨又能承受冲击。表面淬火常用来处理齿轮等
	高频淬火	G52 高频淬火后,回火到 HRC50~55		
渗碳淬火		S0.5-C59(渗碳层深 0.5,淬火硬度 HRC 56~62)	在渗碳剂中将钢件加热到 900~950℃,停留一定时间,将碳渗入钢表面,深度为 0.5~2mm,再淬火后回火	增加钢件的耐磨性能,表面硬度、抗拉强度及疲劳极限。适用于低碳、中碳(含量<0.40%)结构钢的中小型零件

名词	代号及标注示例	说　　明	应　　用
氮化	D0.3-900(氮化深度0.3,硬度大于HV850)	氮化是在500～600℃通入氮的炉子内加热,向钢的表面渗入氮原子的过程。氮化层0.025～0.8mm,氮化时间需40～50h	增加钢件的耐磨性能、表面硬度、疲劳极限和抗蚀能力。 适用于合金钢、碳钢、铸铁件,如机床主轴、丝杆以及在潮湿碱水和燃烧气体介质的环境中工作的零件
氰化	Q59氰化淬火后,回火至HRC56～62	在820～860℃炉内通入碳和氮,保温1～2h,使钢件的表面同时渗入碳、氮原子,可得到0.2～0.5mm的氰化层	增加表面硬度、耐磨性、疲劳强度和耐蚀性。 用于要求硬度高、耐磨的中、小型及薄片零件和刀具等
时效	时效处理	低温回火后,精加工之前,加热到100～160℃,保持10～40h。对铸件也可用天然时效(放在露天中一年以上)	使工件消除内应力和稳定形状,用于量具、精密丝杆、床身导轨、床身等
发蓝发黑	发蓝或发黑	将金属零件放在很浓的碱和氧化剂溶液中加热氧化,使金属表面形成一层氧化铁所组成的保护性薄膜	防腐蚀、美观。用于一般连接的标准件和其他电子类零件
硬度	HB(布氏硬度)	材料抵抗硬的物体压入其表面的能力称"硬度"。根据测定的方法不同,可分布氏硬度,洛氏硬度和维氏硬度 硬度的测定是检验材料经热处理后的机械性能——硬度	退火、正火、调质的零件及铸件硬度检验
硬度	HRC(洛氏硬度)		用于经淬火、回火及表面渗碳、渗氮等处理的零件硬度检验
硬度	HV(维氏硬度)		用于薄层硬化零件的硬度检验

参 考 文 献

[1] 庄竞. AutoCAD 机械制图职业技能实例教程. 北京：化学工业出版社，2012.

[2] 庄竞等. 机械工程制图综合训练. 北京：中国科学技术出版社，2009.

[3] 陈志民. AutoCAD 2010 中文版实用教程. 北京：机械工业出版社，2011.

[4] 王漠金等. 机械工程制图. 北京：中国科学技术出版社，2009.

[5] 钟日铭. AutoCAD 2010 中文版机械设计基础与实战. 北京：机械工业出版社，2010.

[6] 刘力. 机械制图. 北京：高等教育出版社，2008.

[7] 吕思科等. 机械制图. 北京：北京理工大学出版社，2013.

[8] 庄竞. AutoCAD 机械制图职业技能项目实训. 北京：化学工业出版社，2011.

[9] 姜勇. 机械制图与计算机绘图. 北京：人民邮电出版社，2010.

[10] 曾令宜. 机械制图与计算机绘图. 北京：人民邮电出版社，2011.

参 考 文 献

[1] 崔晓丽. AutoCAD绘图基础与应用教程（含工作）. 北京：北京理工大学出版社，2012.
[2] 张令非. 机械工程制图基础. 北京：中国电力大学出版社，2009.
[3] 崔兆荣. AutoCAD 2010中文版实用教程. 北京：机械工业出版社，2011.
[4] 冯泽民等. 机械工程制图. 北京：中国科学技术出版社，2007.
[5] 李大磊. AutoCAD 2014中文版机械设计实用教程. 北京：机械工业出版社，2010.
[6] 徐国平. 机械制图. 北京：机械工业出版社，2008.
[7] 陈德才等. 机械制图. 北京：清华大学出版社，2013.
[8] 陈建. AutoCAD机械制图与机械设计实用教程. 北京：北京工业出版社，2011.
[9] 李忠凯. 计算机辅助设计与绘图. 北京：人民邮电出版社，2009.
[10] 曾令宜. 机械制图与计算机绘图. 北京：人民邮电出版社，2011.